人类活动对青藏高原生态环境影响的科学评估（2022）

陈发虎　张镱锂　侯居峙　樊江文　等◎著

气象出版社
China Meteorological Press

内容简介

本书通过对青藏高原生态环境、气候、人类活动变化过程的梳理和趋势判断，厘清了历史时期人类活动、现代农牧业、工业、城镇化和旅游业发展，以及重大水利、交通、生态等建设工程对高原生态环境的影响，阐明了人类活动对生态环境变化的影响格局和过程，评价了人类活动对生态环境的影响程度和趋势，并提出了青藏高原经济发展与生态环境保护相协调的调控策略和措施。

本书适合生态、环境、地理、气候变化等相关专业的科研人员及大专院校师生，以及负责青藏高原生态系统管理和可持续发展主管部门的相关人员参考阅读。

图书在版编目（ＣＩＰ）数据

人类活动对青藏高原生态环境影响的科学评估 ：
2022 / 陈发虎等著. -- 北京 ：气象出版社，2023.5
 ISBN 978-7-5029-7951-5

Ⅰ．①人… Ⅱ．①陈… Ⅲ．①人类活动影响－青藏高原－生态环境－评估－2022 Ⅳ．①X321.27

中国国家版本馆CIP数据核字(2023)第065873号

审图号：GS 京（2023）1521 号

人类活动对青藏高原生态环境影响的科学评估（2022）
Renlei Huodong dui Qingzang Gaoyuan Shengtai Huanjing Yingxiang de Kexue Pinggu (2022)

出版发行：气象出版社

地　　址：北京市海淀区中关村南大街 46 号　　　　邮　　编：100081
电　　话：010-68407112（总编室）　　010-68408042（发行部）
网　　址：http://www.qxcbs.com　　　　　　E-mail：qxcbs@cma.gov.cn
责任编辑：蔺学东　　　　　　　　　　　　终　审：张　斌
责任校对：张硕杰　　　　　　　　　　　　责任技编：赵相宁
封面设计：楠竹文化
印　　刷：北京地大彩印有限公司
开　　本：787 mm×1092 mm 1/16　　　　　印　　张：18
字　　数：360 千字
版　　次：2023 年 5 月第 1 版　　　　　　　印　　次：2023 年 5 月第 1 次印刷
定　　价：160.00 元

《人类活动对青藏高原生态环境影响的科学评估（2022）》

编写委员会

评审专家组

程国栋	郑　度	秦大河	姚檀栋	多　吉
傅伯杰	夏　军	丁　林	于贵瑞	朴世龙
崔　鹏	洛桑·灵智多杰		安成邦	蔡运龙
曹广民	柴西龙	陈　田	陈百明	陈保冬
陈利顶	成升魁	崔永红	戴君虎	丁永建
方小敏	方修琦	封志明	郭维栋	何大明
霍　巍	金凤君	雷加强	李　浩	李秀彬
刘宝元	刘国华	刘纪远	刘卫东	刘晓东
吕厚远	马玉寿	梅　朵	倪喜军	欧阳华
其美多吉	沈泽昊	石培礼	税燕萍	王根绪
王伟铭	王幼平	夏正楷	徐兴良	杨永平
余新晓	张　云	张建林	张天华	张宪洲
张扬建	张耀存	赵新全	郑景云	

前　言
Preface

　　青藏高原被誉为"世界屋脊"和"地球第三极"，横亘于欧亚大陆中部，北起西昆仑山—祁连山北麓，南抵喜马拉雅山等山脉南麓，南北宽达 1560 千米；西自兴都库什山脉和帕米尔高原西缘，东达横断山等山脉东缘，东西长约 3360 千米。高原平均海拔约 4320 米，范围为 25° 59′ N—40° 01′ N、67° 40′ E—104° 40′ E，总面积达 308.34 万平方千米，中国境内面积约为 258.13 万平方千米。青藏高原改变了地球行星风系，重塑了我国及东南亚地区的气候格局，形成了世界上中低纬度冰川和湖泊集中分布区，孕育了种类繁多的高原动植物，发展了独具特色的藏民族文化。青藏高原是亚洲水塔，是我国重要的生态安全屏障、水资源安全屏障、国土安全屏障、战略资源储备基地和中华民族特色文化的重要保护地。

　　青藏高原高寒生态环境极度敏感脆弱。全球变化背景下，高海拔区域升温更为明显，1961—2018 年青藏高原年平均气温升高 2℃，约是同期全球平均升温幅度的 2 倍。这种快速变暖严重影响冰冻圈的稳定，导致冰川加速融化、冰崩和冰湖溃决事件频发。同时，高海拔区多数物种生态幅较窄，较小的环境要素变化都可能影响某些物种的生存。生态系统一旦遭到破坏，其恢复难度大，所需时间长，进而影响高原及周边毗邻地区的生产、生活和生态功能。保护青藏高原特殊而脆弱的生态环境成为高原生态文明建设的重要内容，也是践行"绿水青山就是金山银山"理念和树立良好国际形象的切实需求。

　　生态环境变化过程中人类活动的作用日益显现。青藏高原的人类活动可追溯到 19 万年前，但史前人类活动强度低，对高原生态环境的影响小。历史时期，高原人口逐渐增长，城镇聚落形成，农牧业规模扩大，对局地生态环境影响加大。20 世纪中叶以来，青藏高原人口和经济快速发展，至 2020 年，高原（中国境内）常住总人口约 1 313.40 万，同时，短居流动人口快速增加，人类活动强度不断增大；加之气候变化加剧，青藏高原生态环境面临前所未有的压力，部分地区出现草地退化、湿地萎缩、冰川退缩和生物多样性丧失等问题。近年来，在生态文明思想的指引下，各级政府不断加大青藏高原生态建设力度，在稳步实施草畜平衡、天然林保护、生态补偿等政策的基础上，先后开展了三江源自然保护区生态保护和建设、西藏生态安全屏障保护与建设、青藏高原区域生态建设与环境保护和三江源国家公园建设等一系列重大生态保护与建设工程和规划项目，青藏高原生态环境问题逐步得到缓解和遏制。

近年来围绕高原环境变化及其人类活动影响开展了系列科学评估。2015 年，中国科学院发布了《西藏高原环境变化科学评估》报告，认为西藏高原气候变暖变湿，生态系统总体趋好，人类活动对高原环境有正负两方面影响。2018 年，国务院新闻办公室发布了《青藏高原生态文明建设状况》白皮书，指出青藏高原环境质量稳定良好，绿色产业稳步发展，生态保育成效明显。

科学认识青藏高原人类活动对环境变化的影响，是合理调控人类活动，保障高原水、生态与人类社会协调发展的科学基础，是建设青藏高原生态文明高地，抓好稳定、发展、生态和强边四件国家大事的现实需求，也是青藏高原生态保护立法的理论基础和成效评判的重要依据。然而，人类活动与生态环境的相互作用是一个复杂的过程，人类活动方式多样，涉及农牧、工矿和旅游等多种活动，既有过度利用资源的负向影响，也有生态保护与建设的正向作用。同时，高原生态环境既敏感脆弱，又存在明显的区域差异，还有全球气候变化的复合作用。因此，科学评估青藏高原人类活动对生态环境的影响是一项系统的科学工程，需要对高原人类活动及生态环境变化过程与作用机理进行深入的科学剖析。

基于此，中国科学院战略性先导科技专项（A 类）"泛第三极环境变化与绿色丝绸之路建设"（项目四"人类活动的环境影响与调控"和联合攻关项目二"高原人－环境相互作用的生态环境影响与调控对策"）与"第二次青藏高原综合科学考察研究"（任务六"人类活动与生存环境安全"）开展联合研究，以青藏高原中国区域为评估对象，利用新成果、统计数据、科技文献和其他资料，分析了高原史前（19 万年前—2000 年前）及历史时期（2000 年前—20 世纪中后期）人类活动发展过程，以及高原生态环境状况及其变化；研究了现代（20 世纪 80 年代以来）放牧、耕种、旅游、工矿开发、城镇建设、重大工程和生态保护与建设等各项人类活动变化过程；从单项和综合的角度，评估了近 40 年来人类活动对生态环境的影响；在分项和区域层面，提出了人类活动调控策略。在此基础上，100 余位研究人员历时 4 年，经过十多次研讨和审改，编写完成了本评估报告。本报告包括生态环境及其变化、人类活动变化、人类活动的生态环境影响评估和人类活动调控策略等方面的内容，共计 13 章 36 万字。

在报告编写过程中得到 60 余位相关领域专家的指导，以及西藏、青海、四川、云南和甘肃等省（区）有关部门的大力支持，在此一并表示衷心感谢。

本评估报告的编写，是一次从人类活动演化过程与多维度视角，运用科学工程模式，全方位阐释高原人类活动及其对生态环境影响的有益尝试。本报告于 2023 年 5 月 27 日在中关村论坛"基础科学科技创新和可持续发展国际论坛"发布，《人民日报》《光明日报》《科技日报》《中国科学报》以及中央广播电视总台、中国新闻网等多家媒体进行了报道，受到广大公众的广泛关注。但人类活动与环境相互作用机理是一个复杂的系统科学问题，由于编写人员的时间和水平所限，可能存在许多不足甚至错误之处，敬请读者批评指正。

作者

2023 年 5 月

摘　要
Abstract

　　揭示青藏高原人类活动对生态环境的影响，是促进人类与自然协调发展，推进国家生态文明建设的科学基础和现实需求。在全球变化和区域人类活动双重影响下，青藏高原生态环境发生了系统性变化。本评估报告构建了包含人类活动与生态环境相关要素的 13 个大类 150 余项指标的评估体系，重点评估了近 40 年来（20 世纪 80 年代—2020 年）生态环境变化及农牧生产、工矿开发、城镇建设、旅游、重大工程和生态保护与建设等人类活动对其的影响。

　　评估发现，1961 年有器测记录以来，青藏高原气候变暖加速，气温增幅比同期全球平均增幅高近 1 倍，降水变化区域差异显著，表现为南部与东部减少、西北部增加的特征；生态状况总体稳定向好，环境质量优良，但局地仍存在草地退化、水土流失和冻土退缩等问题。人类活动强度整体较低，仅为全国平均水平的 26.57%，其中强度较高区域主要分布在东部边缘河谷地区；人类活动对生态环境影响较弱，且 2010 年以来，影响程度逐渐由强转缓，年均增长速率由 0.84% 下降至 0.70%；生态保护与建设的成效逐步增强，对稳定生态安全屏障发挥了重要作用。主要人类活动方式对生态环境的影响如下。

　　（1）放牧活动的影响减弱，耕作活动的环境风险加大。2006—2019 年，青藏高原天然放牧草地超载率普遍下降，其中青海和西藏两省（区）草地超载率分别从 39% 和 38% 下降到 8% 和 11%，放牧对草地的影响减弱。1980—2020 年，高原耕地面积基本保持稳定，耕地利用集约度提高，河湟谷地和一江两河部分耕地土壤微塑料丰度已接近我国东南部区域水平，存在潜在环境风险。

　　（2）工矿活动有限，对生态环境的影响可控。工业在高原经济发展中的地位呈明显下降趋势，已从快速增长阶段进入调整发展阶段，2019 年工业对GDP（国内生产总值）的贡献率仅为 22.30%。1990—2020 年，54.70% 的工

矿区植被绿度减少，但仅限于工矿区周围 2 千米范围内。工矿业污染物排放总量仍处于较低水平，对生态环境的影响总体可控。

（3）**旅游业支柱作用显现，但局地生态环境压力加大。**旅游人口数量由 2000 年的 843 万人次增至 2019 年的 2.50 亿人次，旅游总收入占 GDP 比重由 8.90% 增加到 37.00%。2018 年青海和西藏的旅游生活垃圾达 108 万吨，个别旅游景区生态环境质量出现下降迹象。

（4）**重大交通工程发展迅速，对工程区生态环境产生影响。**2020 年青海和西藏两省（区）公路和铁路通车里程分别比 20 世纪 50—60 年代增长了 61 倍和 17 倍，极大改善了区域交通状况。早期重大交通工程对沿线生态环境产生了一定影响，交通工程加大了沿线景观破碎化程度，使冻土活动层厚度增加、植被覆盖度降低。近期其影响已控制在最小范围和程度。

（5）**跨境污染物影响持续增加。**南亚大气污染排放增加，黑碳等污染物的跨境传输导致每年积雪期减少 3.1～4.4 天，近地面增温 0.1～1.5℃，加速冰川消融，高原生态环境污染胁迫风险增高。

（6）**生态保护和修复工程建设成效显著。**至 2018 年，青藏高原生态工程涵盖高原总面积的三分之一。草地工程区内植被覆盖度平均提高 16.90%，天然林保护区总碳储量每年增加 0.27 亿吨，西藏沙化土地面积平均每年减少 97.36 平方千米。

纲 要
Summary

揭示青藏高原人类活动对生态环境的影响，科学调控人类活动，是保障高原可持续发展，推进国家生态文明建设，促进全球生态环境保护的重大需求。本评估基于新成果、统计和文献等数据，采用单项对比法和综合评估法，构建了包含人类活动与生态环境相关要素的 13 个大类 150 余项指标的评估体系，评估了近 40 年来（20 世纪 80 年代至 2020 年）人类活动强度变化及其对青藏高原生态环境的影响，提出了人类活动调控策略，主要结论如下。

一、青藏高原气候变暖加剧，生态环境总体趋好

气候变暖加剧，降水南减北增。1961—2020 年，高原气温增幅约为同期全球平均增幅的 2 倍，1980 年后增温加速；降水整体略有增加，并呈现"南减北增"的变化特征。预计本世纪末气候呈暖湿化趋势，温度和降水增加幅度分别约为全球平均水平的 1.60 和 2.60 倍，极端天气事件增加。

生态环境总体稳定向好。高原生态系统整体稳定，生态状况趋好，水源涵养量增加，水土流失减缓，防风固沙功能增强，固碳能力提升，珍稀野生动物潜在栖息地增加，环境质量优良。1982—2015 年，植被净初级生产力平均每年增加 1.51 克碳 / 米²；20 世纪 70 年代至 2018 年，湖泊总面积增加了 1 万平方千米，水储量增加了近 1 700 亿吨；2000—2015 年，重度以上水土流失面积减少了 37.70%，沙化土地面积减少了 20.90%；高原水源涵养总量增加了 17.99 亿立方米（提高了 0.70%），水土保持总量增加了 3.08 亿吨（提高了 1.48%），防风固沙总量增加了 5.60 亿吨（提高了 69.56%）；2000 年以来高原生态系统表现为净碳汇，每年从大气中吸收固定 0.792 亿～ 1.342 亿吨 CO_2，其碳汇量占中国陆地生态系统的 10%～ 16%。2000—2015 年，珍稀野生动

物潜在栖息地增加了 2 079.90 平方千米, 野生动植物种群恢复性增长, 藏羚羊数量由 1995 年的约 6 万只上升到 2020 年的 20 万只左右。大气气溶胶和本地主要污染物浓度均较低, 土壤环境质量状况处于安全水平, 主要河流水质保持良好。

局地生态环境问题仍较严峻。草地退化态势整体得到遏制, 但局部仍未根本逆转, 黄河源和长江源等地区的草地退化状况依然严重, 水土流失和沙化土地面积仍然较大, 冰川和多年冻土退缩明显, 生物多样性受威胁风险仍然存在, 野生动物保护与畜牧业发展之间的矛盾凸显, 跨境污染物输入压力增大。

二、高原人类活动对生态环境的影响总体较小, 影响程度近期渐缓

史前和历史时期人类活动的影响微弱。高原人类活动可追溯到约 19 万年前, 经历了狩猎采集和农牧业生产两个阶段, 逐渐由高原东北低海拔地区扩展到高原腹地, 人类活动强度及其对生态环境的影响较低; 历史时期人口逐渐增长, 河谷地带城镇聚落体系逐步形成, 农牧业规模逐渐扩大, 对局地生态环境产生一定影响。现代人类活动强度及其对生态环境的影响总体较弱, 且影响程度呈现逐渐转缓的趋势。高原人类活动强度仅为全国平均水平的 26.57%, 总体处于较低水平。1990—2019 年, 人类活动强度指数增幅为 17.31%, 对生态环境的影响程度指数年均增长 0.84%; 但 2010—2019 年, 人类活动强度指数增幅仅为 0.04%, 对生态环境的影响程度指数年均增长仅为 0.70%。人类活动对高原生态环境的影响逐渐趋于稳定。主要人类活动对生态环境的影响具有以下特征。

放牧活动对草地的影响减弱, 种植业活动的环境风险加大。草地理论载畜量提高, 实际家畜饲养量减少, 放牧强度下降, 放牧对草地的影响逐渐减弱; 高原耕地面积基本保持稳定, 集约度提高。20 世纪 80 年代以来, 高原草地植被覆盖度和生产力增加, 草地理论载畜量每年提高 0.01 个羊单位 / 公顷。高原家畜饲养量和草地放牧强度普遍下降, 1990—2019 年青海和西藏两省（区）家畜存栏量分别下降了 17.20% 和 5.10%。20 世纪 80 年代至 2020 年, 高原耕地总面积稳定在 191.88 万～196.91 万公顷; 灌溉面积、农机总动力和地膜用量等均呈显著增加趋势。设施农业发展迅速, 2018 年设施农用地面积达到 0.94 万公顷。河湟谷地和拉萨河流域等部分地区耕地微塑料丰度接近我国东南部地区水平, 潜在农业面源污染风险较大。

工业化程度较低, 工矿活动对生态环境的影响可控。工业已从快速增长阶段迈

向调整发展阶段，对经济发展的贡献率降低，2019 年全区 GDP 中工业增加值仅占 22.30%，且以资源型工业为主。工矿用地增加加剧了区域景观破碎化程度，1990—2020 年，54.70% 的工矿区植被绿度减少，但仅表现在矿区周围 2 千米范围内。工矿业污染物排放总量处于较低水平，对土壤、水体和大气质量的影响总体可控。

城镇化水平低，发展速度快、潜力大。 1982—2020 年，高原人口城镇化水平由 15.50% 提升至 47.60%，初步形成了"两圈两轴一带多节点"的城镇格局，但城镇化率较全国平均水平低 16.20%，高原有 97% 的城镇人口规模少于 5 万人，92% 的城镇用地规模不足 5 平方千米。预计 2035 年高原城镇化水平将达到 53%。

旅游业支柱作用显现，但局地生态环境压力加大。 旅游对经济发展的贡献快速提升，2000—2019 年，旅游人口数量由 843 万人次增至 2.5 亿人次，旅游总收入占 GDP 比重由 8.90% 增加到 37.00%。旅游活动造成生态环境压力加大，2018 年青海和西藏的旅游生活垃圾达 108 万吨，部分旅游景区旅游活动导致局地生态环境质量下降。

重大交通工程发展迅速，对工程区生态环境产生一定影响。 2020 年青海、西藏两省（区）公路和铁路通车里程分别比 20 世纪 50—60 年代增长了 61 倍和 17 倍，极大改善了区域交通状况。但交通工程加大了沿线景观破碎化程度，使冻土活动层厚度增加、植被覆盖度降低。

跨境污染物对高原生态环境影响持续增加。 黑碳等外源污染的跨境传输导致每年积雪期减少 3.10 ～ 4.40 天，近地面增温 0.10 ～ 1.50℃，加速冰川消融，随着南亚污染排放不断增加，高原生态环境所承受的污染胁迫风险持续增高。

生态工程有序推进，生态保护与综合治理成效显著。 青藏高原陆续实施了三江源自然保护区生态保护和建设、西藏生态安全屏障保护与建设以及祁连山生态保护与建设综合治理等一系列重大生态工程，涉及草地保护与建设（实施面积 45 万平方千米）、林地保护与建设（2.98 万平方千米）、水土流失治理（0.74 万平方千米）、沙化土地治理（0.64 万平方千米）、自然保护地体系建设等。这些工程的实施，使草地建设工程区内植被覆盖度平均提高 16.90%，天然林保护区总碳储量每年增加 0.27 亿吨，西藏沙化土地面积平均每年减少 97.36 平方千米。

三、科学调控人类活动，加强青藏高原生态安全屏障功能

优化协调人地关系，促进生态环境与社会经济可持续发展。 保持人口合理增速，引导人口向节点城市集聚，建设边境城镇带，强化城镇对国土安全的保障作用。维持

现有耕地规模，控制牧畜数量，适度发展人工种草，构建可持续的现代生态农牧业体系。重点发展藏医药和民族手工业等高原特色产业，加速发展光伏和水电等清洁能源产业，着力建设绿色工业园区和绿色产业基地。加快发展生态旅游和特色旅游，合理控制旅游人口，制定高原智慧旅游支撑体系。持续推进生态保护与建设工程，科学划定生态红线，加快推进青藏高原国家公园群建设，创新"山水林田湖草沙冰"生态工程新模式，完善生态补偿机制和开展碳中和示范区建设，探索构建绿色资源开发利用的新路径。

科学制定人类活动分区调控策略，提升青藏高原生态服务功能。果洛那曲高原区注重发展特色生态畜牧业，促进退化草地恢复；青南高原宽谷区强化三江源国家公园建设，严格执行以草定畜；羌塘高原湖盆区注重缓解畜牧业发展与野生动物保护之间的矛盾；阿里高原区加强边疆城镇建设发展国际旅游和边境贸易，保护特有生态系统和物种资源；藏南高山谷地区大力构筑梳状城镇化体系，降低旅游业环境压力，减少农业面源污染；东喜马拉雅南翼区加强生态环境基础信息调查，制定生态保护建设规划，构建守土固边村镇体系；川西藏东高山深谷区加强水土流失治理与生物多样性保护力度；祁连青东高山盆地区着力优化"三生"空间格局，推动绿色产业发展；柴达木盆地地区侧重提高水资源利用效率，积极推进循环经济发展；昆仑高山高原及北翼山地区注重灾害防范，加强野生动植物保护。

目　录
Contents

人类活动对青藏高原生态环境
影响的科学评估 **2022**

人类活动对青藏高原生态环境
影响的科学评估 **2022**

第 1 章 生态环境变化特征

主要结论

　　碰撞隆升造就了青藏高原自然环境格局。在气候变化和人类活动双重影响下，近几十年青藏高原生态环境发生了明显变化。20世纪80年代以来，生态系统状况总体趋好，环境质量优良，但仍存在局地生态环境问题。

　　高原生态系统结构整体稳定。1992—2020年各类生态系统的多年平均变化面积仅占总面积的0.60%，是我国生态地理单元中结构变化最小的区域。

　　生态系统质量总体趋好。植被覆盖度持续增加，植被生产力显著提高，1982—2015年间平均增速达到1.51克碳/米^2；湖泊面积明显扩张，20世纪70年代—2018年间面积大于1平方千米的湖泊从1 080个增加到1 424个，湖泊总面积增加了1万平方千米，水储量增加了近1 700亿吨；水土流失和沙漠化面积减少，2000—2015年间重度以上水土流失面积减少了37.70%，沙化土地面积减少了20.90%。

　　生态系统服务功能有所提高。2000—2015年间，高原水源涵养总量增加了17.99亿立方米（提高了0.70%），水土保持总量增加了3.08亿吨（提高了1.48%），防风固沙总量增加了5.60亿吨（提高了69.56%）。2000年以来高原陆地生态系统表现为净碳汇，即高原生态系统每年从大气中吸收固定0.79亿～1.34亿吨二氧化碳，该碳汇量占中国陆地碳汇量的10%～16%。珍稀动物物种潜在栖息地面积明显增加，2000—2015年增加了2 079.90平方千米，特别是高原东南部的川金丝猴、滇金丝猴等物种分布区的灌丛栖息地增多；部分野生动物数量呈现恢复性增长，其中藏羚羊野外种群数量增长了2.33倍。

　　环境质量稳定优良。大气环境整体洁净，大气气溶胶和主要污染物浓度均较低；土壤环境质量状况处于安全水平；西藏主要河流水质保持良好，达到国家规定相应水域的环境质量标准。

　　局地生态环境问题仍较严峻。部分草地退化态势仍未根本逆转，水土流失面积仍然较大，沙化土地面积分布仍然较广，冰川和多年冻土退缩，湿地面积未恢复到20世纪70年代的水平，生物多样性受威胁风险仍然存在，野生动物保护与畜牧业发展之间的矛盾凸显，跨境污染物输入压力增大。

1.1 地质时期从海到陆、从热到冷演变

1.1.1 从海洋环境演变为陆地环境

在 3 亿多年前的石炭纪至二叠纪早期，现在青藏高原的羌塘地块、拉萨地块和藏南喜马拉雅地区还位于南纬 30° 以南，属于冈瓦纳大陆的组成部分。在距今 2 亿多年前的三叠纪时期，今天青藏高原所处的地区还是一片汪洋大海，生活着以珠峰中国旋齿鲨（*Sinohelicoprion qomolangma*）、喜马拉雅鱼龙（*Himalayasaurus tibetensis*）等为代表的海洋生物。中生代盘古大陆解体之后，分离出来的羌塘地块、拉萨地块以及印度板块以较快的速度向北漂移。

中生代晚期西藏东南部地区逐渐脱离海洋环境，恐龙动物群在此繁衍。在侏罗纪 - 白垩纪时期，在昌都盆地形成了与当时四川盆地相似的淡水湖泊，在芒康的湖相沉积物中发现了拉乌拉芒康龙（*Monkangosaurus lawulacus*）和酋龙（*Datousaurus* sp.）等。之后，在 6500 万—5500 万年前的新生代初期，前印度板块与欧亚板块碰撞，青藏高原主体开始逐渐隆升。

1.1.2 从热带动植物群落演化为高寒动植物群落

藏北尼玛和伦坡拉等盆地中保存丰富的古近纪热带 - 亚热带鱼类和植物等化石

本章统稿人：张镜锂、汪涛、邓涛
撰　写　人：邓涛、汪涛、张镜锂、樊江文、欧阳志云、王宁练、康世昌、赵林、王小萍、
　　　　　　王艳芬、倪健、徐增让、张海燕、赵志龙、魏博、苏涛、吴飞翔、李凯、傅建捷、
　　　　　　薛凯、黄杰、万欣、王传飞、周云桥
审　核　人：樊江文

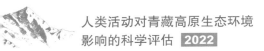

证据表明，青藏高原腹地在距今 3800 万年前仍然为温暖湿润的低地，当时由印度洋而来的暖湿气流至少可以深入到西藏北部地区。发现的鲤科鲃类的张氏春霖鱼（*Tchunglinius tchangii*），存在于 3800 万年前的始新世，解剖特征指示其是生活在低海拔温暖地区的鱼类。同时代的西藏始攀鲈（*Eoanabas thibetana*）具有类似于现生攀鲈的生理特征与生态习性，其化石产地的现代海拔高度近 5 000 米，水体年均温低至约 −1.00℃，而现生攀鲈主要分布在南亚、东南亚和非洲中西部热带地区，其生活环境的海拔大多在 500 米以下，最高不到 1 200 米，气温在 18 ～ 30℃。由此可见，自西藏始攀鲈的时代至今，青藏高原腹地的地理特征与自然环境显然经历了巨大的变化。与攀鲈同层的植物群落包括喜暖湿环境的叶型硕大的棕榈、菖蒲，以及与浮萍类关系密切的天南星科水生植物，这些化石进一步证明该群落生长地当时的海拔高度不超过 2 000 米，在同一层位发现的大量昆虫也指示类似的古海拔高度。

进入中新世，青藏高原持续隆升，开始出现本地区特有的裂腹鱼类。裂腹鱼类根据其不同的形态特征和分布海拔高度分为原始、特化和高度特化 3 个等级，咽齿从 3 行递减为 1 行。在伦坡拉盆地 2000 多万年前早中新世地层中发现的大头近裂腹鱼（*Plesioschizothorax macrocephalus*）属于具 3 行咽齿的原始等级，化石地点现今海拔高度为 4 550 米，而当时该地的古海拔高度不会超过 3 000 米。同一地层中还发现了近无角犀（*Plesiaceratherium* sp.）化石，它在亚洲和欧洲的其他化石地点被证明生存于常绿阔叶林带中（Deng et al.，2012）。

在可可西里盆地中新世的五道梁组湖相泥灰岩中发现的小檗化石，其现今海拔高度为 4 600 米。五道梁小檗化石与现代的亚洲小檗（*Berberis asiatica*）相似，也指示可可西里盆地及青藏高原北部的古海拔高度在 1700 万年前的早中新世末期不超过 3 000 米。喜马拉雅山地区吉隆盆地沃马的现代海拔高度为 4 384 米，其三趾马动物群的时代为晚中新世晚期，年龄距今 700 万年；通过稳定碳同位素分析，吉隆盆地三趾马化石的釉质 $\delta^{13}C$ 值指示其具有 C_3 和 C_4 的混合食性，在其食物中含有 30% ～ 70% 的 C_4 植物，证明吉隆盆地当时的海拔高度最有可能是在 2 400 ～ 2 900 米。

在阿里地区札达盆地海拔接近 4 000 米、距今 460 万年前的上新世地层中发现了札达三趾马（*Hipparion zandaense*）的骨架化石，重建的运动功能显示其具有快速的奔跑能力和持久的站立时间，生活于开阔地带；札达地区现代的林线位于海拔 3 600 米位置，而札达三趾马生活的时期温度比现代高约 2.50℃。按照气温直减率计算，札达三趾马生活时期札达地区的林线高度应位于海拔 4 000 米处，证明札达盆地至少在上新世中期就已经达到现在的海拔高度。札达盆地和昆仑山口盆地的上新世地层中还分别产有高度特化等级的裂腹鱼类和裸鲤化石，反映青藏高原整体在上新世已经接近现代的高度，形成冰冻圈环境，导致生物群发生相应变化。

在札达盆地上新世哺乳动物化石组合中发现的西藏披毛犀（*Coelodonta thibetana*）、布氏豹（*Panthera blytheae*）、邱氏狐（*Vulpes qiuzhudingi*）和喜马拉雅原羊（*Protovis himalayensis*）等，证明在第四纪之前冰期动物群的一些成员已经在青藏高原上演化发展，而当时包括北极圈在内的广大地区正处于比今天还要温暖的环境中。冰期动物的祖先在青藏高原高海拔环境下的严寒冬季得到"训练"，使其形成对后来第四纪冰期气候的预适应，由此"走出西藏"，最终成功地扩展到全球各地。

综上所述，渐新世时期尼玛和伦坡拉等盆地的海拔高度不超过 2 000 米，整个青藏高原的地势还不足以阻碍大型动物的交流，巨犀等哺乳动物仍然能够在高原南北之间穿行；到中新世，吉隆、伦坡拉和可可西里等盆地的数据反映高原上升至海拔3 000 米左右，已成为当时铲齿象等哺乳动物交流的屏障；直至上新世，札达和昆仑山口等盆地达到了 4 000 米以上的现代海拔高度，由此形成冰冻圈环境，导致冰期动物群的出现。长期以来，科学家一直在上新世和早更新世的极地苔原和干冷草原上寻找适应寒冷气候的第四纪冰期动物群的始祖，但并未获得成功。现在，通过对以札达盆地为代表的新生代晚期沉积物中的哺乳动物化石研究，显示在上新世达到现代高度的青藏高原严寒气候已经使第四纪冰期动物群的祖先们度过了适应寒冷的最初阶段。

1.1.3　两万年以来生态环境时空差异波动变化

近 2 万年以来青藏高原及其周边山区的冰川、湖泊水位和孢粉记录，揭示了青藏高原古气候、古植被的演变历史及其时空格局变迁。

在末次冰盛期（2.1 万—1.8 万年前），班公错、红山湖、乱海子和青海湖的水位上升，班戈错、苟弄错、大柴旦—小柴旦盐湖和扎布耶湖则呈下降趋势，而甜水海先升后降。有限的孢粉记录揭示，高原东部为荒漠草原和高山草甸植被，东北部为荒漠植被，气候寒冷干旱。在冰消期（1.8 万—1.2 万年前），班公错、冬给错那、察尔汗盐湖、小沙子湖和扎布耶湖湖泊水位持续下降，昂仁湖、苟弄错、佩枯错及大柴旦—小柴旦盐湖先升后降，班戈错则经历三次水位升降波动过程。在冰消期前期东部地区的荒漠和荒漠草原逐渐被草原和高山草甸所替代，后期草原和高山草甸植被仍占据主导地位，但寒温性针叶树开始出现，说明局部地区的气候开始回暖转湿。然而在高原中部与西部气候变化不明显，植被也无显著变化，荒漠植被一直持续到末次冰期结束。在末次冰消期向全新世的转变期，尤其是 1.25 万—1.15 万年前，高原植被的变化最大，在高原西部和中部，荒漠被草原替代，在东北部针叶林侵入高山草原和草甸，在南部针阔混交林变为落叶阔叶林。末次冰期是冰川扩展的时期，但关于冰川规模及其变化仍存在较多争议。

进入全新世（1.2 万年前）之后，湖泊水位变化在千年尺度上有三种模式。第一种模式表现为持续或在波动中下降，即最高水位出现在早全新世时期，这是全新世湖泊水位变化的最主要特点。第二种模式是湖泊高水位出现在中全新世时期，但各个湖泊高水位的起止时间具有一定的差异性。第三种模式是湖泊水位波动剧烈或异常稳定，没有体现出阶段性的变化过程。早全新世冰进稍微增加，中全新世减小，而在 3 000 年之后则大幅缩减。全新世高原植被的总体宏观格局与现今类似，由东南向西北发生山地森林－高寒灌丛与草甸－高寒草原－高寒荒漠的地带性递变，只是不同时期、不同地区植被类型的盖度、丰度与位置有异。森林范围在全新世中期达到最大，而从早全新世开始高寒草原逐渐退缩，高寒草甸与荒漠逐渐扩张。反映出西南季风从全新世早期逐渐增强至鼎盛，气温升高、降雨增强，而中后期以后，季风逐渐减弱，气温降低、降水也减少，只是在不同地区存在较明显差异。

总之，在过去 2 万年来，青藏高原生态环境的演化趋势和程度存在时间与空间上的差异，但总体经历了气候寒冷干旱、植被较为荒芜，到气候相对温暖润湿、植被较为茂盛的变化过程。湖泊水位呈现早期缓慢下降、后期迅速下降趋势。末次冰期与冰盛期的冰川进退变化仍存在较大争议。

1.2 现代生态环境总体趋好，局部风险增加

1.2.1 生态系统结构稳定，质量和服务功能总体趋好

1）生态系统类型丰富，宏观格局总体稳定

青藏高原生态系统类型丰富，主要包括草地、森林、荒漠、水体与湿地、农田、聚落等类型。基于修正后的 1992—2020 年欧洲航天局全球土地覆盖产品（CCI-LC）数据分析表明，2020 年，高原草地生态系统面积约为 175.29 万平方千米，占高原总面积的 67.79%，是高原分布最广泛的生态系统，主要包括高寒草甸、高寒草原和高

寒荒漠草原等类型。荒漠生态系统面积次之，约 47.69 万平方千米，占高原总面积的
18.47%，包括沙地、裸地、盐碱地等类型，主要分布在藏北高原。森林生态系统面
积 22.21 万平方千米，占比约 9.30%，包括阔叶林、针叶林和各类灌丛等类型，主要
分布在藏东南地区、川西高原和滇西北地区。水体与湿地生态系统面积 10.75 万平方
千米，占高原总面积的 4.16%，主要分布在高原中西部和青海湖及其周边区域。农田
生态系统面积较小，面积约 1.89 万平方千米，占高原总面积的 0.73%，主要分布在一
江两河地区和河湟谷地。聚落生态系统面积最小，约 639.16 平方千米，占比不足 1%
（图 1-2-1a）。

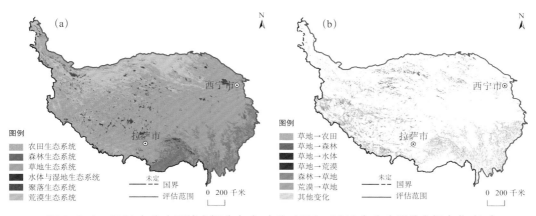

图 1-2-1　2020 年生态系统空间分布（a）和 1992—2020 年生态系统空间变化（b）
（青藏高原范围引自张镱锂等（2014），余同）

1992—2020 年间高原各类生态系统面积变化较小，生态系统格局总体保持稳定，
多年平均变化量仅占高原总面积的 0.61%（图 1-2-1b，表 1-2-1），远低于全国平均
水平（傅伯杰 等，2021）。其中草地、森林和荒漠生态系统面积变化不明显（变化幅
度均小于 3%），水体和湿地生态系统面积略有增加，而农田和聚落生态系统面积增加
明显，其变化幅度均超过 200%。

表 1-2-1　1992—2020 年青藏高原生态系统类型面积变化

生态系统类型	农田生态系统	森林生态系统	草地生态系统	水体与湿地生态系统	聚落生态系统	荒漠生态系统
面积变化 / 平方千米	14 164.86	5 203.33	−33 949.48	3 652.37	454.19	10 474.72
变化幅度 / %	281.92	2.21	−1.90	3.51	219.58	2.31

2）植被覆盖度和生产力提升，湖泊扩张，水土流失和沙化面积减少

（1）植被覆盖度持续增加，近期增幅减缓

基于归一化植被指数（NDVI）分析表明，青藏高原植被覆盖度呈现显著的空间分异，表现为从东南向西北递减。在时间动态上，1982—2015 年间高原植被覆盖度总体呈显著上升趋势，但在不同时间段和不同区域其趋势不尽相同（图 1-2-2）。例如，20 世纪 80—90 年代，高原 84.49% 的地区植被覆盖度呈增加趋势；然而在 21 世纪 00 年代以后，植被覆盖度总体变化趋势不明显，但存在显著的空间分异，即西南地区呈下降趋势，而东部地区呈增加趋势。总体来说，气候变暖是导致植被覆盖度增加的主要因素（Zhu et al.，2016），然而在降水较少的西部地区，气候变暖降低了土壤水分含量，进而可能导致植被覆盖度降低（Fu et al.，2016）。

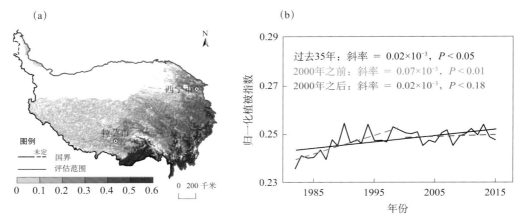

图 1-2-2　1982—2015 年青藏高原归一化植被指数（NDVI）平均值分布（a）与变化趋势（b）

（2）植被生产力总体呈增加趋势

高原草地生产力总体增加，2000 年以后增速变缓。 高原草地植被平均净初级生产力为 256 ～ 282 克碳 / 米^2，在空间上表现为东高西低。过去 30 余年高原草地年生产力总体呈显著增加趋势，平均增速为 1.51 克碳 /（米^2·年），气候变暖是促进植被生产力增加的主要因素（Zhu et al.，2016）。值得注意的是，青藏高原草地生产力的增长趋势在 2000 年以来呈变缓态势，这反映出高原植被生产力增加趋势之下存在潜在风险。一方面，随着温度的持续上升，大气水分亏缺增强会对高原植被生产力带来不利影响（Ding et al.，2018）；另一方面，近年来高原草地面临退化的风险，也对高原草地生产力产生不利影响（李文华 等，2013；Wang et al.，2022）。

高原森林生产力总体增加，森林碳密度大，储量呈增加趋势。高原森林平均年净初级生产力为 690 克碳 / 米²，约为草地平均净初级生产力的 3 倍。空间格局上，森林初级生产力呈现明显的纬度地带性特征。1982—2015 年间，森林生产力总体呈增加趋势，增速为 1.13 克碳 /（米²·年）。需要指出的是，2000 年以后高原森林年生产力基本维持不变，这可能与成熟、过熟林占比较大有关，使得现有森林固碳潜力可能有限。基于野外实测、激光雷达和多源遥感数据，反演了青藏高原森林地上生物量，发现森林地上生物量达 197.24 吨 / 公顷，约为全国森林平均地上生物量的 2 倍，且远高于同纬度北美地区。高原域森林地上部分碳储量为 8.2 亿吨碳，占全国森林地上碳储量的 11.70%。自 1998 年以后，随着各项林业保护工程的实施，高原森林采伐逐渐减少，森林碳储量呈增加趋势（高述超 等，2007；Sun et al.，2016b；Yao et al.，2018）。

（3）湖泊面积扩张明显

20 世纪 70 年代至 2018 年，青藏高原面积大于 1 平方千米的湖泊总数量从 1 080 个增加到 1 424 个，湖泊总面积净增加 1 万平方千米（Zhang et al.，2019b，图 1-2-3），湖泊平均水位上升了约 4 米（Zhang et al.，2019b），湖泊水储量增加了近 1 700 亿吨（张国庆 等，2022）。高原湖泊变化阶段性差异明显，20 世纪 70 年代至 1995 年湖泊面积、水位和水量均略有下降，随后呈快速但非线性增加的态势，空间上，中北部湖泊面积、水位与水量增长，南部减少（张国庆 等，2022）。另一方面，湖泊面积的年内峰值出现时间也不相同，较大湖泊（＞100 平方千米）的面积在 8—9 月达到峰值，而相对较小湖泊（50～100 平方千米）的面积在 6—7 月达到峰值；封闭湖泊的面积

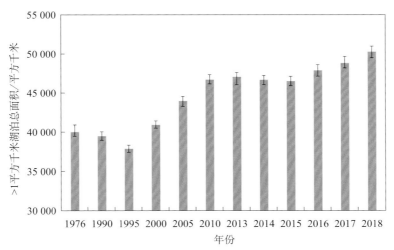

图 1-2-3　1976—2018 年湖泊面积变化时间序列（张国庆 等，2019）

季节峰值更为突出，而外流湖的季节峰值则更平缓；冰川补给湖相对于非冰川补给湖面积峰值延迟（Zhang et al.，2020a）。

降水增加是湖泊扩张的主要驱动因素，冰川消融贡献次之。降水增强对湖泊水量增加的贡献达 74%，冰川消融的贡献率约为 13%，冻土退化（约 12%）和雪水当量（约 1%）贡献较少（张国庆，2019）。在不同区域上，湖泊变化的主控因素存在差异，高原中部和东北部湖泊的扩张与降水量的增加，以及与温度升高导致的冰川加速融化有关；喜马拉雅山脉附近湖泊面积的减少是由于降水量低、蒸发量高、盆地空间有限造成的；柴达木盆地内的湖泊表现出复杂的响应模式，与波动的降水和强烈的蒸发有关。另外，大尺度的大气环流，如西风、印度季风和东亚季风也影响着湖泊面积的季节变化（Zhang et al.，2020a）。

（4）水土流失、沙漠化、石漠化面积减小，程度降低

2000—2015 年，青藏高原重度（强度）以上水土流失面积从 31.37 万平方千米减少到 19.53 万平方千米；重度以上沙化土地面积从 35.00 万平方千米减少到 27.69 万平方千米；重度以上石漠化土地面积从 2 400 平方千米减少到 2 300 平方千米（傅伯杰 等，2021）。

3）生态系统服务功能整体提升

（1）水源涵养功能总体稳定，略有提升

利用水量平衡法，结合多源卫星遥感数据，利用水源涵养量反映水源涵养功能，估算了青藏高原生态系统水源涵养功能及其变化。结果表明，区域水源涵养总量为 2 444.77 亿立方米。其中，草地生态系统的水源涵养量最高，占总量的 60.94%；其次为森林生态系统和灌丛生态系统，占比分别为 14.01% 和 13.11%。区域水源涵养功能呈西低东高的分布格局，高值区主要位于川西、藏东等地（图 1-2-4）。

2000—2015 年青藏高原生态系统水源涵养总量呈现微弱增加趋势，增加量为 17.99 亿立方米，增加了 0.70%。草地、森林和灌丛生态系统的水源涵养量均保持稳定，变幅在 2% 以内。湿地生态系统和荒漠生态系统水源涵养量呈现出增加趋势，湿地生态系统水源涵养量增加了 4.20 亿立方米，增幅为 2.66%；荒漠生态系统水源涵养量增加了 34.70 亿立方米，增幅达 36.47%，这一现象主要是降水量增加所致（底阳平 等，2019）。在空间格局上，水源涵养量增加的区域主要分布于青藏高原中部，以及西北诸河流域，水源涵养减少的区域主要分布于青藏高原东北部。

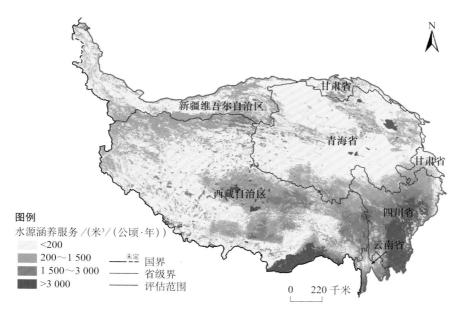

图 1-2-4　2015 年青藏高原水源涵养功能空间分布图

（2）土壤保持功能总体提升，部分地区降低明显

采用修正的通用土壤流失方程（张路 等，2017）模拟了青藏高原生态系统的土壤保持功能及其变化，表明区域土壤保持总量为 211.55 亿吨，单位面积土壤保持量为 87.00 吨/（公顷·年），总体呈东南高西北低的分布格局。土壤保持功能较强的区域主要位于四川中西部、西藏东南部、云南西北部（图 1-2-5）。在各生态系统中，草地生态系

图 1-2-5　2015 年青藏高原生态系统土壤保持功能空间格局

统的土壤保持量最高，达 92.52 亿吨，约占全区生态系统土壤保持总量的 43.74%，是青藏高原生态系统土壤保持服务的主体；森林、灌丛、农田、湿地和聚落等生态系统的土壤保持量分别占总量的 28.59%、21.56%、1.15%、0.44% 和 0.05%。从单位面积土壤保持量来看，土壤保持能力最强的是森林，约 446.60 吨 / (公顷·年)，其次是灌丛，约 256.10 吨 / (公顷·年)，而农田的单位面积土壤保持量约为 130.36 吨 / (公顷·年)。

2000—2015 年青藏高原生态系统土壤保持总量呈持续微弱增加趋势，从 2000 年的 208.47 亿吨增加到 2015 年的 211.55 亿吨，增幅为 1.48%。空间上表现为西藏东南部、四川西部和青海东部地区的土壤保持功能呈现大面积增强，而西藏中部、雅鲁藏布江中游等地区则呈降低趋势（图 1-2-6）。

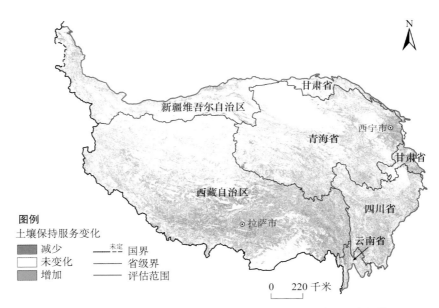

图 1-2-6　2000—2015 年青藏高原生态系统土壤保持功能变化格局

（3）防风固沙功能总体改善，局部有所退化

通过计算生态系统潜在和实际风蚀量的差值，估算了 2000—2015 年青藏高原防风固沙量（图 1-2-7）。发现每平方千米防风固沙量为 568.40 吨 / 年，区域防风固沙总量为 13.65 亿吨 / 年。其中，草地生态系统防风固沙量为 11.67 亿吨 / 年，约占全区生态系统固沙总量的 85.50%，是全区生态系统防风固沙功能的主体；灌丛、森林和其他生态系统的防风固沙量分别为 0.22 亿吨 / 年、0.02 亿吨 / 年和 1.74 亿吨 / 年。

2000—2015 年生态系统防风固沙总量呈现整体增加趋势，在平均气候条件下，仅考虑植被恢复引起的固沙量变化，从 2000 年的 8.05 亿吨增加到 2015 年的 13.65 亿吨。在空间格局上，绝大部分区域的防风固沙功能均有改善，集中分布于西藏西北部和青海西部，但部分区域防风固沙功能出现降低（图 1-2-8）。

图 1-2-7　青藏高原生态系统防风固沙功能空间格局

图 1-2-8　2000—2015 年青藏高原生态系统防风固沙功能变化格局

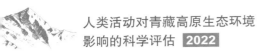

（4）碳汇功能持续增强，多年冻土区存在土壤碳释放风险

近年来高原生态系统在暖湿化背景下碳汇持续增强，最新研究基于生态系统模型、大气反演和遥感－清查资料等方法综合评估显示，2000 年以来高原陆地生态系统表现为净碳汇，即高原生态系统每年从大气中吸收固定（1.07±0.28）亿吨二氧化碳，该碳汇大小占中国陆地碳汇的 10%～16%（中国科学院，2021）。位于青海海北和西藏当雄的通量观测均显示高原草地生态系统发挥着明显的碳汇功能，碳汇强度分别为 153.1 克碳 /（米²·年）（Kato et al.，2006）和 161.85 克碳 /（米²·年）（Niu et al.，2017）。归因分析研究表明，大气 CO_2 浓度上升和降水增加是高原草地碳汇功能增强的主要驱动因素。值得注意的是，变暖在促进草地生产力的同时，也增强了生态系统呼吸导致的碳排放，因而其对草地碳汇功能的影响并不明显（Piao et al.，2012）。

通过大尺度重复采样调查发现，21 世纪 00—10 年代，青藏高原高寒草地 0～30 厘米土层的土壤有机碳含量总体上保持 28 克碳 /（米²·年）的增速，并且土壤碳的积累主要发生在 10～30 厘米土层中（Ding et al.，2017）。这一发现与长达 16 年的增温实验研究结果一致（余欣超 等，2015）。但气候持续变暖背景下，多年冻土生态系统存在从碳汇转向碳源的风险。

（5）珍稀动植物物种潜在栖息地增加

截至 2021 年，青藏高原拥有自然保护区与自然公园两大类共 407 处，总面积约 90.30 万平方千米，约占青藏高原面积的 35.50%。在自然保护地中，各级自然保护区共计 171 个（其中国家级 52 个、省级 61 个），占自然保护地总面积的 91.80%（傅伯杰 等，2021）。其中，西藏的自然保护区面积达到 46.68 万平方千米，占全自治区国土面积的 38.83%；受保护湿地面积 4.31 万平方千米，占全自治区湿地面积的 65.98%。自然保护地对于维持青藏高原生物多样性起到了不可替代的作用。

基于物种生境分布模型，评估了青藏高原生态系统与生境指示物种的多样性，结果表明主要生境指示物种多样性分布从东到西呈递减趋势（图 1-2-9）。2000—2015 年青藏高原珍稀物种潜在栖息地总面积增加了 2 079.90 平方千米。其中，藏羚羊、野牦牛、藏野驴、藏原羚等草原有蹄类物种的重要栖息地主要分布在高原中西部地区和东部草甸草原过渡带，2000—2015 年总分布面积呈下降态势；大熊猫、川金丝猴、滇金丝猴等重要野生动物的重要栖息地为灌丛和森林，其中灌丛栖息地面积增加明显。

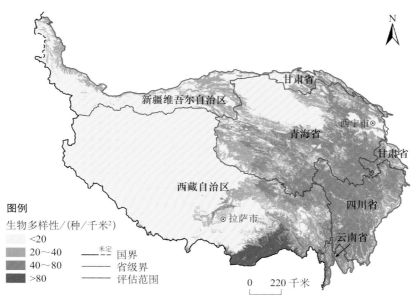

图 1-2-9　青藏高原主要生境指示物种丰富度空间格局

1.2.2　环境质量总体优良，但须防范环境风险

1）大气环境质量整体良好，污染物跨境输入不容忽视

（1）大气中黑碳等污染物浓度呈现显著上升趋势

分析青藏高原不同环境沉积物（冰芯、湖芯等）中硫酸盐、重金属元素、黑碳（BC）等指标，发现大气污染物近百年来呈显著上升趋势。达索普冰芯记录显示，硫酸盐浓度在 1900 年后的 100 年内具有明显上升趋势，在 1950 年后尤为明显，且 1950 年后期浓度（50 ppb[①]）约为 1900 年以前（20 ppb）的 2.5 倍（Duan et al.，2007）；珠峰东绒布冰芯和格拉丹东冰芯中显示黑碳浓度在工业革命以来均呈显著上升趋势，1975—2000 年的浓度约为 1975 年之前浓度的 3 倍（Kaspari et al.，2011；Matthew et al.，2016）。此外，青藏高原南部区域冰芯记录无一例外显示 20 世纪 80 年代以来黑碳含量具有快速增长的趋势（Wang et al.，2015b；Xu et al.，2009）。

青藏高原冰芯中重金属记录表明，自 1900 年以来，镉（Cd）呈显著增加趋势（李月芳 等，2000）；慕士塔格冰芯铅（Pb）含量自 1973 年开始大幅升高，分别在 1980 年和 1993 年前后出现了两个高值阶段（李真 等，2006）；达索普冰芯中的超痕

---

① 　1 ppb=10⁻⁹。

量铅含量增长趋势十分明显（Huo et al.，1999）。青藏高原冰芯 - 湖芯共同指示自工业革命以来，尤其是二战以来，大气汞沉降通量快速增加（图1-2-10）（Kang et al.，2016；Yang et al.，2010a）。

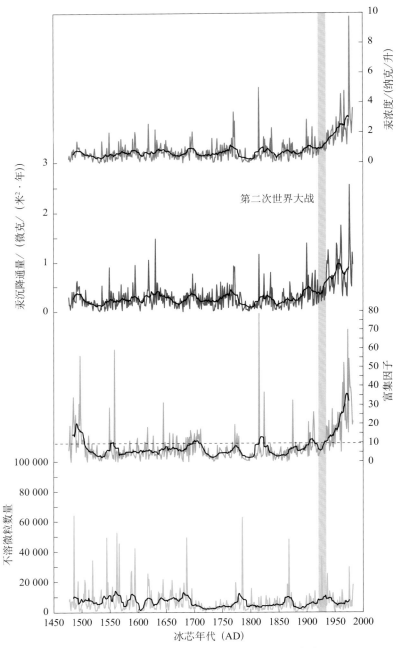

图 1-2-10　青藏高原格拉丹东冰芯记录大气汞污染物沉降历史（Kang et al.，2016）

（2）大气质量整体优良，但存在南亚向高原传输的污染事件

大气气溶胶浓度。喜马拉雅山地区大气颗粒物的浓度水平很低，金字塔观测站（NCO-P）PM_1 和 PM_{1-10} 的年均浓度分别为 1.94 ± 3.90 微克/米³ 和 1.88 ± 4.45 微克/米³，但在南亚棕色云爆发时期，该站的 PM_1 年均浓度高达 23.50 ± 10.20 微克/米³。青藏高原气溶胶浓度仅有少量报道，如藏东南地区 TSP 和 $PM_{2.5}$（Liu et al.，2017a；Zhao et al.，2013b）、阿里和珠峰及纳木错的 $PM_{2.5}$（Liu et al.，2017a）、腾冲春季的 $PM_{2.5}$ 和 PM_{10}（Engling et al.，2011）、高原东北部地区瓦里关站的 PM_{10}（汤莉莉 等，2010）等，浓度都很低，而在祁连山高山站 $PM_{2.5}$ 浓度则可达到 9.50 ± 5.40 微克/米³（Xu et al.，2014）。

气溶胶中金属元素与主要离子。珠峰地区大气气溶胶以铝（Al）、钙（Ca）、硅（Si）、钾（K）、铁（Fe）等地壳元素为主，占总元素浓度的 82% 以上，硫（S）、铅（Pb）等与人类活动影响有关的污染元素含量很低（张仁健 等，2001）。五道梁低层大气气溶胶在总体上保持着自然大气的组成（张小曳 等，1996；柳海燕 等，1997），以地壳土壤元素为主，燃煤、交通及冶炼等人为源也占有一定比例（温玉璞 等，2001）。纳木错、念青唐古拉峰扎当冰川垭口和玉龙雪山等地区的大气气溶胶元素组成分析也表明，部分重金属主要与南亚地区人类活动密切相关，但地壳物质影响也不容忽视（Cong et al.，2007；李潮流 等，2007；Zhang et al.，2012）。少数短期大气气溶胶主要水溶性离子组成研究表明，SO_4^{2-} 是青藏高原气溶胶主要水溶性阴离子，Ca^{2+} 是最主要的阳离子，它指示沙尘载荷（Ming et al.，2007；Cong et al.，2015）。大气颗粒物主要呈碱性，NH_4^+、K^+、NO_3^- 和 SO_4^{2-} 均在春季呈现出高值，而夏季最低，反映了地壳源和人为源污染物排放对青藏高原的影响。

碳质气溶胶。碳质气溶胶主要包括有机碳（OC）、元素碳（或黑碳）（EC 或 BC）和无机碳酸盐碳（CC）。青藏高原的元素碳或黑碳浓度水平代表了亚洲地区的背景水平。珠峰地区黑碳浓度为 276 ± 320 纳克/米³①（Chen et al.，2018），与珠峰站膜采样和热光分析法检测的元素碳平均值（250 ± 220 纳克/米³）较为接近（Cong et al.，2015），略高于喜马拉雅山南麓的金字塔站（161 ± 296 纳克/米³）（Marinoni et al.，2010）。青藏高原中部的纳木错站黑碳平均值为 82 纳克/米³（Ming et al.，2010），东南部然乌站黑碳的平均值为 139 纳克/米³（Wang et al.，2016b），均低于珠峰站。西部的慕士塔格高海拔地区元素碳浓度（55 纳克/米³）与世界其他偏远极地地区相

---

① 1 纳克/米³=10^{-6} 克/米³。

似（Cao et al.，2009）。有机碳和元素碳的浓度都呈现逐年增加的趋势（Zhao et al.，2013a）。纳木错不同粒径段有机碳在季风期最低，不同粒径段有机碳含量相对 EC 较高，生物质燃烧和二次有机气溶胶（SOA）是有机碳的重要来源（Meng et al.，2013；Wan et al.，2015），总体上，局地排放和长距离传输对有机碳和元素碳都有贡献（Zhao et al.，2013a；Chen et al.，2015b；Wan et al.，2015）。

有机分子标志物。 纳木错生物源二次有机气溶胶标志物（异戊二烯、单萜烯和β- 石竹烯氧化物）主要受天然源排放和气象条件影响，人为源二次有机气溶胶标志物（苯系物氧化物）和生物质燃烧标志物（脱水糖类化合物和芳香酸化合物）主要反映了南亚等污染严重地区大气污染物跨境传输的影响（Shen et al.，2015；万欣，2017）。青藏高原内部大气中多环芳烃（PAHs）含量平均值为 5.55×10^3 皮克 / 米 ^{3}[①]，与北太平洋和相邻的北极地区（未检出～ 4.38×10^3 皮克 / 米 ^{3}）大气气溶胶，以及加拿大西部山区（$15.70 \sim 1.03 \times 10^3$ 皮克 / 米 ^{3}）大气中 PAHs 浓度水平相当（Ding et al.，2007；Choi et al.，2009）。喜马拉雅山中段两个断面上监测点大气 PAHs 的年均含量差异较大，在加德满都—东启—聂拉木断面上，PAHs 的含量由南向北呈明显降低的趋势。表明局地的农业、交通等排放以及污染物的长距离传输等对喜马拉雅山南坡尤其是海拔 5 000 米以下地区具有较明显影响。

空气质量及其时空分布特征。 高原各类污染物含量与北极地区相当。西藏空气质量整体保持优良，空气平均优良天数比例为 99.60%；青海空气质量达标天气比例 96.10%。空气质量指数 AQI 值＞ 50 的地区主要位于青海省东部、甘肃省甘南、西藏拉萨和那曲地区，其中，青海省海东地区、西宁地区和西藏那曲地区的 AQI ＞ 70；AQI ＜ 50 的地区主要位于阿坝、甘孜、迪庆、昌都、山南、日喀则和阿里地区，其中，昌都和日喀则地区的 AQI 最小（图 1-2-11）。$PM_{2.5}$、PM_{10}、SO_2、NO_2 和 CO 的高值区主要位于拉萨等城市区，低值区主要位于林芝等地区。O_3 高浓度区域主要位于青藏高原东北部和西南部，O_3 浓度较低的区域主要位于青藏高原中部。近年来，不同区域的大气污染程度都逐渐变弱，即空气质量逐年提高，这种变化特征在那曲地区表现尤为明显。

基于 2014—2019 年青藏高原范围内 42 个城市环境监测站监测数据。高原城市空气质量指数（AQI）在夏半年（5—9 月），从 5 月开始逐渐减小，9 月达到最小值（36.90）；从冬半年，即 10 月开始增加，12 月达到最大值（67.50），并保持较高值到翌年 4 月。$PM_{2.5}$、PM_{10}、SO_2、NO_2 和 CO 的年内变化趋势与 AQI 变化相一致，个别

---

① 1 皮克 / 米 ^{3}=10^{-12} 克 / 米 ^{3}。

月份略有差异。O_3 的年内变化趋势与上述指标相反（图 1-2-12）。

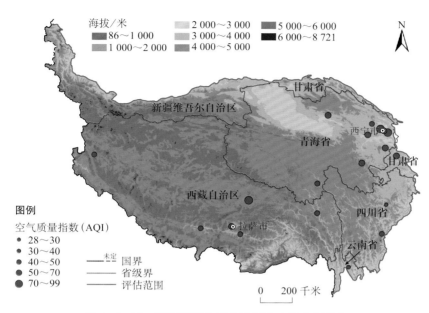

图 1-2-11　青藏高原空气质量指数 AQI 空间分布

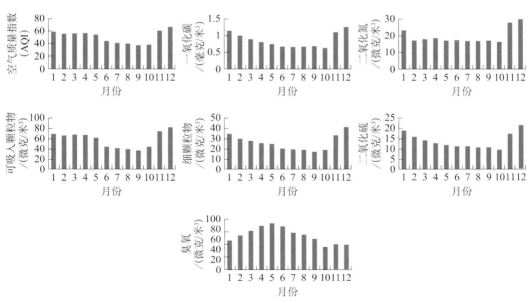

图 1-2-12　青藏高原空气质量指数 AQI 和大气主要污染物年内变化

2）土壤环境总体处于自然本底状态

土壤重金属元素含量受控于自然条件。青藏高原土壤中元素在很大程度上保持了母岩的特性，总体上，数值可视为高原土壤元素背景值。大多数元素含量与中国陆壳丰度相差不大，但部分元素如铯（Cs）、铬（Cr）、铝（Al）、钾（K）、铊（Tl）、钍（Th）和铷（Rb）等的含量都小于全国背景值；砷（As）、硼（B）等个别元素高于全国背景值，主要是受母岩性质的影响。高原北部青海湖地区部分土壤显示了少量人类活动干扰，但砷（As）、铅（Pb）、铬（Cr）、镍（Ni）、铜（Cu）、锌（Zn）平均浓度仍在土壤环境质量一级标准控制范围内。

耕地土壤 POPs。 青藏高原耕地土壤滴滴涕（DDTs）和六六六（HCHs）的浓度均值分别为 1.36 ± 5.71 和 0.349 ± 1.22 纳克／克（Wang et al.，2016a），远低于土壤环境质量国家一级标准（50 纳克／克），与青藏高原背景土壤 DDTs 和 HCHs（0.882 和 0.226 纳克／克）（Wang et al.，2012）的浓度水平相当。这说明青藏高原耕地与背景土壤中农药的来源相似，主要源于外源污染物的输入（Yang et al.，2008，2013a；Wang et al.，2015a）。青藏高原耕地土壤 DDTs 和 HCHs 不会对当地居民产生健康风险。空间上，西藏耕地土壤 DDTs 和 HCHs 最高值分别出现在林芝和昌都地区，组成上均以降解产物（DDE 和 β-HCH）为主（Wang et al.，2016a）。

3）主要江河湖泊等水体水质状况保持良好

（1）河流水体化学特性主要受自然过程的影响

对青藏高原 11 条河流的水质（主要离子和微量元素）全面评价表明，青藏高原属人类活动相对较少的地区，其地表水化学特征在很大程度上受流域内岩石风化和蒸发结晶等自然过程的影响（国家市场监督管理总局 等，2023）。高原东部和南部河流的总溶解性固体（TDS）主要由碳酸盐风化产生的 Ca^{2+} 和 HCO_3^{-} 构成。高原中部的河流（如扎加藏布和长江源区），由于有大量咸水湖和地下水的分布，Na^{+} 和 Cl^{-} 的浓度处于世界较高水平（Qu et al.，2019）。值得注意的是，由于流域内存在广泛的硫酸盐矿物分布，河流水体中 SO_4^{2-} 浓度也处在世界较高水平。

（2）河床沉积物重金属含量低

雅鲁藏布江沉积物重金属含量和中国地壳丰度相差不大，总体低于世界地壳丰度，但元素砷和铯分别是中国地壳丰度的 14.50 倍和 4.20 倍、世界地壳丰度的 12.50 倍和 33.00 倍，主要因为西藏广泛分布富含砷和铯的页岩和矿床，导致其自然本底值偏高（成延鳌 等，1993）。西藏较为频繁的地质地热活动也是砷富含的原因（Guo et al.，2008；Li et al.，2014a）。雅鲁藏布江表层沉积物几乎全部重金属元素潜在风险等级均为轻度污染或无污染，仅元素砷和铯表现出较高的风险等级。全部重金属元素的综合潜在风险指数表现为较低风险等级。雅鲁藏布江流域的 3 条支流年楚河、拉萨河和尼洋河水体中大部分溶解态重金属含量低于《地表水环境质量标准》（GB 3838—2002）Ⅰ类标准要求，As、Zn、Fe 和 Be 稍高，符合Ⅱ类标准要求（布多 等，2010；柏建坤 等，2014），说明全区主要河流水质保持良好，达到国家规定相应水域的环境质量标准。

4）冰雪中检测到污染物，主要源于周边工业活动

青藏高原由北至南冰川的冰雪样品中 PAHs 含量范围在 20.50 ～ 60.60 纳克 / 升，未呈现明显的区域规律，主要来自煤和生物质的低温燃烧（李全莲 等，2010）。东绒布冰川冰芯中，HCHs、七氯、七氯环氧化物、艾氏剂、狄氏剂、氯丹、DDTs 等 7 种 PCBs 异构体大部分都在检出限以下，其中 γ-HCH 和 α-HCH 含量最高，浓度中值分别为 123 皮克 / 升和 92 皮克 / 升（Kang et al.，2009）。随冰雪沉降，残留 POPs 主要为易挥发的轻组分物质，推测为季风携带输入。

东绒布冰川冰芯中，DDTs 的含量在 20 世纪 70 年代中期达最大值 2 纳克 / 升，这一峰值的出现可能与 1976 年印度的疟疾事件有关（Wang et al.，2008）。20 世纪 90 年代后 DDTs 的浓度较低，与 1989 年印度颁布的农业 DDT 禁用令有关。α-HCH 的浓度峰值出现在 20 世纪 70 年代早期，90 年代末以后浓度降低可能与 1997 年印度政府颁布的 α-HCH 禁用令有关。90 年代后 PAHs 含量快速增加，达到 100 纳克 / 升，可能与快速的工业增长有关。

1.2.3 部分地区生态问题仍较严重

1）部分草地退化态势仍未根本逆转

目前青藏高原超过 70% 的草原存在不同程度的退化问题，西藏和青海黑土滩型草原面积达 11 万平方千米，草原鼠害严重（国家发展改革委 等，2020；傅伯杰 等，2021）。

研究表明，2011—2013 年青藏高原轻度、中度、重度和极重度退化草地面积比例分别占高原草地面积的 41%、8%、6% 和 5%。与 1981—2010 年相比，草地退化面积变化不大，轻度退化面积比例减少了 7%（曹旭娟，2017）。

从总体趋势判断，通过实施退牧还草、退耕还草、草原生态保护和修复等工程，以及草原生态保护补助奖励等政策，历史上形成的草地退化状况正在好转，逐渐向恢复方向发展，草地退化的趋势初步遏制，整体呈现恢复态势，草原生态系统质量有所

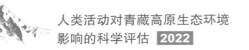
改善，草原生态功能逐步恢复，但局部退化问题仍很严重。

2）水土流失面积仍然较大、沙化土地面积分布仍然较广

青藏高原中度以上水土流失面积达 46.00 万平方千米，其中极重度以上水土流失面积占中度以上水土流失面积的 19.23%，主要分布在高原东南高山峡谷地区。中度以上沙化土地面积 46.90 万平方千米，主要分布高原西北干旱地区，特别是羌塘高原和柴达木盆地周边地区（傅伯杰 等，2021）。《全国重要生态系统保护和修复重大工程总体规划（2021—2035 年）》指出，在强盛风力和气候干旱共同作用下，高原地区土地沙化加剧，西藏和青海沙化土地面积合计 3 412 万公顷，占全国沙化土地面积的 19.78%。

在青藏高原布设了 4 165 个水土流失抽样调查单元，综合运用径流小区监测、同位素示踪、模型计算等技术手段开展了系统性研究。结果发现，高原传统冻融侵蚀分布区面积为 190 万平方千米，其中季节性土壤水蚀面积达 27 万平方千米，主要集中在雅鲁藏布江中上游、三江源区、青海湖以西等冻融侵蚀区。造成此结果的原因主要是气候暖湿化、降水增加、冰雪融化、冻土退化等，导致地表径流增加，加之冻融作用使土壤抗蚀性降低，在春、夏两季融雪和降雨影响下，季节性水蚀问题凸显。此外，过度放牧、鼠害和建设工程加剧了这一过程。

传统冻融侵蚀区的输沙量明显增加，如长江上游直门达和沱沱河水文站输沙量在 2009 年之后较多年平均值分别增加了 31.90% 和 53.90%；雅鲁藏布江河流输沙量也以每 10 年 18.90% 的变化率显著增加。未来百年，青藏高原暖湿化趋势显著，传统冻融侵蚀区季节性土壤水蚀可能会进一步加剧，水土流失风险增加。

3）冰川与多年冻土退缩

青藏高原及其周边地区是除南极和北极地区之外全球最重要的冰川资源富集地，冰川数量超过 9.50 万条，冰川面积约为 9.70 万平方千米（RGI Consortium，2017），冰储量约为 0.96 ± 0.37 万立方千米（Millan et al.，2022），约占全球山地冰川总数量的 44.30%、总面积的 13.80% 和总冰储量的 6.80%。然而，在气候变暖背景下，青藏高原及周边地区冰川整体处于缓慢退缩状态（姚檀栋 等，2019），近 40 年来冰川面积萎缩十分明显（图 1-2-13，王宁练 等，2019）。此外，近 50 年青藏高原及周边地区冰川物质平衡的变化趋势也显示，天山东部、青藏高原东部和南部地区的冰川物质平衡在 2000 年以后均呈加速趋势，喀喇昆仑山、西昆仑山和帕米尔高原等地区冰川的物质平衡水平普遍偏低（王宁练 等，2019）。最新的研究成果表明，青藏高原及周

边地区的冰川储量在 2000—2019 年间的损耗速率达到 21.10 ± 5.20 吉吨 / 年（Hugonnet et al.，2021）。冰川退缩受到气温升高和降水变化的影响，而以温度的影响更为显著（姚檀栋 等，2019；王宁练 等，2019）。

青藏高原拥有全球中纬度分布面积最大的多年冻土区，目前约为 106 万平方千米（不包括青藏高原境外部分和区内的冰川、湖泊）（Zou et al.，2017），其分布以羌塘高原为中心向周边展开。近几十年，多年冻土整体呈现退化状态，主要表现为多年冻土温度升高、活动层厚度增大，也存在较大范围的多年冻土厚度减薄趋势和局部特殊地表下和人类扰动较大地区小范围多年冻土消失的现象，但多年冻土分布的范围并未出现显著缩小。

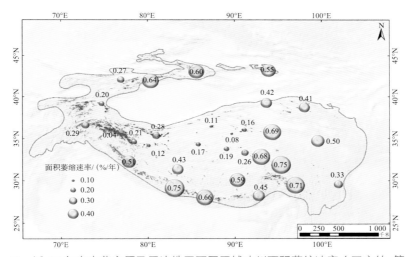

图 1-2-13　近 40 年来青藏高原及周边地区不同区域冰川面积萎缩速率（王宁练 等，2019）

受区域持续增温的影响，近年冻土区活动层温度明显上升。基于 ERA-Interim 土壤温度再分析数据资料的校正数据分析表明，1980—2015 年活动层年平均土壤温度呈变暖趋势，在 0 ~ 10、10 ~ 40、40 ~ 100、100 ~ 200 厘米不同土壤深度的升温率分别为 0.439、0.449、0.396 和 0.259 ℃ /10 年（Hu et al.，2019），青藏公路沿线 10 个活动层观测场的观测资料分析表明，2004—2018 年活动层底部温度呈现出明显的上升趋势，平均为 0.486 ℃ /10 年（程国栋 等，2019，图 1-2-14）。

统计和模拟结果表明，1981—2018 年间青藏公路沿线活动层厚度呈显著增加趋势，平均变化率达到 19.50 厘米 /10 年（李韧 等，2012）。地温较低的多年冻土升温速率大。高原东部升温速率明显比西部快（程国栋 等，2019）。多年冻土退化对冻土区地表的水、土、气、生之间的相互作用关系产生了显著影响，加速了高原水循环

过程，从而导致区域水量失衡，同时导致多年冻土区生态系统的碳汇功能呈现减小
趋势。

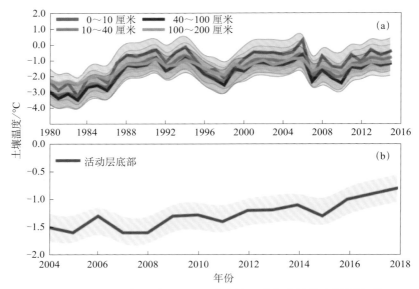

图 1-2-14　1980—2018 年活动层不同深度土壤温度变化趋势（程国栋 等，2019）
（a）1980—2015 年；（b）2004—2018 年

4）湿地变化存在时空差异，总体未恢复到 20 世纪 70 年代的水平

1970 年高原湿地面积约 14.23 万平方千米，2000 年约 12.71 万平方千米，至 2020
年回升到 13.46 万平方千米（邢宇，2015；郎芹 等，2021）。近 50 年来，湿地面积
变化存在着显著的时空差异（赵志龙 等，2014；Xue et al.，2018；郎芹 等，2021）。
从湿地类型看，高原湖泊湿地面积呈增加态势，河流湿地、沼泽湿地、泥炭湿地面积
则先减少后增加（张宪洲 等，2015；张镱锂 等，2019），其中湖泊面积从 20 世纪 70
年代的 4 万平方千米增至 2018 年的 5 万平方千米（张国庆，2019）。2000 年后，在气
候变化和生态保护工程等人类活动的共同影响下，高原湿地退化幅度逐渐减弱，大部
分地区的退化趋势明显减缓并出现局部逆转态势，湿地总体呈恢复态势（Xue et al.，
2018；刘志伟 等，2019；郎芹 等，2021；Liu et al.，2021）。从不同区域看，高原东
部湿地的退化最为显著，特别是若尔盖等区域（Xue et al.，2018；赵志刚 等，2020；
郎芹 等，2021）呈现出明显的湿地萎缩；而高原西部的湿地退缩较弱，特别是羌塘
高原内部出现了湿地（主要为湖泊湿地）扩张（Xue et al.，2018；刘志伟 等，2019；
郎芹 等，2021）。

5）生物多样性受威胁风险仍然存在

随着自然保护区的建设与完善，目前高原濒危、旗舰和关键物种均不同程度上得到保护，实现了恢复性增长（傅伯杰 等，2021）。但是仍有部分物种生存状况持续恶化，如青藏高原有蹄类物种红色名录指数在 1998—2015 年呈现持续下降趋势，尤其是大额牛（*Bos frontalis*）已经在野外灭绝（蒋志刚 等，2018）。

气候变暖改变高原本土动植物的生境条件，进而威胁生物多样性和特有性。在气候变化背景下，普氏原羚、鹅喉羚、藏原羚和藏羚羊的栖息地均面临不同程度的丧失。尤其是在最严重的升温情景下，藏羚羊的栖息地有 50% 可能面临丧失的风险。随着气候变化，上述四种动物的适宜栖息地都表现出向高纬度转移的趋势。其中，作为濒危物种的普氏原羚，其栖息地本就狭小，未来将会面临更加严峻的挑战（Zhang et al.，2021a）。此外，暖湿化高原树线持续爬升，将挤压高山灌丛 - 草甸生存空间，威胁高原生物多样性（Wang et al.，2022）。

外来物种出现，对高原生态安全形成威胁。随着全球气候变化和高原地区经济与交通的快速发展，生物的自然地理隔离被逐渐打破，外来物种向高原入侵和泛滥的可能性急剧增加。截至 2018 年，仅西藏自治区就发现外来入侵植物 136 种，其中包括世界性恶性入侵植物紫茎泽兰、印加孔雀草、豚草、鬼针草等（土艳丽 等，2018a，2018b）。对高原内入侵植物建模分析发现，绝大部分入侵植物主要分布在海拔 2 000 米以下的藏东南地区及青藏高原东南缘地区。

交通建设等人类活动导致局地入侵植物物种增加，暖湿化促使入侵种有向高海拔扩散的态势。对新建川藏铁路（雅安—昌都段）沿线外来入侵植物调查发现，外来入侵植物 58 种，隶属于 18 科 42 属，其中 10 种为恶性入侵种，16 种为严重入侵种，超过半数种类具有明显入侵性（邓亨宁 等，2020）。入侵植物的潜在适宜分布区与人类活动范围具有较高的重叠，尤其是城镇、道路等人类活动强度大的区域同时也是入侵植物的潜在适宜分布区。对恶性入侵植物紫茎泽兰分布区的研究发现，该物种在未来气候变化情境下仍有进一步向高海拔扩散的趋势（Gu et al.，2021）。尽管目前在青藏高原地区发现的外来入侵物种分布范围较小，在高原腹地并未发现入侵物种定居，但是随着高原暖湿化和人类活动增强，入侵物种在高原仍具有进一步扩散的可能（魏博 等，2022）。

对于入侵动物，在西藏自治区目前已经发现的外来物种有 13 种，广泛分布于西藏主要河流、湿地及水库中，例如：在雅鲁藏布江干流以及拉萨河、尼洋河电站水库中发现鲤和鲫，在拉鲁湿地中发现牛蛙和红耳龟（范丽卿 等，2016）；在拉萨河直孔电站水库中存在大量鲤群体，总量估计可达数十吨以上；拉鲁湿地和茶巴朗湿地鱼类资源调查结果均显示，外来鱼类不论是种类还是数量都占有相当大的比重，其中麦穗鱼、黄黝鱼和鲫为绝对优势种，尤其是麦穗鱼几乎遍布整个湿地，而土著鱼类仅分布于小部分水域中（户国 等，2019）。目前在西藏自治区发现的外来动物多为可食性物种，主要集中分布在城乡附近的水库、河流、湿地之中。这些外来鱼类的出现可能是作为人类的食物资源引进后逃逸所致，也与当地居民崇尚放生的宗教信仰有关。目前还没有直接证据确证外来鱼类对土著鱼类生存造成威胁，但是调查发现外来物种的出现侵占了土著鱼类的生存资源，进而减小土著鱼类的生存空间。

6）野生动物保护和畜牧业发展矛盾凸显

近20年来，青藏高原多数野生动物种群呈恢复性增长，与此同时，人类生产和生活活动与野生动物冲突加剧，主要表现为：雪豹、棕熊、猞猁、灰狼等食肉野生动物捕食家畜；食草野生动物与家畜竞争生存空间和牧草资源；草场围栏分隔野生动物栖息地、阻断迁徙通道。

据调查，自1990年以来，羌塘高原87%的牧户经历过野生动物袭扰，其中49%的被调查家庭受到棕熊侵扰，24%的家庭受到雪豹侵扰，36%的家庭遇到过野生动物与家畜争食草场。1995—2006年人－熊冲突增加4.6倍，人－雪豹冲突增加5.5倍（达瓦次仁，2010）。2011—2013年，珠穆朗玛峰国家自然保护区所在的吉隆、聂拉木、定日和定结4县年均有近1万只家畜被野生动物猎杀；2014年青海省玉树市哈秀乡岗日村的28户牧民中有26户遭遇过棕熊破门入户猎取食物；2020年4—5月，在青海治多县发生两起棕熊伤人事件。虽然2010年颁布的《西藏自治区陆生野生动物造成公民人身伤害和财产损失补偿办法》，已将食肉野生动物伤害人畜纳入补偿范围，然而食草野生动物数量大、分布广，与家畜和人的冲突普遍，目前尚未纳入补偿范围。

羌塘高原人与野生动物冲突的原因主要有三方面。一是，家畜与草食性野生动物争食及草地超载。羌塘高原草地承载能力以700万羊单位为宜，而20世纪80年代以后，羌塘高原长期处于超载状态。经过近10年的减畜，到2015年羌塘高原牲畜存栏量占草地承载能力的98%，不再超载，但草食性野生动物的采食量占草地承载能力的12%。综合考虑家畜与野生动物，草地承载能力占用已达110%，草地仍超载10%（Xu et al.，2020，图1-2-15）。二是，家畜与草食性野生动物生态位重叠。野

牦牛主要分布在羌塘高原北部，在南部仅零星分布，其栖息地与牧场重叠度仅占草地
总面积的 9.4%，重叠率不高；而藏羚羊在羌塘高原分布十分广泛（图 1-2-16），其
生境涵盖了 81% 的牧草地（张镱锂 等，2022），与家畜争食、争空间的冲突十分常
见。三是，草场围栏激化了家畜与野生动物冲突。2005 年以来西藏推行退牧还草、草
原生态保护补贴与奖励机制，草场围栏快速增长。2009 年羌塘自然保护区草场围栏
1 457 平方千米（徐增让 等，2019）。围栏妨碍了野生动物的水路、草路及阻碍迁徙
活动，加剧了生境破碎化。藏羚羊、藏原羚等不慎撞上围栏后被刮伤甚或致死的案例
频发。

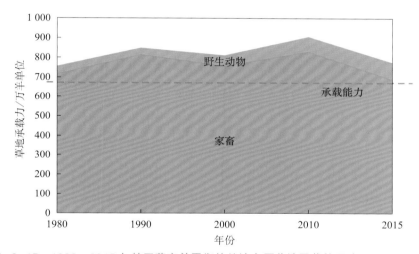

图 1-2-15　1980—2015 年基于草畜兽平衡的羌塘高原草地承载状况（Xu et al.，2020）

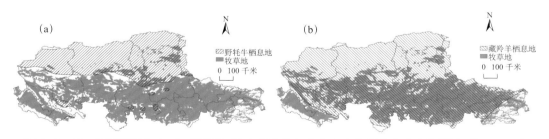

图 1-2-16　羌塘野牦牛（a）、藏羚羊（b）栖息地与家畜生态位重叠状况（徐增让 等，2019）

第 2 章

气候变化特征及其趋势

　　青藏高原是气候变化敏感区。近万年来夏季温度在千年、百年、年代际尺度上变化总体一致，降水在不同时间尺度上呈现区域差异。未来变暖背景下青藏高原气候将呈暖湿化趋势，极端天气气候事件增加。

　　近万年来，高原温度呈波动降低趋势，降水变化存在显著空间差异。多介质重建记录发现，中全新世最暖，过去 2000 年间存在 4 个冷暖变化阶段，当前处于 20 世纪升温期。近万年来在早中全新世高原西南部最湿润，中晚全新世东北部最湿润；过去 2000 年间，7—19 世纪降水存在百年尺度南北反位相区域差异，其余时段同相位变化，季风影响区在中世纪暖期降水增加，小冰期降水减少。

　　1961—2020 年高原增温幅度约为 2℃，约是全球平均增幅的 2 倍，是全球陆地气温平均增幅的 1.32 倍。1961—2018 年青藏高原平均降水略有增加，1979 年之后则呈现"南干北湿"的反位相年代际变化特征；全球范围内的人类活动通过温室气体排放等主导了高原北部变湿的趋势，气候系统内部变率和人类活动共同影响高原南部变干趋势。

　　未来百年全球变暖背景下，青藏高原气候呈暖湿化趋势，极端天气事件增加，增加幅度远超全球平均值。基于 CMIP5 模式 RCP4.5 情景的气候预估表明，到 21 世纪末，青藏高原温度和降水增加幅度分别约为全球平均的 1.60 倍和 2.60 倍，夏季降水增加最大。未来全球变暖情景下，青藏高原的极端温度持续升高，极端降水强度和频率增加，在 RCP4.5 情景下，21 世纪末极大降水量增加 19.87%（14.12% ～ 22.80%），日高温增加 2.83℃（2.04 ～ 3.40℃）。未来排放情景越强，青藏高原气候变化的增幅越大，气候模式的差异是高原未来远期预估不确定性的主要来源。

2.1 地质时期气候变化时空特征差异明显

2.1.1 高原隆升导致气候冷干化

青藏高原形成演化对其自身、周边地区以及全球的自然环境产生重大影响。高原隆升导致高原东、南侧变湿，而西、北侧变干。高原自身气候环境随隆升呈现不同特征。高原隆升前期和初期，受纬向大气环流影响；随着高原进一步隆升和扩展，亚洲季风大大强化并向北扩展，使高原北部成为干旱区（刘东生 等，1998；施雅风 等，1999）；约 800 万年前以来，随高原东北部阶段性隆升，以及北极冰盖的形成演化，高原东北部和亚洲内陆干旱化加剧（Li et al.，2014b）；180 万年前以来，高原东部若尔盖盆地长期变冷，并存在气候周期转型；距今 80 万—60 万年，高原出现大规模的山地冰川（施雅风 等，1999）。

2.1.2 全新世夏季温度逐渐趋冷，降水呈现南北反向变化

全新世（距今约 1.17 万年）以来，青藏高原气候变化特征显著。青藏高原多种代用指标重建的全新世夏季气温变化趋势较一致，具体表现为早中全新世高温，但年均温变化存在较大争议。降水是决定青藏高原多数湖泊水位波动的主导因素，湖泊水位记录揭示高原全新世"南北"降水变化存在"反相位或异相位"的特征，具体表现为

本章统稿人：周天军
撰　写　人：周天军、张丽霞、侯居峙、张永、张文霞、满文敏、陈晓龙、邹立维、赵寅、
　　　　　　江洁、胡帅、杨一博、张继峰、李秀美
审　核　人：侯居峙

全新世以来高原北部逐渐变湿润，而南部逐渐变干，这一空间差异主要受季风与西风
强度变化影响（Chen et al.，2020）。

2.1.3　过去 2000 年气候变化冷暖阶段性特征明显

基于 120 多个树轮样点、46 个湖泊湿地钻芯、5 个冰芯和 4 条石笋的气候重建工
作，综合评估了青藏高原过去 2000 年的百年际和年代际气候变化特征。研究表明，
高原过去 2000 年百年际尺度气温变化特征较为一致，可以划分为四个典型时期：公
元 1—600 年，青藏高原大部分地区总体上表现为冷期；公元 600—1400 年，高原大
部分区域表现为暖期或者相对温暖期，但持续时间及幅度存在区域差异；公元 1400—
1900 年，高原绝大部分记录均指示该时段为低温期，但不同序列记录的低温特征略
有不同，这一时段被称为青藏高原的小冰期。在小冰期期间，高原南北虽然存在短尺
度的冷暖差异，但整体以低温为主，同时南北部均存在次级的冷暖波动，相对而言，
北部的冷暖波动更为频繁。在整体偏冷的背景下，也存在较为一致的暖期，例如 18
世纪 70 年代—19 世纪 00 年代、16 世纪 10—80 年代整体偏暖（Chen et al.，2016a；
Yang et al.，2010b）；20 世纪为升温期，大多数记录中都有体现，但温暖程度存在区
域差异（Li et al.，2020），过去 20 年青藏高原东侧南北部年代际气温变化较为一致，
但东南部的气温升高趋势比东北部更加明显。

百年际尺度上，受季风与西风等不同大气环流系统的影响，过去 2000 年青藏
高原不同区域降水 / 湿度变化比较复杂，存在很强的区域特征（Zhang et al.，2015a；
Deng et al.，2017）。7—19 世纪期间可分为两个冷暖时段，表现出反位相干湿变化的
气候特征。第一时段即 7—14 世纪暖期，青藏高原东部、西南部以及高原东北部偏东
南区域的气候湿润，而高原南部、东南部、西北部以及高原东北部偏西北区域的气候
干旱。第二时段即 15—19 世纪冷期，情况相反，青藏高原东部、西南部和东北部偏
东南区域气候干旱，而高原南部、东南部、西北部以及东北部偏西北区域气候湿润。
然而，这种反位相的分布特征在 1—6 世纪冷期以及 20 世纪暖期时段却并不存在，表
明过去 2000 年青藏高原温度与降水的关系较复杂。

2.2 近 60 年来气候变暖趋势明显，降水波动增加

2.2.1 高原变暖处于加速期，降水呈南减北增的趋势

1961—2020 年高原增温幅度约为 2℃（0.33℃/10 年），1980—2020 年的增幅约为 1.70℃（0.41℃/10 年）。根据最新公布的 IPCC 第六次评估报告，1960—2020 年间全球平均温度的增温幅度为 1.04℃，1980—2020 年间为 0.76℃；1960—2020 年间全球陆地气温的变暖幅度是 1.51℃，1980—2020 年间为 1.18℃（Masson-Delmotte et al.，2021）。与全球平均相比，1960—2020 年间青藏高原的增温幅度约为全球平均增温幅度的 2 倍、全球陆地平均增温幅度的 1.32 倍；1980—2020 年间，青藏高原的变暖幅度分别是全球平均值的 2 倍，是全球陆地平均值的 1.44 倍（图 2-2-1）。高原正在经历加速变暖的过程，存在高原西部和柴达木盆地两个增温中心（Guo et al.，2011；Wang et al.，2014a）。高原地区降水呈现较大的年际变率，自 1961 年以来，平均降水变化呈微弱增加趋势。1979 年至今，高原地区降水变化格局呈现南部降水减少、北部降水增加的偶极子型特征，与喜马拉雅地区冰川退缩和内陆大湖扩张的现象一致（Yao et al.，2012；周天军 等，2019）。

人为强迫的信号在高原平均温度、高原东部极端高温和极端低温的长期变化中可以被检测到。基于 CMIP5 模式开展的"指纹法"检测归因研究表明，温室气体强迫导致的青藏高原平均温度在 1961—2005 年升高 0.30℃/10 年，人为气溶胶起到削弱增温（-0.11℃/10 年）的作用，而火山和太阳活动等自然强迫对增温趋势的贡献几乎可以忽略（Zhou et al.，2021）。青藏高原降水的变化主要受气候内部变率的调节，如南亚夏季风（Yao et al.，2012）、太平洋年代际振荡的位相变化（Zhang et al.，2017a）和北大西洋海温异常激发的中纬度定常波列（Zhou et al.，2019；Sun et al.，2020）等。针对 1961—2013 年间的夏季降水变化，近期研究成功检测到人为强迫对高原夏季偶极子型降水趋势的贡献，表明人为强迫使得高原北侧变湿趋势风险增加了 38 倍，南侧变干趋势风险增加了 3 倍（Zhao et al.，2022a），其中温室气体的持续排放有利于高原整体变湿，而人为气溶胶的不均匀排放则引起高原北侧变湿、南侧变干。

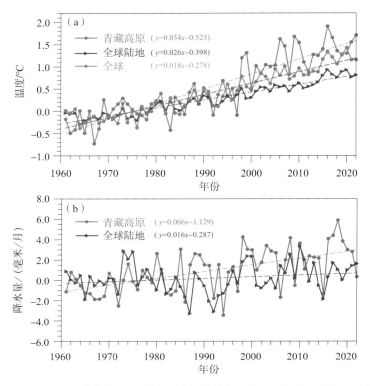

图 2-2-1　1960—2022 年青藏高原和全球区域平均的年平均 (a) 地表温度和 (b) 降水距平变化（红色、绿色和蓝色实线分别代表青藏高原地区、全球陆地地区和全球平均的结果，虚线为各自的线性趋势。其中，地表温度资料来源于美国国家海洋和大气管理局（NOAA）提供的全球表面温度再分析数据集（GISTEMP4.0）（Lenssen et al., 2019），降水资料来源于英国东英吉利大学的气候研究中心提供的CRUv4.07（Harris et al., 2020））

2.2.2　极端高温趋多趋强，极端降水变化空间分布不均衡

1961—2020 年，青藏高原极端高温事件的强度呈现增强趋势，且在高原东部尤为显著，增温幅度可达 0.04℃ / 年。整个高原的极端高温强度正以 0.20℃ /10 年的速度增加，除了中西部地区之外，其他地区的增暖幅度均通过了 90% 置信水平（You et al.，2008）。高原极端高温的变化在不同时期存在不一致的空间分布特征，2003 年以前极端高温的增暖中心位于高原北部，但 2003 年以后增温中心转移至高原东部，体现了青藏高原极端高温增强趋势在空间上的扩大过程。1961—2020 年，青藏高原极端降水强度呈现空间分布不均匀的变化趋势，高原东南部（雅鲁藏布江峡谷）和高原东部边缘区极端降水显著减弱（−8 毫米 /10 年），而高原东北部和高原内陆区极端降水

显著增强（12 毫米 /10 年），该趋势分布与平均降水趋势类似。站点结果显示，青藏高原极端降水强度总体呈现增强趋势，速率约为 6.1 毫米 /10 年。1961—2020 年高原区域平均的年最大连续干旱天数显著减少，其减少速率为 5 天 /10 年。高原南部雅鲁藏布江峡谷附近最大连续干旱天数有增加趋势，但统计上并不显著，高原主体（尤其是中部和北部）最大连续干旱天数显著减少（–5 天 /10 年）。

2.3 未来气候呈暖湿化趋势，极端气候事件增加

2.3.1 未来百年温度和降水均呈增加趋势

1）未来全球变暖背景下平均温度增幅超过全球平均水平，高原西部升温最高

基于 NEX-GDDP CMIP5 多模式统计降尺度高分辨率数据集的预估结果，在 RCP4.5 中等排放情景下，青藏高原地区近期（2021—2040 年）、中期（2041—2060 年）和远期（2061—2080 年）年平均温度分别比 1986—2005 年提高 1.49℃、2.32℃ 和 2.86℃。空间分布上，高原东部增温幅度相对较小，高原西部增温幅度较大。高原增温存在季节差异，其中冬季增温最强，夏季增温最弱（Su et al., 2013；周天军 等，2020），这可能与冰雪反照率正反馈过程有关（Chen et al., 2016b）。气候变暖下积雪的减少会通过改变反照率增加地表吸收的热量，导致变暖加剧。高原冬季积雪覆盖面积远多于夏季，这一正反馈作用在冬季会更为显著。青藏高原地区增温速率超过全球平均，到 21 世纪末，青藏高原地区增温幅度约为全球平均的 1.60 倍（周天军 等，2020）。

2）未来全球变暖背景下平均降水增速超过全球平均水平，高原东南部增加明显

相对于 1986—2005 年，CMIP5 多模式预估的 RCP4.5 中等排放情景下青藏高原地区近期、中期和远期年平均降水分别增加约 0.10 毫米 / 天、0.18 毫米 / 天和 0.21 毫米 / 天。在空间分布上，受温室气体持续排放影响，高原整体降水增加，其中，高原南部降水绝对值增加较强，北部和西部增加较弱。青藏高原降水变化存在明显的季节

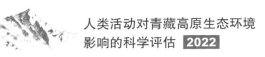
差异，就绝对值而言，夏、秋季降水增加最强，冬、春季降水增加最弱。夏季降水绝对值在青藏高原东南部增加最强，主要由来自印度洋和孟加拉湾的西南水汽输送增加导致（Su et al.，2013；冯蕾 等，2017）。青藏高原地区降水增加速率超过全球平均，到 21 世纪末，多模式集合预估的青藏高原地区年平均降水增加幅度约为全球平均的 2.60 倍（周天军 等，2020）。

3）未来全球变暖背景下极端温度将持续升高，极端低温增幅大于极端高温变幅

在全球变暖背景下，未来青藏高原地区白天极端低温日数、夜间极端低温日数和冰冻日数显著减少，夜间极端高温日数、白天极端高温日数、热浪指数和暖日指数显著增加，而气温日较差无明显变化。CMIP5 多模式预估的 RCP4.5 中等排放情景下，青藏高原地区每年日最高温度最大值在近期、中期和远期分别比 1986—2005 年增加 1.44℃、2.20℃和 2.83℃。在空间分布上，日最高温度最大值与年平均温度的变化类似，高原东部增温幅度相对较小，高原西部及北部增温幅度较大（周天军 等，2020）。

极端低温的升温速率高于极端高温。RCP4.5 中等排放情景下，相对于 1986—2005 年，青藏高原地区每年日最低温度最小值在近期、中期和远期分别增加约 1.49℃、2.34℃和 2.95℃。在空间分布上，日最低温度最小值增加的大值中心位于高原南部（周天军 等，2020）。青藏高原地区极端温度的升温速率超过全球平均（Sillmann et al.，2013a；Zhou et al.，2014），到 21 世纪末，青藏高原地区极端高温和极端低温的升温幅度约为全球平均的 1.50 倍（周天军 等，2020）。

4）未来全球变暖背景下极端降水强度和频率增加，最长连续干天预估不确定性大

未来青藏高原地区极端降水的强度增强，频次增多。相对于 1986—2005 年，CMIP5 多模式预估的 RCP4.5 排放情景下青藏高原地区近期、中期和远期年最大日降水量分别增加 8.79%、14.04% 和 19.87%。在空间分布上，高原南部极端降水增加最强。与全球平均相比，青藏高原地区极端降水的增强速率超过全球平均，到 21 世纪末，CMIP5 多模式集合预估的高原极端降水的增强幅度约为全球平均的 2.80 倍（周天军 等，2020）。

青藏高原地区最长连续干旱天数整体上呈缩短趋势，在空间上呈南北偶极子型，即在高原中部和北部缩短而在高原南部和西部延长。在区域尺度上，高原地区最长

连续干旱天数的变化在模式间的一致性较低，可信度较低（Sillmann et al.，2013b；Zhou et al.，2014；Gao et al.，2018；周天军 等，2020）。

2.3.2 未来全球变暖情景下热浪和强降水事件的概率显著增加

针对《巴黎协定》提出的全球升温目标，全球升温阈值从 1.50℃到 2℃，青藏高原地区平均温度和平均降水将进一步增加，同时热浪和强降水事件的风险也将显著增加；而极端干旱事件的变化则存在较大不确定性。与全球其他区域相比（Wartenburger et al.，2017；Hoegh-Guldberg et al.，2018），青藏高原地区受 0.50℃额外增温的影响极为显著，其中年均温度增幅超过 0.50℃，中心值最高可达 0.80℃；极端高温和极端低温均显著升高，其中极端低温的升幅最高可达 1.20℃。平均和极端强降水均显著增加，但极端干旱事件的变化不显著。

2.3.3 年代际预测近期羌塘高原夏季降水将处于偏湿状态

研究发现，羌塘高原夏季降水年代际变化具有显著的可预报性，可预报性来源是北大西洋副极区涡旋区的海温异常，它通过激发出的大气遥相关波列，最终影响到下游的青藏高原降水变化。

利用实时年代际预测试验数据，定量估算了羌塘高原夏季降水未来在 2020—2027 年间的变化。结果表明，相对于 1986—2005 年的气候平均态，羌塘高原夏季降水将增加 0.27 毫米 / 天（0.11 ~ 0.41 毫米 / 天），这意味着未来羌塘高原将处于偏湿状态，夏季降水量较之气候平均状况偏多约 12.80%（Hu et al.，2021）。

第 3 章

史前时期人类活动过程

主要结论

　　青藏高原史前人类活动经历了狩猎采集和农牧业生产两个阶段，逐渐由低海拔地区扩展到高海拔地区。

　　高原人类活动历史可追溯到约 19 万年前，狩猎采集人群活动遗址有 100 多处，人类活动强度总体上持续增加。夏河人是最早在青藏高原活动的丹尼索瓦古老型智人，其狩猎采集活动历史最早可达距今 19 万年，并可能持续至 4 万年前，活动范围可能已到青藏高原腹地。现代智人距今 4 万—3 万年前已生活在高原腹地的色林错流域，但高海拔地区没有发现确切的末次盛冰期人类活动遗迹，距今 15000—5500 年间狩猎采集人群的活动强度持续增加，活动区域覆盖高原大部分区域。距今 5200 年前以来，新石器农业人群扩散到高原东部河谷地带，主要从事粟作农业、狩猎和猪狗等家畜饲养；在距今约 4000 年前，跨大陆交流带来的麦类作物和牛羊等家畜传入高原低海拔河谷地带，并在距今约 3600 年前逐渐扩散到高原高海拔地区，农业和牧业活动范围显著扩大。

3.1 旧石器时代狩猎采集人群活动由高原边缘逐渐深入高原腹地

3.1.1 更新世中晚期狩猎采集人群零星活动于青藏高原

古人类向青藏高原扩散的过程与模式，以及现代藏族人群起源是学术界关注的重要科学问题。人类向高原扩散和定居经历了夏河丹尼索瓦古老型智人、早期现代智人、细石器人群的狩猎采集活动和粟作农业、麦作农业的农牧活动五个阶段（陈发虎 等，2022），但其向高原扩散的过程与驱动机制研究仍存在分歧（Torroni et al.，1994；Qian et al.，2000；Zhao et al.，2009；Qin et al.，2010）。原因在于人类基因分子钟研究和考古器物定年存在不确定性，关键遗址缺乏可靠测年，导致对青藏高原史前人类活动历史的认识存在争议；人类向高原扩散的驱动机制多倾向于气候变化是主要因素，而人类向高原高海拔扩散并永久定居的时段恰在气候冷干时期（Chen et al.，2015a）。对野外调查与发掘获得考古遗存的系统分析可为探讨青藏高原人类活动的时空过程与驱动机制提供最直接的证据。

青藏高原考古调查与发掘的旧石器遗址已达 100 多处（国家文物局，1996），其中邱桑遗址手脚印与夏河县白石崖洞遗址"夏河人"的研究将狩猎采集人群在青藏高原活动的最早时间提早至中更新世晚期。距今约 22.60 万—16.90 万年前，"创作"邱桑遗址（海拔约 4 200 米）手脚印的古老型人类已活动至海拔 4 000 米以上的高海拔区域（Zhang et al.，2021a）；至少在距今约 19 万年前，夏河人已开始生活在青藏高

本章统稿人：陈发虎、董广辉、杨晓燕
撰 写 人：陈发虎、董广辉、杨晓燕、刘峰文
审 核 人：董广辉

原东北部海拔约 3 300 米的区域，并持续至晚更新世（距今 6 万年，可能晚至 4 万年）
（Zhang et al.，2020b）（图 3-1-1）；此外，在青藏高原东南缘的稻城皮洛遗址（海拔
约 3 700 米）发现距今至少约 13 万年的阿舍利手斧与"砾石石器 - 手斧组合 - 石片
石器"的文化序列（刘源隆，2021）；在青藏高原东北部边缘地区，奖俊埠 01 遗址
（海拔约 2 800 米）发现的距今约 12 万—9 万年的简单石核石片技术产品（Cheng et
al.，2021），体现了青藏高原古老型人类在高原及周边区域活动的广泛性与文化的多
样性。

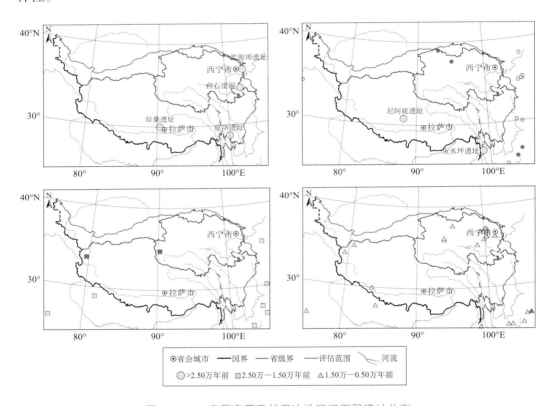

图 3-1-1　青藏高原及其周边地区旧石器遗址分布
（图中黄色表示具有可靠测年结果的遗址；红色表示年代存在争议的遗址；圆圈表示年代早于 2.50 万年前
的遗址；方块表示年代在 2.50 万年至 1.80 万年前的遗址；三角表示年代在 1.50 万年至 0.50 万年前的遗址）

西藏北部申扎县尼阿底遗址的研究表明，距今 4 万—3 万年前，现代智人已在青
藏高原腹地海拔 4 500 米以上地区活动（Zhang et al.，2018a）（图 3-1-1）。与尼阿底
遗址属同一时期的旧石器遗址还包括玉水坪遗址、冷湖遗址、小柴旦遗址、色林错遗
址（图 3-1-1），其中仅玉水坪遗址有确切的考古地层和精确的年代学证据，其他三处

遗址的年代仍需要进一步考证与确认（Brantingham et al., 2007；袁宝印 等，2007；仪明杰，2012；刘鸿高，2017）。综合已发表研究资料，古人类（古老型人类以及现代智人）在末次盛冰期前已踏足青藏高原（包括高原腹地），并应当具备了适应高海拔地区极端环境的能力。

进入末次盛冰期（约 2.50 万—1.80 万年前），青藏高原鲜有人类活动遗迹。当前仅发现 2 处该时期的旧石器遗址，包括贡崩石器点（海拔约 4 500 米）和乌兰乌拉湖石器点（海拔约 5 000 米）（胡东生 等，1994；房迎三 等，2004）。两处遗址所采集的石制品均来自地表，未发现文化地层，其人类活动的年代仍需进一步研究。在青藏高原周边低海拔地区，末次盛冰期则存在狩猎采集人群活动的确切证据（原思训 等，1986；张东菊 等，2011；关莹 等，2013）（图 3-1-1）。末次盛冰期冷干的气候很可能阻碍了狩猎采集人群向青藏高原高海拔地区的扩散，海拔相对较低的温暖河谷可能是该时期人类活动的主要场所（图 3-1-1）。约 1.5 万—1.1 万年前，高原旧石器遗址数量增多，包括分布于青海湖盆地海拔 3 200～3 500 米的江西沟 1、黑马河 1、湖东种羊场、十火塘、93-13、铜线 3、尕海、晏台东等，以及果洛地区的下大武遗址（海拔约 4 000 米）等（Madsen et al., 2006，2017；仪明杰 等，2011；Rhode et al., 2014）（图 3-1-1）。

更新世晚期，青藏高原狩猎采集人群很可能采用一种游荡式的短暂宿营的居住方式，其活动方式呈现出季节性迁徙的特点（张东菊 等，2016）。根据部分遗址出土的石器型制，有学者认为青藏高原东北部和东南部可能是更新世晚期旧石器人群向青藏高原腹地扩散的重要通道（胡东生 等，1994；刘鸿高，2017）。西藏西部与印巴次大陆旧石器遗址发现的石制品特征相似，表明西藏西部至印巴次大陆也可能是旧石器人群向青藏高原腹地扩散的通道（吕红亮，2014；王社江 等，2018）。因此，更新世晚期旧石器人群向青藏高原扩散的途径很可能是多样化的。

目前的研究资料可初步勾勒出更新世中晚期狩猎采集人群在青藏高原活动的时空过程：

（1）青藏高原古老型人类的早期活动可追溯至距今约 20 万年前，现代智人在高原腹地海拔 4 500 米以上地区的活动可追溯至距今 4 万—3 万年前；

（2）更新世中晚期高原狩猎采集人群活动的时空变化可能受到冰期寒冷气候的影响；

（3）更新世中晚期狩猎采集人群向青藏高原扩散很可能存在高原东北、东南河谷通道和跨越喜马拉雅的不同通道，其活动历史有待进一步研究。

3.1.2 全新世狩猎采集人群在青藏高原的活动范围明显扩大

距今约 11700—5500 年，青藏高原考古学文化面貌仍然为旧石器文化。该时期，青藏高原上旧石器遗址数量增加，分布范围更广。截至 2020 年，具有可靠测年结果的旧石器遗址增加到 13 个，包括铜线 3、151 遗址、江西沟 1、江西沟 2、黑马河 3、沙隆卡、拉乙亥、西大滩 2、铜线 4、羊曲西、参雄尕朔、野牛沟、仲巴 10-1（盖培 等，1983；Rhode et al.，2007，2014；仪明杰 等，2011；汤惠生 等，2013；何元洪，2014）。这些遗址的年代集中在距今 9000—6000 年前，空间分布上主要集中于青海湖盆地海拔 3 200～3 400 米地区，部分遗址分布在海拔 4 000 米左右地区。西藏地区有精确年代的该时期遗址目前发现 3 处，为雅鲁藏布江河谷的仲巴 10-1 遗址（年代可早到约 6600 年前）（Hudson et al.，2014）、切热遗址（距今约 11000 年）和西藏阿里地区的夏达错遗址（距今约 9000—8500 年）（未发表资料），其余报道的遗址尚无可靠年代（李永宪，1996；汤惠生，1999）。青藏高原东南边缘也发现有该时期的遗址，但其年代有待进一步研究。

该时期青藏高原的遗址中均未发现农作物、家养动物骨骼遗存，说明狩猎采集经济仍是青藏高原古人群的主要生活方式（汤惠生，2011）。值得注意的是，该时期青藏高原个别旧石器遗址中发现了新的文化元素，如陶片和磨制石器，很可能是受到青藏高原周边低海拔地区新石器文化的影响，但细石器仍然是古人群主要使用的工具（侯光良 等，2018）。与更新世晚期相比，该时期青藏高原旧石器遗址中普遍出现了细石叶，部分遗址细石叶数量在石器总量中占比较高（仪明洁，2012）。通过对比中国北方、青藏高原以及中亚、南亚地区出土的细石叶及其年代，显示青藏高原细石叶技术很可能是从中国北方传入的。

通过对青藏高原全新世早中期旧石器遗址资料的梳理，可以得出以下初步认识：距今约 11700—5500 年前，青藏高原旧石器遗址数量和分布范围较更新世晚期明显增加，细石叶普遍出现。该时期，高原人群仍以狩猎采集为生，与高原周边低海拔农业人群间的交流有限，农作物与家养动物遗存仍未发现。

3.2 新石器晚期人类在低海拔地区定居并从事农业活动

约 5500—4000 年前，青藏高原考古学文化面貌转变为新石器文化，遗址数量明显多于旧石器遗址，但其空间分布范围显著缩小，主要分布于青藏高原东北部、川西、滇西北、西藏昌都河谷地区以及雅鲁藏布江中游地区（张东菊 等，2016）（图3-2-1）。高原不同区域新石器文化的年代和海拔分布范围差异明显，其中青藏高原东北部新石器文化年代范围在距今约 5500—4000 年前，主要分布在海拔 2 500 米以下的河谷地区；川西地区发现的新石器文化的遗址有哈休遗址、营盘山遗址、刘家寨遗址、桂圆桥遗址、宝墩遗址、横栏山遗址、麦坪遗址和皈家堡遗址等，年代范围在距今约 5500—3700 年前（孙华，2009），部分遗址的海拔高于 2 500 米，如哈休遗址（海拔约 2 840 米）、刘家寨遗址（海拔约 2 630 米）。西藏地区的新石器文化年代下限可晚至距今约 3000 年前，有精确测年的新石器遗址包括卡若遗址、拉颇遗址、曲贡遗址、昌果沟遗址等（傅大雄 等，2000；d'Alpoim Guedes et al.，2014；Wang et al.，2021）。高原东南澜沧江流域，因同一海拔的温度要比青海高 6 ～ 7℃，该地区新石器文化遗址海拔分布可超过 3 000 米，如卡若遗址（海拔约 3 100 米）。青藏高原东南缘滇西北地区目前发现的新石器文化遗址约有 60 余处，海拔分布范围在 700 ～ 2 600

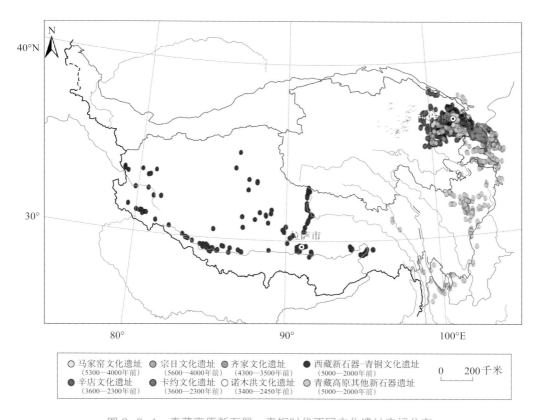

图 3-2-1　青藏高原新石器—青铜时代不同文化遗址空间分布

米，年代范围在距今约 5200—3600 年前，但其文化特征尚有待进一步研究。相比青藏高原其他地区，高原东北部地区的新石器文化遗址数量多，考古文化面貌和序列清晰，新石器文化包括仰韶晚期文化（距今约 5500—5000 年前）、马家窑文化（距今约 5300—4000 年前）和齐家文化（早段，距今约 4300—4000 年前）。此外，在青海省共和盆地分布着一支年代与马家窑文化同期的土著文化——宗日文化（距今约 5600—4000 年前）（陈洪海 等，1998），海拔分布范围主要在 2 600 ～ 2 800 米。

青藏高原新石器文化人群主要从事定居的农业活动，但时空差异显著。以青藏高原东北部为例，新石器文化遗址中出现了大量的房屋遗迹（青海省文物考古研究所，2002，2017），遗址和墓葬中出土的生产工具包括石镰、石铲等农具（邹林 等，2014）；出土的植物遗存以炭化粟、黍为主，其中最早的粟、黍直接测年结果为距今约 5200 年前（Chen et al.，2015a）；出土的动物遗存除野生动物外，还包括狗、猪等家畜。马家窑文化遗址出土的野生动物遗存比例较高，家畜仅有狗和猪，高海拔地区的遗址出土野生动物骨骼比例明显高于低海拔的遗址（王倩倩，2014；任乐乐，2017）。新石器晚期，黄河上游海拔 2 600 米以上地区分布的宗日文化与毗邻新石器文化在文化面貌上差异明显（陈洪海，2002；洪玲玉 等，2012），宗日遗址出土的动物骨骼中野生动物占绝大多数，但植物遗存中粟、黍农作物遗存占绝大多数（陈洪海，2002；Ren et al.，2020），相似的情况也出现在西藏昌都卡若遗址（d'Alpoim Guedes et al.，2014）。川西地区和滇西北地区的新石器文化遗址同样发现了房屋遗迹、农作物遗存和农业工具等，表明定居和农业生产已经成为该时期先民重要的生产和生活方式（霍巍，2009；王蓓蓓，2010；Li et al.，2016），该地区新石器遗址出土的植物遗存包括粟、黍和水稻遗存（薛轶宁，2010；Li et al.，2016），川西地区哈休遗址、西藏东部小恩达遗址和滇西北银梭岛遗址动物遗存均以野生动物骨骼为主（成都文物考古研究所，2006；赵莹，2011）。

综上所述，青藏高原东部人类在新石器文化晚期从事定居的农业活动。该时段人类首次出现了农作物种植和家畜饲养行为，但生业模式存在时空差异。青藏高原东北部和西藏东部先民主要种植粟、黍，狩猎野生动物，兼营猪、狗家畜饲养。川西和滇西北地区人类利用的农作物包括水稻和粟、黍，动物资源利用方式以狩猎野生动物为主，以猪、狗家畜饲养为辅。

3.3 青铜时代人类向高海拔地区扩散并从事农牧混作活动

距今约 4000 年前草原通道和绿洲通道已开启的跨大陆交流为我国带来了麦作、驯化的牛羊马和青铜器，改变了高原人类活动方式（Chen et al., 2015a；董广辉 等，2017；陈发虎 等，2019，2022），我们将出现西亚农牧业元素的这一时期均归到青铜时代。距今约 4000—2300 年前，青藏高原遗址数量较新石器晚期进一步增加，空间分布范围显著扩大，可达海拔 4 000 米以上地区（张东菊 等，2016）（图 3-2-1）。相比高原腹地、川西地区、滇西北等地区，高原东北部的青铜文化序列明晰、遗址分布密集。青藏高原东北部青铜文化包括齐家文化（晚段，距今约 4000—3500 年前）、辛店文化（距今约 3600—2300 年前）、卡约文化（距今约 3600—2300 年前）、诺木洪文化（距今约 3400—2450 年前）（Chen et al., 2015a；Dong et al., 2016）。

辛店文化主要分布在海拔 2 500 米以下地区，卡约文化和诺木洪文化分布的海拔范围为 2 000 ～ 3 200 米（Chen et al., 2015a）。青铜文化的遗址中发现有房址遗迹，表明定居仍然是青藏高原人群的生活方式（谢端琚，2002）。不同文化先民对动植物的利用策略存在显著差异：辛店文化遗址出土的农作物包括粟、黍、大麦、小麦，麦类农作物比例远低于粟、黍农作物，出土的动物骨骼中，羊骨的数量最多，其次是家猪；卡约文化出土的农作物中大麦作物比例为 64.2%，墓葬中出土的可用于放牧的羊、牛、马等动物骨骼数量较多；诺木洪文化遗址同样出土粟、黍、大麦、小麦遗存，但大麦遗存的比例最高（89.4%），出土的家畜包括羊、牛（含有牦牛）、马等，未见家猪（许新国，1983；高东陆 等，1990；高东陆，1993；刘宝山 等，1998；贾鑫，2012；Dong et al., 2016；张山佳 等，2017），但对牦牛驯化和游牧历史缺少深入研究。

距今约 3600—2300 年前，西藏地区发现农作物遗存的考古遗址较少，其中廓雄、邦塘布遗址发现了大麦遗存。尽管曲贡遗址、昌果沟遗址和邦嘎遗址是新石器文化遗址，但其年代范围和人类生业模式与高原其他地区青铜文化时期的特征相吻合。曲贡遗址发现了粟、黍、大麦、小麦和荞麦遗存，昌果沟遗址出土了粟、黍、大麦、小麦和豌豆遗存，邦嘎遗址出土了大麦、小麦和荞麦遗存，卡若遗址在这一阶段开始出现麦类作物遗存（傅大雄 等，2000；d'Alpoim Guedes et al., 2014；Liu et al., 2017b；

Wang et al., 2021)。大麦、粟、黍等农作物遗存在川西和滇西北地区的青铜文化遗址中也有发现，部分遗址还出土了水稻、小麦、大豆、荞麦等农作物遗存（孙华，2009；薛轶宁，2010；Li et al., 2016）。已报道的高原腹地出土动物遗存的遗址同样较少。西藏皮央东嘎遗址周边的墓葬中发现了羊骨遗存，还发现有疑似马骨遗存；曲贡遗址发现了牦牛、绵羊、猪、狗等动物遗存；安多布塔雄曲石室墓中随葬有狗、羊和马（四川大学中国藏学研究所 等，2001；汤惠生，2012）。滇西北地区石岭岗遗址出土了猪、牛、羊、狗等家养动物遗存（刘鸿高，2017）。有限的考古资料表明，青铜文化时期，高原腹地与高原其他地区先民同样存在家畜饲养行为，但区域差异显著。

青藏高原人类在青铜文化时期向高海拔区域大规模扩散并永久定居。高原不同地区先民的生业模式差异显著。青藏高原东北部低海拔河谷地带人类种植作物以粟、黍为主，高海拔地区种植作物以大麦为主，牧业生产在生业模式中占据重要地位。滇西北地区人类种植的农作物和利用的动物资源更加多样化，高原腹地距今4000—3000年前种植作物以粟、黍为主，距今3000年前以来以种植麦类作物为主，牧业活动的重要性显著提升。

综上所述，青藏高原史前人类活动经历了狩猎采集和农牧业生产两个阶段，人类活动强度总体上持续增加，但人类的活动范围呈现明显的时空差异。这可能与不同时段人类生计策略差异有关。距今20万年至距今5500年间，人类一直从事一种游荡式短暂宿营的、呈现季节性迁徙特征的狩猎采集活动（张东菊 等，2016）。该种生计策略下的人类活动具有较强的流动性，可促进狩猎采集人群在高原上的扩散。距今15000—5500年间狩猎采集人群的活动范围覆盖高原大部分区域。相较之下，农业活动需要投入更多的时间和精力来经营农田和家畜饲养。农业人群主要采用定居的方式，其活动范围可能局限在适合相应农作物种植的自然环境区域。距今5200年前以来，新石器农业人群已向青藏高原扩散，主要从事粟作农业、狩猎和猪狗等家畜饲养（Chen et al., 2015a）。受粟作农业积温需求的限制，其主要定居在高原东部海拔较低的温暖河谷地带，活动范围较狩猎采集人群明显缩小。在距今约4000年前，跨大陆交流带来的耐寒的麦类作物和可放牧的牛、羊等家畜传入高原低海拔河谷地带，以种植麦类和放牧牛、羊的农牧混作经济在青藏高原逐渐形成（Chen et al., 2015a）。在距今约3600年前，农牧混作经济推动人类向高原高海拔地区扩散并永久定居，农业和牧业活动范围显著扩大。

第 4 章

历史时期人类活动过程

主要结论

历史时期青藏高原社会发育趋于成熟，区域各民族人口不断融合和增长，城镇聚落规模逐渐扩张，农牧业生产格局初步形成，社会文化明显进步。

公元 630 年以前，青藏高原有记载人口约 125 万，大部分地区仍处于原始农牧业阶段，高原东北部的河湟谷地隶属中央政权管辖，有垦殖耕地面积约 137 平方千米。

吐蕃时期，高原政治版图发生重大变化，藏文字的创制将高原带入新的文明发展阶段，人口增加至 300 万左右，具有军事防御功能的城堡数量增加迅速，耕地主要集中在一江两河和河湟谷地地区，面积增加至 360 平方千米，西藏那曲以及青海大部分牧区为吐蕃王朝提供畜养产品，仅青海地区官养马匹达 70.60 万匹。

元代以来，高原正式纳入中央政权管辖，多民族融合进一步加快，基本形成以西藏 13 个万户府、青海 6 个千户所为核心的城镇聚落体系，人口由元代的 108 万增长至清末的约 230 万。

20 世纪 50 年代初，青海和西藏两省（区）人口约 275 万，耕地面积为 6 147 平方千米，牲畜约为 1 732.73 万头（只）；到 20 世纪 80 年代初，两省（区）人口已增至 578.81 万，耕地面积 10 583 平方千米，牲畜 4 455.61 万头（只），高原社会经济得到快速发展。

4.1 高原人口总体呈增长态势

历史时期青藏高原的人口增长相对缓慢，自公元 6 世纪前至 20 世纪 50 年代初，在漫长的 1500 余年间，青海、西藏两省（区）人口在波动中从 125 万增长到 261 万。1949 年中华人民共和国成立以来，该地区成为我国人口增长最快的地区（傅小锋 等，2000），至 20 世纪 80 年代初，青海、西藏两省（区）人口为 578.81 万人（源自《全国第三次人口普查公报》），两省（区）平均人口密度为 2.97 人 / 千米^2。

4.1.1 秦汉时期高原人口增长缓慢

秦汉时期，青藏高原东部地区属羌人诸部落活动的主要区域，当时西藏的雅隆（今西藏雅鲁藏布江中游山南地区及拉萨河流域）（次旦扎西，2022）、苏毗（今西藏那曲和青海玉树部分地区）（源自《北史·吐谷浑传》《隋书·女国传》）、象雄（今西藏阿里及藏北高原）（源自《唐会要》）以及藏东南的东女及诸附国（今西藏藏东南及青藏川交接地带区）（源自《隋书·附国传》）合计人口有 65 万余众。高原东北部的青海南部高原属羌人诸部落占据的地区，而青海东部的河湟地区，由于其特殊的战略位置，受到中央王朝的重视，自汉代以来就开始大规模移民实边、移民屯田，古羌人和汉族开始杂居共处，人口以机械增长为主，人口有 60 万余众（贾伟，2001）。当时青藏高原青海、西藏两省（区）共有人口 125 万左右，西藏一江两河地区和青海河湟谷地已逐步形成高原人口聚居中心。

本章统稿人：刘峰贵

撰　写　人：刘峰贵、吴文祥、周强、仝涛、陈琼、吴致蕾

审　核　人：陈发虎

4.1.2 隋唐时期吐蕃人口急剧波动增长

隋唐时期，青藏高原政治版图发生重大变化，以雅隆部落为基础建立的吐蕃王朝，先后兼并象雄、苏毗、东女国、吐谷浑以及高原诸羌部落，不断向东扩张至青海大部分地区，形成覆盖青藏高原大部分地区的统一政权——吐蕃王朝。吐蕃王朝稳定的政治环境和各部族的空前统一，促进了该地区人口的急剧增长，人口规模曾一度达到 250 余万之众（王克，1985；朱悦梅，2009）。青海东部的河湟地区属于中原王朝和周边诸国必争之地，战乱频仍，民众颠沛流离，人口仍维持在 60 万左右。青藏高原地区总人口达到 300 万以上，以吐蕃王朝的人口增长为主。从东晋时期的鲜卑吐谷浑部族至唐代文成公主、尼泊尔赤尊公主等长距离迁徙进入高原东部边缘及腹地，以及吐蕃势力的扩张，使得高原原有的象雄、苏毗和周边的吐谷浑、突厥、回鹘等部族也有了较多的融合，促进了高原地区多民族的多次融合，为青藏高原人口的增长注入了新的成分。吐蕃中后期，由于割据战乱，人口锐减。

4.1.3 元明清时期高原多民族人口稳定增长

元代，青藏高原全域纳入中原王朝版图，在中央王朝设置总制院（后改称"宣政院"），建立政教合一的管理体制，下设乌思藏（治所在今西藏萨迦，范围主要包括今中国西藏自治区全境、不丹以及克什米尔列城等地区）、朵思麻（治所在今甘肃临夏，范围大致从玛曲以北到今甘肃永靖南部之间地区）和朵甘思（治所在今四川甘孜，包括巴塘、云南迪庆和青海玉树等地区）3 个宣慰司，直接管理青藏高原涉藏地区地方事务。其中，西藏地区的乌思藏宣慰司，下设若干个万户府和千户所，建立驿站、派驻军队、清查户口、确立差役、征收税赋，实施有效管理；青海绝大部分地区受朵思麻、朵甘思宣慰司管辖，当时有大量的西亚、中东地区的伊斯兰族群随蒙古军队迁入河湟谷地，同时蒙古族派驻大量蒙古军队和官员管理该区域，使青海河湟地区人口的民族成分发生深刻变化。元朝统治者为了方便官民贸易，大力建设交通、驿站等设施，大批藏族僧侣和官员陆续前往内地采购货物，同时善于经商的色目人又带头参与，有力推动了高原地区经济的繁荣，促进西藏与内地之间的人员往来，实现了经济、宗教和文化交流繁荣，推动了高原地区多民族人口的共同增长。至元代末期青藏地区各民族人口有 108 万左右（翟松天 等，1989；多杰欧珠 等，1994）。

明清时期，青藏高原沿用元代的管理模式，尤其在甘青地区，一方面大量招抚青海诸番族归附朝廷，加快高原地区农牧业的发展；另一方面大规模从中原移民，实行戍边屯田，加强地区稳定和管理，同时将大批和硕特蒙古人迁入青海、西藏地区形成霍尔七十九族（芈一之，1987）。由于明清以来高原地区稳定的政治环境，加之从内地派驻大量军队、官员进入高原腹地，使高原区域人口有了较大幅度的机械增长，明清时期，青海、西藏地区的人口比元代有了较大幅度的增长，高原地区总人口由元代的 108 万增长至清末的 230 万左右（翟松天 等，1989；姚莹，1998）。

4.1.4　新中国成立以来高原地区人口快速增长

民国以来，青藏地区先后建立青海省、西康省、西藏地方等管辖涉藏地区事务，青藏地区人口变化不大，至 1947 年，西藏、青海总人口数约为 235 万，占全国总人口的 0.50%。中华人民共和国成立后，随着西藏民主改革、土地改革的顺利实施，社会生产力得到解放，社会经济稳步发展，国家加大高原地区基础设施投入，青藏公路、川藏公路等重大工程项目的建设，医疗卫生条件得到极大提高，高原地区的人口进入快速增长时期（图 4-1-1）。1949 年西藏地方总人口 127 万，青海省人口为 148 万，至 20 世纪 80 年代初，青海、西藏两省（区）人口已达到 562.28 万。青海、西藏地区人口平均增长率分别达 3.40% 和 1.89%，高于全国其他地区，成为中国人口总量增加较快的地区之一。

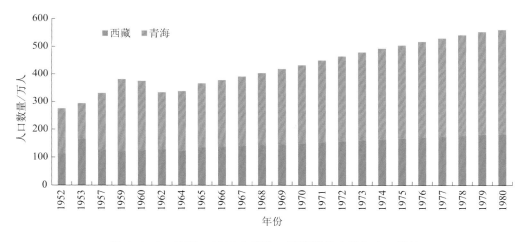

图 4-1-1　1952—1980 年青海、西藏两省（区）人口增长

4.2　高原农牧业活动规模逐渐增大

　　青藏高原长期以来以畜牧业为主，高原地区的农业活动自先秦以来主要集中分布在青海河湟谷地和西藏一江两河地区，在高原澜沧江流域、朋曲流域、大渡河流域、甘南河谷等地区有零星耕地分布。至 20 世纪 80 年代初青藏高原青海、西藏两省（区）拥有耕地总面积 10 583 平方千米（青海省统计局 等，1981；西藏自治区统计局 等，1981），天然草地面积 118.50 万平方千米，草地面积占两省（区）土地面积的 73.19% 以上。

4.2.1　秦汉时期高原进入农牧业发展的初始阶段

　　先秦时期高原大部分地区尚处于狩猎采集和畜牧业并存阶段，西藏的象雄、苏毗以畜牧和狩猎为主，雅鲁藏布江南岸的雅隆河谷、年楚河流域等地区，由于土地肥沃、气候温和，雅隆悉补野部落第九代赞普大力发展农业，从事半农半牧的生产活动。从耕牛种地、开渠引水记载来看，农业活动已经具有一定规模，后来随着雅隆悉补野部落的逐步壮大，兼并了西藏雅鲁藏布江以南的大多数部落，形成以农业为主的统一区域（陈庆英，2004）。当时青海大部分地区主要以羌人游牧部落为主，以畜牧业为先，大部分地区羌人"以河西之水草善，乃以为牧地：畜产滋息，马至二百余万匹，橐驼将半之，牛羊则无数"（源自《魏书·食货志》），农业活动主要集中在青海东部土地肥沃、气候温和的河湟谷地。自汉代以来，中原王朝在该地区移民戍边，屯垦有了较大规模的发展，西汉至东汉时期河湟地区屯田规模为 466.67 平方千米（陈新海，1997），耕地面积比汉代初期扩大了 3.40 倍。除河谷地区外，青海、西藏大部分地区仍以畜牧业为主。

4.2.2　隋唐时期高原农牧业发展处于初具规模阶段

　　隋唐时期（西藏吐蕃时期），随着西藏吐蕃政权的地域扩张，畜牧业发展中心向东北部的青海地区偏移。高原地区马、牛、羊是当时高原畜牧业最主要的畜种，并具有相当规模。其中，马作为当时吐蕃、吐谷浑等军队的主要骑乘工具，在高原畜牧业中占有相当比重，据文献记载，公元 664—665 年，仅青海地区官养马匹达到 70.60 万匹（源自《资治通鉴》），至公元 725 年，仍有官马 43 万匹、牛 5 万头、羊 28.60 万只（源自《大唐开元十三年陇右监牧颂德碑》），为当时地方政权巩固和地域扩张起到了积极作用。当时西藏政治中心从雅鲁藏布江以南迁移至北岸的拉萨河流域，拉萨河流域的农业活动大大加强，从事农业活动人口增加，成为吐蕃政权和军队给养的后方基地。与此同时，青海地区大部分牧地被吐蕃统治，在畜牧业得到较大发展的同时，青海东部河湟地区的戍边屯田被加强，屯田耕地扩张至海拔较高的同德、贵南等地区，当时河湟谷地的耕地面积达到 321.12 平方千米（吴致蕾 等，2017）（图 4-2-1）。该时期高原地区的农牧业活动地域分布发生变化，同时农牧业生产程度也得到相应加强。

图 4-2-1　公元 733 年河湟谷地耕地分布重建图

4.2.3　元明清时期高原农牧业活动处于稳定发展阶段

元代以来，高原地区实行统一的土地政策，抑农扬牧（源自《元史·姜彧传》），扩大牧地，用畜牧业代替农业，将西藏、青海分别划为全国主要牧场，鼓励发展私营畜牧业，兴办国营牧场（源自《元史·兵志·马政》），畜牧业得到较大发展，农业活动基本保持前期水平。明王朝为了加强对青藏地区的管理，在西藏等地区通过招附、

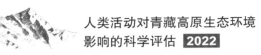

赏赐、多封众建、减免税赋等手段大力推动农业发展（泽勇，2008），使得西藏地区庄园制农业经济得到迅速发展，贵族、寺院、政府三大领主庄园体系得到巩固和发展，占有西藏地区绝大多数土地，形成了昌都—边坝向西沿念青唐古拉山—冈底斯山一线以北以畜牧业为主，霍尔十九族、羌日六部、冈底斯三十九族等以部落为单位从事着游动放牧，该线以南的"一江两河"地区，集中了约90%的耕地，由贵族、寺院、政府三大领主的300余座大小不等的庄园所控制。当时在青海仍实行大规模移民屯垦，增筑大量堡寨聚落，至明末清初，河湟谷地屯田规模已达到432.95平方千米，清政府时期又鼓励该地区番族入农，至清代咸丰年间耕地规模已经达到2 610平方千米左右（王昱 等，1992），明清时期由于人口增加，河谷地区高海拔和山地地区的耕地不断被开垦，耕地由零星分散分布逐渐向连片规模化方向发展，河湟谷地已经逐步成为青海重要的农业区，以畜牧业开始向青海南部高原、祁连山地等高海拔地区收缩，青藏高原农牧业活动的地理分布格局基本形成。

4.2.4 近百年来高原地区农牧业生产进入快速发展阶段

20世纪初期，高原地区政策相对稳定，农牧业活动处于相对稳定阶段，但青海河湟地区由于时局动荡，农业活动波动幅度较大。至1947年，青海、西藏分别拥有耕地4 006平方千米（翟松天 等，1989）、1 500平方千米。新中国成立后，西藏实施了彻底的土地改革，大大解放了社会生产力，高原地区的农牧业生产得到空前发展，青海、西藏地区耕地面积由1950年的6 147平方千米，增长至20世纪80年代初的10 583平方千米（表4-2-1），牲畜也由20世纪50年代初期的1 732.73万头（只），增长至80年代初的4 455.61万头（只）（青海省统计局 等，1983；西藏自治区统计局 等，1983），同时由于农业活动的加速发展和城市化进程加剧，河谷地区的农业和工业比例进一步提高，畜牧业向高海拔地区收缩，土地利用和开发强度不断加强。

表 4-2-1　1910—1980 年青海省和西藏自治区耕地面积　　　　　　　单位：平方千米

	1910 年	1950 年	1960 年	1970 年	1980 年
青海	4 467	4 527	5 530	6 921	6 850
西藏	1 560	1 620	1 852	2 631	3 733
合计	6 027	6 147	7 382	9 552	10 583

4.3　高原城镇聚落体系逐步形成

4.3.1　秦汉时期高原城镇聚落开始初现

距今 4000 年前后青藏高原定居人群主要出现在西藏昌都卡若、拉萨曲贡、山南昌果沟以及青海的柳湾、喇家等相对低热的河谷地区。西藏雍布拉康城堡、卡尔东城址和青海西海郡古城等城址的发现，证明秦汉时期高原地区已经出现城廓和城堡等聚落形制，但数量极为有限。当时高原大部分地区可能仍以原始聚落为主，堡寨集中在人口、经济相对聚集的地方，主要用于军事和防御，西藏的"十二小邦""二十五小邦"和"四十小邦"等类似于当时中原的堡寨，说明当时高原腹地的堡寨数量较少，规模不大。当时青海地区受汉武帝"征伐四夷、西逐诸羌"军事战略的影响，汉军大举进入青海东部的河湟谷地，迁徙汉人，安置降羌，开置公田，修筑亭燧，屯田筑寨，在环青海湖地区和河湟谷地地区修筑了以西海郡为代表，筑有五县城池和河湟地区的 7 个郡县城池，西宁当时仅设为军事和邮驿住所之地，称西平亭。青海大部分地区属于西羌诸部落领地，部落约有 150 余种支，除河湟谷地的部落从事农业活动定居以外，其他诸部落多为逐水草而居的游牧生活，无固定居所。

4.3.2　隋唐时期（吐蕃时期）高原城堡进入快速发展阶段

吐蕃时期青藏高原西藏地区进入城堡快速发展阶段，随着西藏大、小昭寺的建成和布达拉宫的建设，拉萨城开始形成，由此也成为吐蕃王朝绝对的政治、经济、文化中心（何一民 等，2013），并随着地域扩张，不断加强政权建设和制度改革，大大推进了城堡和聚落的发展。在西藏地区设立五茹六十一东岱，并沿袭部落制，划分出 18 个地方势力范围，除政府占有外，还分封给王族、名臣，逐步在人口集中、经济发达、交通便利或者是形势险要的战略要地，形成一些颇具规模的聚落建筑和城堡，有些城堡聚落的名称沿袭成为现在的市、县名称（王一丁，2009），但是这些城堡聚落的规模较小，功能不全，仅继承了早期堡寨的功能，城堡周边增加了部分寺院建筑，除拥有政治、军事和经济功能外，还叠加了宗教文化功能。此时，青海地区的城

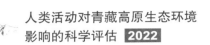
堡有了较大发展，唐王朝为了巩固边疆，在与吐蕃接壤的地区修筑了具有防御型的诸多城堡，同时强化对河湟谷地地区的统治，大力发展屯垦和戍边，农业聚落有了较大发展。

4.3.3　元明清时期高原城镇聚落处于扩张发展阶段

元代以来，青藏高原实行统一的管理制度，高原大部分涉藏地区设立万户、千户、百户等建置，西藏地区划分为 13 个万户，辖若干个千户，并"……从汉藏交界之处起，直到萨迦，共计设置了二十七个大驿站……"（引自《汉藏史集》），明代青海地区设有 6 个千户所，各地普遍建立堡、寨，形成卫－所－堡寨－墩的军事防御体系（陈新海，1997），堡寨的军丁多由内地迁来，并在百户的带领下修堡筑寨、屯田戍边，大致经历了建置扩张期和防御扩张期两个阶段，据考证和统计，明代青海地区建有各种形制的堡寨旗营等聚落已达到 279 个（赵衍君，2016），而西藏地区加强宗谿设置，在山体险要之处构筑宗堡，加强防御。清初仍沿袭明制，设置卫所，建设城镇，不断增设营堡加强防御，聚落数量和规模不断增长。

4.4　高原特色社会文化稳定发展

4.4.1　吐蕃时期高原地域文化初步形成

秦汉时期，青藏高原大部分地区仍处于原始文化阶段，只有少部分地区形成农耕文化，具备一定的社会形态，大部分游牧和狩猎地区社会发育程度较低。高原地区文化和社会的发展正式起步于吐蕃时期，随着吐蕃王朝的建立和藏文字的创制，高原大部分地区进入新的历史文化阶段，今天藏族文化的许多主体因素，如藏文文字、宗教信仰、艺术传统、生活习俗、礼仪制度等，在吐蕃时代便已经基本形成，并对后代西藏历史和西藏文明发展产生了深刻而巨大的影响（霍巍，2009；张云 等，2016）。青藏高原东北部的河湟谷地地区则深受中原文化的影响，吐蕃时期就已经形成多元文化的融合。

4.4.2　元明清时期高原宗教文化稳固发展

　　元朝建立后，西藏社会以宗教势力为核心的政权模式确立，形成政教合一的政体，明王朝承袭了对西藏地区的管理制度和措施，对涉藏地区各地方势力采取依据实力大小普遍封赐的办法，保持了高原大部分藏区政治和经济的稳定。明末清初，在清王朝统治者的大力扶植下，格鲁派藏传佛教兴起，掌握了西藏的地方政教大权。清政府在西藏设驻藏大臣，与达赖和班禅共同管理西藏。清末、民国时期，十三世达赖喇嘛将西藏的政教合一体制发展到高峰。

第 5 章

现代农牧业发展状况

　　青藏高原土地资源以牧草地为主，草地面积 13 587.01 万公顷，占全国草地面积的 51.36%；耕地主要位于河谷地带，面积不足高原总面积的 1%。近年来，高原草地生产力增加，超载率显著降低；农业发展水平提高，设施农业发展迅速。

　　高原草地生产力呈增加趋势，家畜数量有所下降，草地超载率显著降低。1980年以来，草地生产力增加促使理论载畜量每年提高近 0.01 个羊单位/公顷。家畜存栏量缓慢下降，2019 年青海和西藏家畜存栏量较 1990 年分别下降了 17.10% 和 5.10%。2006—2019 年，青海和西藏的草地超载率分别从 39% 和 38% 下降到 8% 和 11%。目前，高原草场围栏、家畜棚圈和人工草地等基础设施建设规模不断扩大，但家畜出栏率普遍较低，大牲畜和羊的出栏率分别为 30% 和 55%。

　　高原农业以河谷种植业为主，发展水平总体较低。1980—2020 年，高原耕地总面积呈现先增后减的特征，2000 年前耕地面积增加 2.62%，之后减少 2.42%，总体变化不大。耕地以种植粮食作物为主，但 2000 年后种植比例下降，到 2020 年粮食作物占比为 60%。农业投入和单产水平逐渐提高，但总体还处于较低水平，2020 年粮食作物平均单产 3.66 吨/公顷，高原全区粮食总产量 400 余万吨（包括谷类、豆类与薯类作物），人均 253 千克；化肥施用量 112.3 千克/公顷，不足全国平均水平的 30%。2017 年平均每公顷耕地的农药和地膜使用量约为全国平均水平的 32% 和 49%，平均单位耕地面积机械动力稍高于全国平均水平。设施农业发展迅速，2018 年设施农用地面积达到 0.94 万公顷。

5.1 畜牧业以天然草地放牧为主，草地超载程度逐渐降低

5.1.1 草地面积大、质量好，但牧草生长期短，产草量低

据第三次全国国土调查数据统计，青藏高原草地面积 13 587.01 万公顷，占全国草地面积的 51.36%。其中，西藏自治区草地面积最大，达 8 006.51 万公顷；青海省草地面积次之，达 3 947.01 万公顷（国家林业和草原局草原管理司，2022）。

青藏高原草地类型丰富多样，全国绝大多数草地类型在青藏高原均有分布。在各类草地中，高寒草甸类和高寒草原类面积较大，分别占青藏高原草地面积的 45.40% 和 29.10%；其次是高寒草甸草原、高寒荒漠草原、高寒荒漠和山地草甸类草地，分别占 4.40%、6.80%、4.60% 和 5.50%；其他各类草地面积较小，占比大都在 1% 以下。青藏高原草地分布总体上呈现从东往西有高寒草甸—高寒草甸草原—高寒草原—高寒荒漠草原—高寒荒漠更替变化的主流地带性规律。青藏高原草地品质优良，其牧草具有高蛋白、高脂肪、高无氮浸出物、高产热值和低纤维素"四高一低"的特点，其中，高寒荒漠、高寒草原和高寒草甸粗蛋白含量分别达到 15.66%、13.34% 和 12.78%，在全国各类草地中最高。另一方面，青藏高原地势高亢，热量不足，牧草生长期短，草层低矮，产草量低，各类型高寒草地平均产草量仅为各类型温性草地的 21% ~ 33%，仅为全国草地平均产草量的 22%（农业部畜牧兽医司，1996）。

本章统稿人：卢宏玮、吕昌河

撰　写　人：卢宏玮、吕昌河、樊江文、王兆锋、刘玉洁、莫兴国、林忠辉、胡实、陈源源、魏慧、刘文、孟铖铖、薛宇轩、张婕

审　核　人：樊江文

5.1.2 家畜饲养规模大，存栏量有所减少

根据统计年鉴数据，2017 年青藏高原大牲畜总存栏量为 2 049.72 万头，羊存栏量 4 018.83 万只，按 1 头大牲畜折合 4.50 个羊单位计，全区合计 13 242.58 万绵羊单位（表 5-1-1、图 5-1-1）。大牲畜主要为牦牛和少量的犏牛、马、驴等，集中分布在高原中部；羊以藏绵羊、绒山羊为主，主要分布在藏北高原。从行政区域来看，青海和西藏的牲畜存栏量相对较高，四川高原区次之，甘肃、新疆和云南的高原区牲畜存栏数相对较少。

表 5-1-1　2017 年青藏高原各省（区）/地区家畜饲养情况

省（区）/地区	大牲畜/万头	羊/万只	折羊单位/万
青海省	572.37	1 374.65	3 950.32
西藏自治区	625.24	1 086.93	3 900.51
四川高原地区	485.14	323.32	2 506.45
甘肃高原地区	201.94	539.78	1 448.51
新疆高原地区	106.70	206.67	686.82
云南高原地区	58.33	487.48	749.97
合计	2 049.72	4 018.83	13 242.58

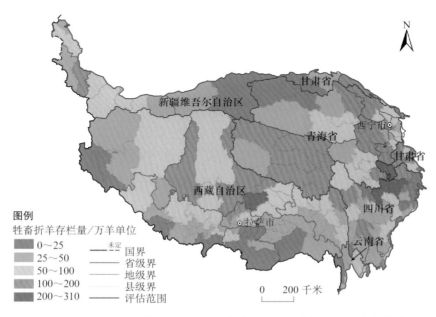

图 5-1-1　2017 年青藏高原县域年末牲畜存栏量分布情况（折合羊单位）

从西藏和青海家畜年度变化情况看，20 世纪 80 年代以后，两省（区）大牲畜的饲养量变化不大，羊的饲养量呈降低趋势，总体上，家畜存栏量缓慢下降，特别是 2005 年后下降较为明显（图 5-1-2）。1990—2019 年，西藏自治区大牲畜存栏量由 2 493 万羊单位增加到 2 946 万羊单位，增加了 18.17%；羊存栏量由 1 681 万羊单位减少到 1 017 万羊单位，减少了 39.50%，西藏大小牲畜存栏量共计减少 5.10%。1990—2019 年，青海省大牲畜存栏量由 2 755.40 万羊单位减少到 2 290 万羊单位，减少了 16.90%；羊存栏量由 1 608 万羊单位减少到 1 327 万羊单位，减少了 17.50%，青海大小牲畜存栏量共计减少 17.10%。

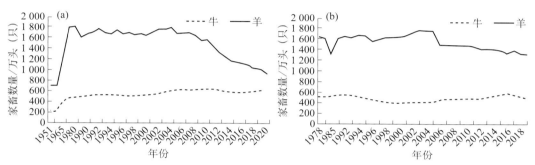

图 5-1-2　西藏（a）和青海（b）多年牛羊饲养量变化情况
（根据西藏统计年鉴和青海统计年鉴数据绘制）

5.1.3　草地超载现象仍然存在，超载率在逐步降低

1）草地理论载畜量区域差异大，总体呈增加趋势

根据植被界面过程模型（莫兴国 等，2021）计算，2017 年高原平均单位面积草地理论载畜量为 1.33 羊单位 / 公顷，呈明显的东高西低分布格局（图 5-1-3）。藏北高原多低于 1 羊单位 / 公顷，东部和东南部较高，其中，云南省高原地区单位草地面积理论载畜量最高，为高原平均水平的 4.50 倍；其次是甘肃省高原地区，为高原平均水平的 2.70 倍；青海省和四川高原地区草地单位面积理论载畜量与高原平均水平接近；西藏自治区和新疆高原地区单位草地面积理论载畜量为高原平均水平的 70% 和 55%。

1980—2017 年青藏高原草地平均理论载畜量介于 0.64 ～ 1.07 羊单位 / 公顷，多年平均值为 0.84 羊单位 / 公顷。近几十年来，高原理论载畜量呈增加趋势，平均每年每公顷增加约 0.01 个羊单位。这与气候变化背景下高原草地生产力呈增长态势有关。20 世纪 80 年代以来，高原草地覆盖度（丁明军 等，2010；张镱锂 等，2017；吉珍

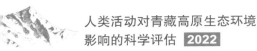
霞 等，2022）和净初级生产力（张镱锂 等，2013；刘杰 等，2022）持续提高，导致草地理论载畜量增加，并在一定程度上减轻了草地放牧压力。

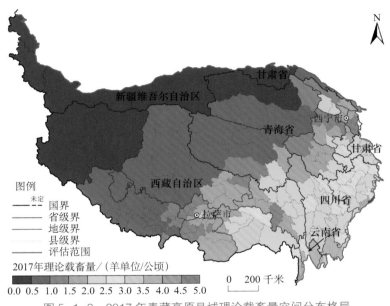

图 5-1-3　2017 年青藏高原县域理论载畜量空间分布格局

2）前期草地超载现象较为普遍，近年持续下降

根据计算，相比 20 世纪 80 年代，90 年代高原东部超载面积扩大，西北部超载率日渐增强；在 21 世纪 00 年代，平均超载率达 9.48%；21 世纪 10 年代以后高原西北部超载率有所下降，但东北部地区仍然较高。按县域单元计，在 20 世纪 80—90 年代有 60% ~ 70% 的县存在超载现象，2009 年之后有所下降，超载县占比 50% ~ 60%。

从主要省份看，根据国家林草局全国草原监测报告数据，自 2006 年至 2019 年，青海和西藏的草地超载率呈持续下降趋势，西藏草地超载率从 38% 下降到 11%，青海草地超载率从 39% 下降到 8%（图 5-1-4）。

5.1.4　草地畜牧业基础设施建设发展迅速

近年来，青藏高原草地畜牧业基础设施有了较大发展。据统计，2018 年青海省和西藏自治区家畜棚圈分别达到 304 万平方米和 273 万平方米；人工草地保留面积分别达到 59.55 万公顷和 10.45 万公顷；2017 年草地围栏面积分别达到 1 253.33 万公顷和

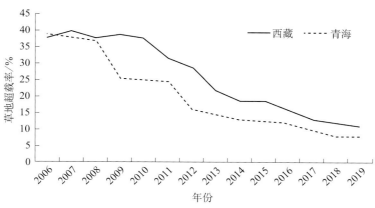

图 5-1-4　青海和西藏草地超载率多年变化情况

（根据国家林草局《2019 年全国草原监测报告》数据编绘）

893.33 万公顷（全国畜牧总站，2018，2020）。

据统计，2004—2013 年西藏自治区通过退牧还草、草原生态保护补奖政策等大力开展草地围栏建设，草地围栏项目涵盖 7 个地区 35 个县，总投资近 19.30 亿元，其中，国家禁牧项目投资约 6.30 亿元，地方禁牧项目投资约 2.70 亿元，国家轮牧项目投资7.44 亿元，地方轮牧项目投资 2.86 亿元。

5.1.5　草地畜牧业生产效率总体较低

根据各省（区）统计年鉴数据，2017 年全高原大牲畜出栏量约 572 万头，出栏率约 30%；羊出栏量约 1 903 万只，出栏率约 55%（表 5-1-2），其中，西藏自治区家畜出栏率较低，出栏量较高的县（市、区）集中在高原东北部，包括共和县、玛曲县、河南县、若尔盖县等。近 20 年来高原家畜的出栏率不断提高，青海省大小家畜出栏率由 2000 年的 20.65% 增加到 2017 年的 32.98%；西藏自治区大小家畜出栏率由 2000年的 18.38% 增加至 2017 年的 28.75%。

高原出栏家畜的产肉量总体偏低，西藏自治区、青海省、四川高原区、甘肃高原区和云南高原区每头出栏牛的产肉量分别为 138.01 千克、95.50 千克、95.00 千克、93.20 千克和 110.40 千克，每只出栏羊产肉量分别为 15.98 千克、17.10 千克、19.00千克、16.60 千克和 19.40 千克。从单位草场面积家畜产奶量看，青海、西藏以及云南和甘肃高原区家畜产奶量分别为 19.10 千克 / 公顷、7.57 千克 / 公顷、13.80 千克 / 公

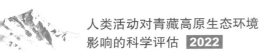
顷和 27.46 千克 / 公顷，西藏家畜产奶量明显低于其他地区。

根据各省（区）统计年鉴县级数据，2017 年高原（不含新疆部分）牛肉和羊肉总产量分别为 61.81 万吨和 32.63 万吨（表 5-1-2）；青海、西藏、甘肃高原区和云南高原区奶类总产量 105.22 万吨，单位草地面积产奶量 8.69 千克 / 公顷。其中，青海、西藏奶类产量分别为 46.74 万吨和 40.07 万吨。相比较，2017 年内蒙古牛肉总产量 59.50 万吨，羊肉总产量 104.10 万吨，产奶量 552.90 万吨，远高于青藏高原各省（区）（《中国农村统计年鉴》编辑委员会，2021）。

表 5-1-2 2017 年青藏高原各省（区）/ 地区年末牲畜出栏量和产肉量

省（区）/ 地区	大牲畜			羊		
	出栏头数 / 万头	出栏率 / %	产肉量 / 吨	出栏头数 / 万只	出栏率 / %	产肉量 / 吨
青海省	180.82	31.59	172 600.00	805.76	58.62	138 050.50
西藏自治区	163.32	26.12	225 400.00	397.19	36.54	63 480.00
四川高原地区	116.20	23.95	110 394.40	212.21	65.64	40 320.60
甘肃高原地区	76.27	37.77	71 078.00	367.01	67.99	61 095.00
云南高原地区	35.02	32.82	38 649.00	120.72	58.41	23 396.00

注：数据来源为各省（区）2017 年统计年鉴。

5.2　种植业以河谷农业为主，设施农业发展迅速

青藏高原农业发展受气候、地形、土壤、灌溉条件的限制，农业资源开发利用条件差，相较于内地，种植业面积有限，发展水平总体较低。

5.2.1　耕地主要分布于河谷低地，面积略有增加

1）耕地集中分布在海拔较低的河谷地区

根据 2019 年第三次全国国土调查数据和 2018 年遥感影像解译数据，截至 2019 年底，青藏高原地区共有耕地 192.50 万公顷，按 2020 年人口普查数据计算人均耕地 1.82

亩。耕地集中分布在西藏一江两河、青海河湟谷地，以及川西、滇西北和甘南山地河谷区（图 5-2-1）。藏北高原受海拔高度制约，气候寒冷，基本无耕地分布。从各省份来看，青海耕地面积最大，其次是西藏自治区、甘肃高原地区、云南高原地区和四川高原地区，新疆高原地区面积很少。全高原耕地有效灌溉面积 72.10 万公顷，占耕地总面积的 37.45%，明显低于全国 50.28% 的平均水平。新疆高原地区最高，其次是西藏自治区，耕地灌溉程度较高，达 72%，高于其他省份的 30% ～ 37%（表 5-2-1）。

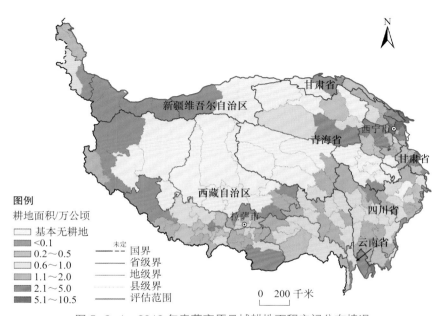

图 5-2-1 2019 年青藏高原县域耕地面积空间分布情况

表 5-2-1 2019 年青藏高原各省（区）/ 地区耕地统计面积

省（区）/ 地区	县（市、州）	耕地面积 / 万公顷	占比 / %	灌溉率 / %
青海省	全部县（市）	56.42	29.31	31.24
西藏自治区	全部县（市）	44.21	22.97	71.90
四川高原地区	甘孜、阿坝州全部和北川、平武、冕宁、木里、盐源、宝兴、石棉、芦山、天全等 9 县	23.51	12.21	29.54
甘肃高原地区	甘南州全部和阿克塞、肃北、肃南、和政、积石山、康乐、临夏、宕昌、天祝、岷县等 10 县	35.57	18.48	36.39

续表

省（区）/地区	县（市、州）	耕地面积/万公顷	占比/%	灌溉率/%
云南高原地区	迪庆州全部和福贡、贡山、泸水、兰坪、丽江古城区、宁蒗、玉龙、洱源、剑川、云龙等 10 县（区）	31.18	16.20	36.89
新疆高原地区	塔什库尔干、乌恰县全部；且末、若羌、策勒、和田、民丰、皮山、于田、叶城、阿克陶位于高原的部分	1.61	0.84	96.64

注：耕地面积根据 2019 年第三次全国国土调查数据和影像数据测算，灌溉率根据 2019 年和 2020 年统计数据计算。

2）耕地面积阶段性变化

根据 1980—2020 年 30 米分辨率每 5 年的土地利用数据[①]计算，1980—2020 年，高原耕地面积保持基本稳定，总体呈现先微增后微降的特征（图 5-2-2）。2000 年前，耕地面积缓慢增长，2000 年耕地面积较 1980 年增加 2.62%；之后受生态退耕等政策的影响，耕地面积出现下降，到 2020 年，耕地面积较 2000 年下降 2.24%，但仍比 1980 年的耕地面积高 0.32%。

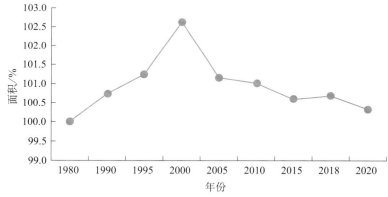

图 5-2-2　青藏高原 1980—2020 年耕地面积变化

（1980 年耕地面积为 100%；基于 30 米土地利用数据计算）

从空间分布看，1980—2000 年间青海东北地区和甘肃高原地区耕地增加明显；横断山地部分县（市）耕地面积显著减少，降幅超过 25%；其他大部分县（市）小幅增

---

① 数据来源：中国科学院资源环境科学与数据中心（www.resdc.cn）。

加，增幅多低于 1%（图 5-2-3）。2000 年后，受生态退耕政策的影响，多数县（市）耕地面积下降，尤其是横断山区降幅显著；青海东北部和新疆高原地区的部分县（市）耕面积增加（图 5-2-4）。

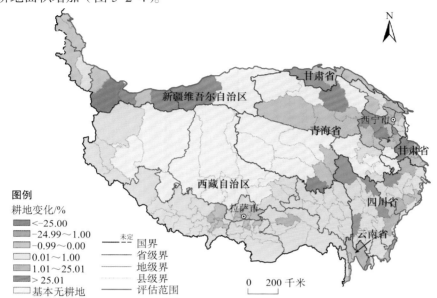

图 5-2-3　青藏高原 1980—2000 年县域耕地面积变化空间分布
（基于 30 米土地利用数据计算）

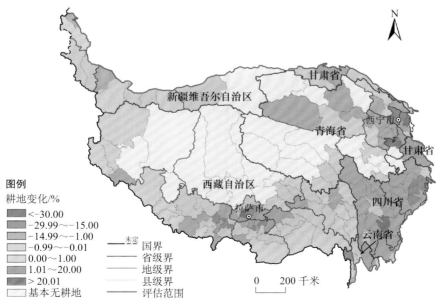

图 5-2-4　青藏高原 2000—2018 年县域耕地面积变化空间分布
（基于 30 米土地利用数据和米级解译数据计算）

5.2.2 农业种植结构简单，波动性大

1）以喜凉作物种植为主

青藏高原农作物以喜凉的青稞、小麦、油菜、马铃薯等为主。根据 2020 年各省份县（市）级统计数据，结合第三次全国土地调查数据计算表明，高原作物总播种面积约 205 万公顷，其中青海省、西藏自治区、四川高原地区、甘肃高原地区、云南高原地区分别占 27.92%、20.74%、14.36%、19.26% 和 17.01%，新疆高原地区仅占 0.73%。全高原耕地复种指数 1.06，比全国平均水平低 0.18。其中，粮食作物播种面积占 60%，以青稞和春小麦为主，其次是马铃薯、燕麦和大豆；在横断山暖热河谷地区有一定面积的玉米、冬小麦种植，在滇北、川西等低海拔河谷盆地有少量水稻种植。高原油料作物以油菜籽为主，播种面积约占 10%，其中青海省、西藏自治区和甘肃高原地区的播种面积分别占 63%、14% 和 15%，而四川高原地区、云南高原地区和新疆高原地区合计仅占 8%。高原其他作物主要为蔬菜、中药材和饲草料，播种面积约占 30%（图 5-2-5）。

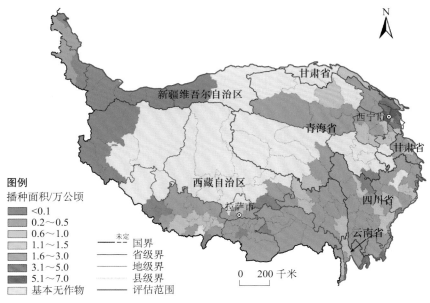

图 5-2-5　青藏高原 2020 年县域粮食作物播种面积空间分布

（青海为 2017 年数据）

2）种植结构阶段性变化明显

1995—2017 年青藏高原各省份作物种植结构呈现阶段性变化特征（图 5-2-6），相较于 20 世纪 90 年代，2000 年以后高原粮食作物种植比例下降，其中豆类和薯类种植比例波动上升。各省份粮食作物种植比例在 2001—2005 年都有所下降，在 2006 年后逐步攀升；油料作物种植比例在 2010 年前总体增加，之后呈下降趋势。各省份谷物种植比例整体呈先下降后升高的趋势，其中，2001—2005 年的种植比例最低。豆类种植比例在云南高原地区逐年升高，但在甘肃高原地区、青海省和西藏自治区显著下降，在四川高原地区无显著变化，在新疆高原地区波动增加。薯类种植比例在甘肃高原地区、青海省和西藏自治区呈下降趋势，在云南高原地区和新疆高原地区呈增加趋势，四川高原地区薯类种植比例在 1995—2000 年无显著变化，与 2001—2005 年相比，2006—2010 年明显下降。

5.2.3 设施农业发展迅速，农业产值显著增加

1）设施农业快速发展

根据米级高分影像解译结果显示，2018 年青藏高原全区共有设施农用地 9 426.95 公顷。其中，青海省设施农用地 6 177.48 公顷，占高原的 65.53%，其次是西藏自治区，占 29.96%，其他省份设施农用地面积占比均不足 5%。从空间分布来看，高原设施农用地集中分布在西藏南部、东南部和青海东部的主要城市及其周边地区，其中以西宁、拉萨、日喀则等市郊县（市、区）分布最为集中，大致沿河流两岸呈串珠状的空间分布态势。

高原设施农用地主要聚集在海拔 2 200 ～ 2 600 米和 3 600 ～ 3 900 米之间，最高分布海拔在 4 600 米左右。在 2 200 ～ 2 600 米海拔高度区间，分布有林芝、山南、西宁等重要城镇；在海拔 3 600 ～ 3 900 米则有拉萨和日喀则两市，这些城镇的城郊都是青藏高原设施农用地的集中分布区。从百米海拔区间来看，3 600 ～ 3 700 米海拔高度区间内的设施农用地面积最多，占全区的 14.70%；其次是 2 300 ～ 2 400 米，此海拔区间内的设施农用地占全区的 13.04%；其他海拔区间内的设施农用地规模均相对较小。

从统计数据和实地调查结果看，青藏高原设施农业主要种植蔬菜，品种包括西红柿、叶菜、豆角、黄瓜、辣椒、大葱等，其次是大棚瓜果，包括西瓜、葡萄、火

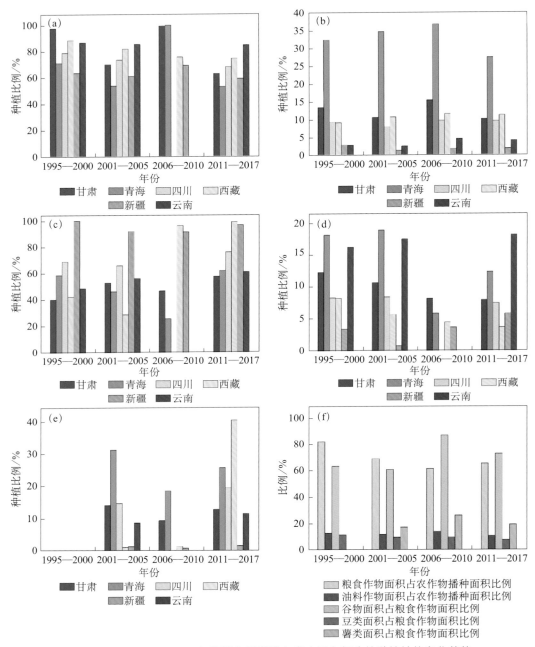

图 5-2-6　1995—2017 年青藏高原所涉各省（区）部分的种植结构变化趋势
（a）粮食作物面积占农作物播种面积比例；（b）油料作物面积占农作物播种面积比例；（c）谷物面积占粮食作物面积比例；（d）豆类面积占粮食作物面积比例；（e）薯类面积占粮食作物面积比例；（f）青藏高原不同作物类型种植面积比例

龙果等。另外，西藏自治区农牧科学院大棚种植灵芝的试验已取得成功，具有推广价值。

在西宁、拉萨、日喀则等地，设施农业效益相对较好。在拉萨调查发现，大棚西瓜、蔬菜产量稳定，每棚（400 平方米）年毛收入（含劳动力）一般年份可达 5 万元左右。但在热量条件较好的林芝等地，蔬菜可大田种植，设施农业收益相对较低，每棚收益在 0.90 万～1.50 万元。租金方面，拉萨周边地区的大棚年租金约为 1.2 万元，其他地区在 0.20 万～0.40 万元。

2）农业投入呈增加趋势

2017 年，青藏高原农业机械总动力为 1 753.62 万千瓦，其中西藏农业机械总动力最大，占高原全区的 42.48%，其次是青海，占 25.95%。按实际耕地面积测算，2017年青藏高原全区的平均单位面积机械动力为 9.11 千瓦／公顷，稍高于 2020 年 8.26 千瓦／公顷的全国平均值。

2020 年全高原化肥（折纯量）使用量 22.24 万吨，按 2019 年实际耕地面积计算，平均每公顷耕地使用量 112.30 千克；2017 年高原农药实物使用量和地膜使用量分别为 0.66 万吨和 1.72 万吨，平均每公顷耕地的农药和地膜使用量分别为 3.43 千克和 8.94 千克。单位面积化肥、农药和地膜用量分别为全国平均水平的 27%、32% 和49%。分省份来看，云南高原地区单位面积化肥施用量较高（219 千克／公顷），其次是新疆高原地区（180 千克／公顷），西藏和青海均在 110 千克／公顷，甘肃和四川高原地区较低，在 100 千克／公顷以下。在农药投入方面，四川和云南高原地区单位面积农药使用量较高。在地膜投入方面，除了西藏，其他省份或地区单位面积地膜使用量在 9.21～12.40 千克。从空间分布来看，单位面积化肥、农药和地膜使用量较高的县（市、区）均主要分布在高原东南部地区。

1990—2017 年，青藏高原县均农林牧渔劳动力、耕地面积、农业用电量、农机总动力、灌溉面积、农药施用量和化肥施用量均呈显著增加趋势。从青海省和西藏自治区的年际变化看，化肥和农药用量持续增加，但大致在 2015 年后出现下降。高原各省（区）单位耕地面积机械总动力、单位耕地面积用电量均呈增加趋势。西藏和新疆高原地区农业投入的增加幅度相对较快，相较于 1990—1995 年，2011—2017 年西藏单位耕地面积农业机械总动力投入增加了近 8 倍；青海、四川、甘肃和新疆高原地区的单位耕地面积用电量增加了 110% 以上，有效灌溉率增加 10%～60%。

3) 作物单产提升空间大

根据 2020 年县级统计数据和实际耕地面积测算，高原全区粮食作物和油料作物的平均单产分别为 3.66 吨 / 公顷和 2.01 吨 / 公顷，分别是全国平均水平的 65% 和 80%，地区间差异显著（图 5-2-7）。2020 年全区粮食总产量为 400.22 万吨，人均 253 千克，其中青海和西藏最高，粮食产量均超过 100 万吨，占高原全区总量的 26.80% 和 25.70%，其次是云南和四川高原区，占比分别为 20.65% 和 17.90%，甘肃和新疆高原区较低，占比分别为 8.00% 和 1.00%。油料总产量为 42.60 万吨，其中 71% 产自青海省，其他省份油料作物产量占比均低于 12%。青藏高原 70% 的耕地分布在海拔 3 500 米以下，光热条件较好，通过合理施肥，提高复种指数和改善管理水平，大部分耕地单位面积粮食产量还有至少 30% ~ 50% 的提升空间。

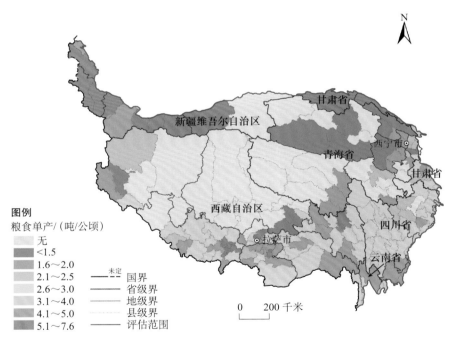

图 5-2-7 青藏高原 2020 年县域粮食作物平均单产空间分布

（青海省为 2017 年数据）

4) 农业产值和生产效率显著增加

1990—2017 年，青藏高原各县（市、区）平均粮食总产和农业总产值分别为 50 311 吨和 1 074 万元，均呈显著增加趋势。从西藏和青海的数据看，1999 年之前粮食产量持续增加，2003 年出现大幅下降，2004 年后基本保持小幅增长趋势；油料作物产量大致在 2010 年前快速增长，之后出现缓慢下降；蔬菜等经济作物保持持续快速增长。1990—2015 年青藏高原平均粮食单产、劳均粮食产量、土地生产率和劳动生产率分别约为 2 500 千克 / 公顷、750 千克 / 人、3.20 元 / 公顷和 0.80 万元 / 人，其中土地生产率和劳动生产率均呈增加趋势，相对于 1990—1995 年，2010—2015 年粮食单产增加 31%，其中青海省劳均粮食产量增加最为显著，提高约 65%。

第 6 章

现代工业化、城镇化与旅游业发展状况

主要结论

高原工业化进程缓慢，整体水平较低；城镇化水平较低、规模较小；旅游业发展迅速，可成为未来的支柱产业。

高原工业起步较晚，工业结构以重工业为主，逐渐向轻型方向发展。2008 年以来，工业对经济发展的贡献率逐渐下降，2019 年工业增加值仅占 GDP 总量的 22.25%。资源型工业在高原工业体系中占比较大，且占比有所下降。2010 年以来，高原轻工业增速远超重工业发展速度。2017 年青海省轻工业增加值较上年增长高达 22.80%，西藏自治区轻型化特点更加明显，工业发展从快速增长阶段向调整发展阶段过渡，形成了河湟谷地、柴达木盆地和拉萨河谷地等工业高产值区。

高原城镇化发展处于中期阶段，形成"两圈两轴一带多节点"的空间格局。1982—2020 年总人口从 802.83 万增至 1 313.40 万，其中城镇人口从 124.24 万增至 624.79 万，2020 年城镇化水平为 47.58%，仍较全国低 16.22 个百分点。城镇数量少，规模小，97% 的城镇人口规模少于 5 万人，92% 以上的城镇用地规模不足 5 平方千米。形成以拉萨城市圈和西宁都市圈为核心、以青藏铁路沿线和雅鲁藏布江河谷沿岸为城镇发展轴、以边境主要乡镇为城镇带和以多个重点城市为节点的城镇空间分布格局。

高原旅游业发展迅速，已成为支撑青藏高原经济发展的支柱产业。2000—2019 年，旅游人口数量由 843.43 万人次猛增至 2.50 亿人次，增加了约 30 倍；旅游总收入占 GDP 比重由 8.86% 增加到 36.95%。

6.1	工业化进程开始较晚，工业对经济发展的 贡献率逐渐下降

青藏高原拥有丰富的矿产资源，特别是石油、天然气、铜、金、铝、铅、锌、铬等稀有金属和盐类矿产，是青藏高原工业规模化发展的核心优势，但青藏高原工业发展的劳动力条件、市场需求、技术能力和交通条件较差，工业生产成本和运输成本较大，而且高原脆弱的生态环境对工业化发展有着更高的要求。工业主要分布在青藏高原海拔相对较低的青海省部分地区。工业结构中重化工业、有色金属冶炼等重工业比重仍然较高，轻工业比重较低但增长较快，工业结构正在发生变化。其中，西藏基本上形成了以非金属矿物制品、有色金属矿采选业、酒、饮料和精制茶制造业、电力、热力生产和供应业、医药制造业和黑色金属产业为主的工业结构。

6.1.1 工业从快速增长阶段迈向调整发展阶段，对经济发展的贡献率降低

21 世纪以来，青藏高原的工业发展水平有较大提升。2000 年之后青藏高原工业增加值稳步快速增长，2014 年达到峰值 2 030.88 亿元，之后经历小幅下降，2017年之后开始缓慢回升。2019 年高原工业增加值为 1 938.82 亿元，约占 GDP 总量的22.25%。从工业增加值占 GDP 比重来分析，青藏高原工业发展过程可分为两个阶段：2000—2008 年间为波动增长阶段，2008 年达到最高值 41.15%；2008 年以后为占比下

本章统稿人：方创琳

撰　写　人：方创琳、鲍超、王振波、马海涛、李广东、戚伟、范育鹏

审　核　人：刘峰贵

降阶段，到 2019 年下降至 22.24%，11 年间下降了 18.91 个百分点（图 6-1-1）。青藏高原工业在高原经济发展中的地位呈明显下降趋势，工业发展已从快速增长阶段进入调整发展阶段。

从工业发展对经济增长的贡献率来分析，2000 年以来青藏高原工业对高原经济的贡献率波动较大，总体保持在 20% ～ 40% 的水平（图 6-1-2）。2000—2008 年贡献率不断上升，增长较为稳定；2008—2015 年贡献率出现较大幅度波动；2015 年之后贡献率快速下滑，2019 年下降到 17.55%。可见，"十三五"期间对生态环境影响相对较大的工业对高原经济发展的贡献呈明显下降态势。

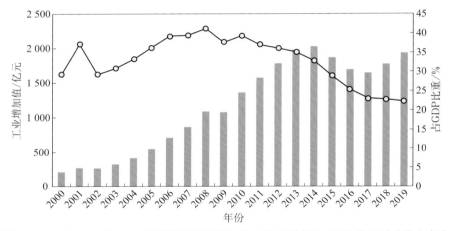

图 6-1-1 2000—2019 年青藏高原工业增加值（柱）及其占 GDP 的比重（线）变化
（数据来源于青藏高原各地区历年统计年鉴及国民经济和社会发展统计公报。迪庆藏族自治州、甘孜藏族自治州、阿坝藏族羌族自治州、木里藏族自治县、肃南裕固族自治县和肃北蒙古族自治县部分年份数据缺失，为便于做图比较，对缺失数据采用平滑法进行估计）

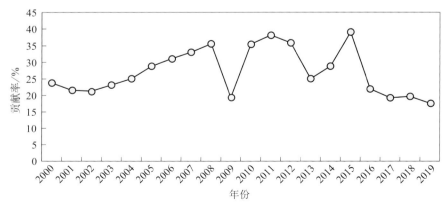

图 6-1-2 2000—2019 年青藏高原工业对 GDP 的贡献率变化
（数据来源于青藏高原各地区历年统计年鉴及国民经济和社会发展统计公报）

6.1.2　重工业优势地位不断下降，轻工业发展势头较快

从青藏高原三次产业增加值的总量及结构变化趋势来看，第一产业增加值2000年以来增长一直非常缓慢，占比持续下降，第二、三产业已成为青藏高原的主要经济来源，尤其是第三产业增加值自2016年之后超过第一、二产业，成为青藏高原经济发展的核心驱动力（图6-1-3）。

青藏高原工业结构以重工业为主，重工业占绝对优势，但近十年来重工业行业的优势地位不断下降，轻工业表现出较快的发展速度。如自2012年，青海省重工业占工业增加值比重保持在80%以上，但近些年来，轻工业增长速度远高于重工业，2017年轻工业增加值比上年增长22.80%，重工业增加值比上年增长4.50%。

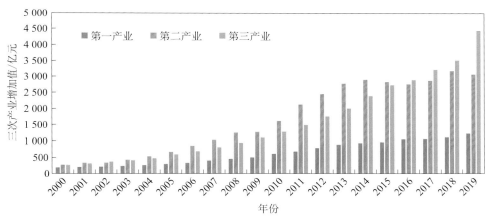

图 6-1-3　2000—2019 年青藏高原三次产业增加值的总量变化
（数据来源于青藏高原各地区历年统计年鉴及国民经济和社会发展统计公报）

从工业行业结构分析，青藏高原工业主要包括有色金属产业、电力热力生产和供应业、化学原料和化学制品制造业、非金属矿物制品业、黑色金属产业以及石油和天然气开采业等六大行业。其中，有色金属产业、电力热力生产和供应业、化学原料和化学制品制造业占主导地位，黑色金属产业、石油和天然气开采业两大行业地位不断降低。从分行业工业总产值来看，青海和西藏有共同之处，有色金属和电力在当地国民经济中都占据重要地位，但两地的差异也非常明显（图6-1-4、图6-1-5）。第一，西藏主要工业行业产值总量远低于青海，2018年青海工业总产值排名第一的有色金属冶炼和压延加工业为753.75亿元，而西藏排名第一的有色金属矿采选业仅为33.93

亿元；第二，青海主要工业全部为重工业，而西藏的酒、饮料和精制茶制造业及医药制造业等轻工业进入了主要工业行列，表明西藏工业行业相比青海具有明显轻型化的特征。

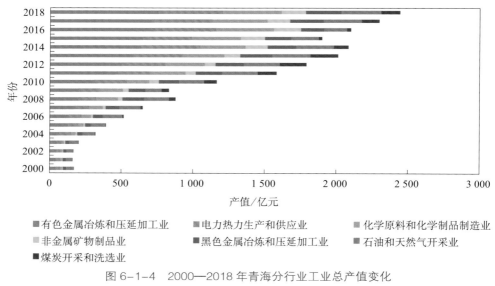

图 6-1-4　2000—2018 年青海分行业工业总产值变化
（数据来源于青海省历年国民经济和社会发展统计公报）

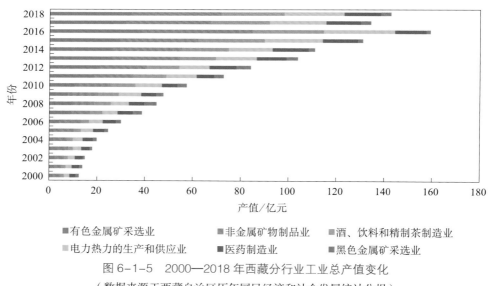

图 6-1-5　2000—2018 年西藏分行业工业总产值变化
（数据来源于西藏自治区历年国民经济和社会发展统计公报）

6.1.3 工业布局主要集中在西宁、柴达木和拉萨等地区

青藏高原的现代工业起源于新中国成立之后的"三线"建设时期，发展于西部大开发时期。工业布局具有北部高、南部低、东部高、西部低的特征，主要分布在青藏高原海拔相对较低的东北部地带，形成了西宁市及周边、柴达木工业基地和拉萨市三个工业布局集中区域，而且这种格局自 2000 年以来无明显变化。2019 年青藏高原工业增加值排名前三的地级行政区分别是海西蒙古族藏族自治州、西宁市和海东市，工业增加值分别为 389.82 亿元、235 亿元和 101.74 亿元，分别占青藏高原 GDP 的32.24%、19.50% 和 8.44%。工业发展水平相对较高的地区还有拉萨市、阿坝藏族羌族自治州、甘孜藏族自治州和迪庆藏族自治州，其余大部分地区的工业增加值较低，工业发展相对落后（图 6-1-6）。

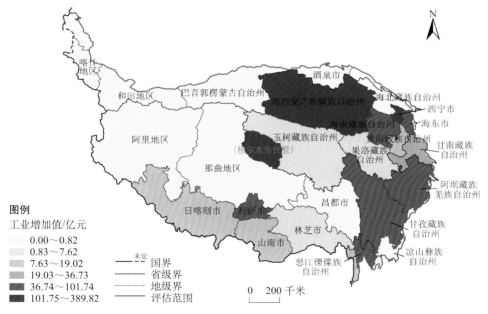

图 6-1-6 2019 年青藏高原分地区工业增加值
（数据来源于青藏高原各地区统计年鉴及国民经济和社会发展统计公报）

目前青藏高原拥有省级以上开发区 20 个，工业园区总面积约 3.30 万公顷（图6-1-7）。包括西宁经济技术开发区、青海高新技术产业开发区、拉萨经济技术开发区等 7 个国家级园区和 20 个省级开发区。从园区主导产业类型看，大部分以能源和资源加工为主，少部分为食品、医药和机械加工行业。

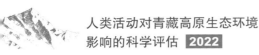
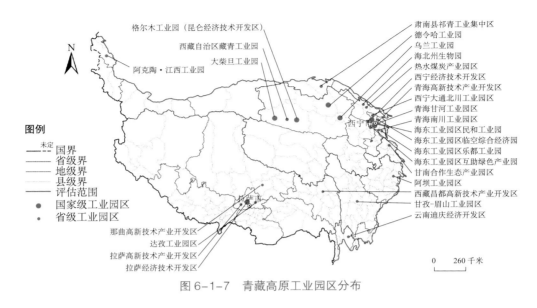

图 6-1-7　青藏高原工业园区分布

6.2　高原城镇化水平较低，城镇规模较小

6.2.1　城镇化水平低于同期全国平均水平

改革开放以来，青藏高原常住总人口持续增长，从 1982 年的 802.83 万增至 2020 年 1 313.40 万，年均增长人口 13.44 万。青藏高原内部整体人口迁移或流动并不剧烈，得益于少数民族优惠的计划生育政策，高原人口自然增长率整体保持优势，推动了高原整体常住总人口增长及其在全国份额的提升。

青藏高原城镇人口持续增长，从 1982 年的 124.24 万增长至 2020 年 624.79 万，年均增长人口 13.11 万。高原人口城镇化水平从 1982 年的 15.50% 增长至 2020 年的 47.58%。按照城镇化发展的 S 型增长曲线判断，青藏高原已进入快速城镇化发展阶段，但高原人口城镇化水平（即城镇人口占常住总人口比重）始终低于全国同期水平，2020 年人口城镇化水平比同期全国平均水平低 16.22 个百分点。

青藏高原流动人口愈发活跃，根据常住人口与户籍人口的差值核算净流动人口表明，1990 年青藏高原表现为人口净流入，净流动人口 14.83 万，2019 年净流动人口增长至 49.63 万。其中，青海和西藏的净流动人口同样都保持正增长，青海净流动人口从 1990 年的 10.93 万增长至 2019 年的 18.79 万；西藏净流动人口从 1990 年的 1.55 万增长至 2019 年的 15.58 万。

6.2.2　城镇数量少、规模小，空间分布极不均衡

1990—2015 年，青藏高原城镇数量从 110 个增加到 397 个，其中城市数量由 5 个增加至 9 个，建制镇数量由 105 个增加至 388 个。受地理环境、社会经济发展基础等因素限制，高原大部分居民点分布较为分散，人口和产业集聚功能弱，长期达不到建制镇设置标准和设市标准，因此城镇数量少，城镇密度低，城镇数量分布在空间上总体呈现出西北稀疏、东南密集的不均衡格局（图 6-2-1）。

根据青藏高原城镇人口规模的特点，将青藏高原城镇人口规模等级划分为五个级别（图 6-2-2）。从 1990 年到 2015 年的 25 年间，青藏高原人口小于 1 万的城镇数量由 88 个增加到 338 个，占全部城镇数量的比重由 80.00% 变为 85.14%，人口由 25.91 万增加到 100.00 万，占全部城镇人口的比重由 16.45% 变为 22.97%；1 万～5 万人的城镇数量由 18 个增加到 49 个，占全部城镇数量的比重由 16.36% 变为 12.34%，人口由 33.93 万增加到 99.11 万，占城镇人口的比重由 21.54% 变为 22.77%；5 万～10 万人的城镇数量由 2 个增加到 5 个，占城镇数量的比重由 1.82% 变为 1.26%，人口由 16.27 万增加到 31.10 万，占城镇人口的比重由 10.33% 变为 7.15%；10 万～20 万人的城镇数量保持 1 个不变；大于 20 万人的城镇数量由 1 个增加到 4 个，占城镇数量的比重由 0.91% 变为 1.01%，人口由 68.45 万增加到 194.01 万，占城镇人口的比重由 43.45% 变为 44.58%。总体来看，人口小于 1 万的城镇始终占据较大比重，城镇人口规模普遍较小、综合服务功能和辐射带动能力不足已成为青藏高原经济社会发展面临的重要制约因素。

6.2.3　初步形成了"两圈两轴一带多节点"的城镇体系空间格局

依据青藏高原城镇发育的过程及现状分布，结合各城镇发展的自然条件和经济社会基础进行分析，表明青藏高原已初步形成了"两圈两轴一带多节点"的重点城镇化地区空间分布格局（图 6-2-3）。其中，"两圈"指拉萨城市圈和西宁都市圈；"两轴"指青藏铁路沿线城镇发展轴和雅鲁藏布江河谷城镇发展轴；"一带"指边境城镇带，由位于藏西地区的日土县开始，沿喜马拉雅山—山南—林芝边境线的 42 个重要边境

图 6-2-1 青藏高原城镇点分布的时空变化

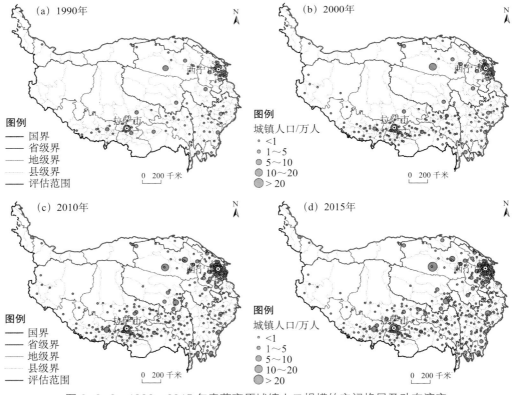

图 6-2-2 1990—2015 年青藏高原城镇人口规模的空间格局及动态演变

乡镇构成，还分布有普兰、里孜、吉隆、樟木、亚东等边境口岸；"多节点"指除核心城市西宁、拉萨外的多个重点城市节点，包括海东市、格尔木市、德令哈市、玉树市、茫崖市、同仁市、日喀则市、昌都市、林芝市、那曲市、山南市、合作市、香格里拉市、马尔康市、康定市等。

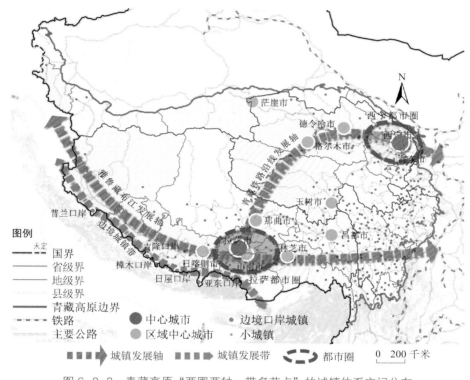

图 6-2-3　青藏高原"两圈两轴一带多节点"的城镇体系空间分布

6.2.4　初步培育了综合型城市和专业型城镇互补的城镇体系职能结构

　　青藏高原中心城市和区域中心城市多为综合型，其他城镇多为专业型。

　　综合型中心城市为西宁市和拉萨市，是带动青藏高原发展的核心。西宁市作为青藏高原人口规模唯一超过百万的城市，是青藏高原区域性现代化综合中心城市。拉萨市虽然人口规模较西宁市小，但作为西藏自治区政治经济和文化中心、国家历史文化名城、世界精品旅游城市，在青藏高原也具有重要的核心作用。

　　区域中心城市包括青海省的海东市、格尔木市、德令哈市、玉树市、茫崖市，西

藏自治区的日喀则市、昌都市、林芝市、山南市、那曲市，以及四川省的康定市、马尔康市等。这些城市除人口规模较大、产业发展基础较好外，还是区域性甚至全国重要的综合交通枢纽、商贸物流中心，能够带动一个以上地级行政单元经济社会的发展，是青藏高原仅次于综合型中心城市的核心增长极。

专业型城镇是指上述综合性中心城市和区域中心城市以外的建制镇，是一定区域内政治、经济、文化和生活服务中心。职能类型主要包括综合服务型、工业服务型、商贸服务型、农牧服务型、旅游商贸型、文化旅游型、交通物流型、边境口岸型、城郊经济型等。其中，资源环境承载能力强、区位交通条件好和特色产业发展潜力大的城镇作为重点城镇，正在积极培育发展经济社会服务功能，增强城镇辐射带动能力，向综合服务型城镇和区域中心城市转变。

6.3 旅游业发展迅猛，对经济发展的贡献日益增大

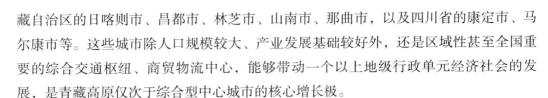

6.3.1 旅游人数呈指数上升，主要集聚于东部边缘地区

2000—2019 年，青藏高原旅游人口总体呈指数上升态势。高原旅游人口变化大体分为两个阶段：2000—2010 年为缓慢上升阶段；2011—2019 年为加速上升阶段。2000 年青藏高原旅游人口数量为 843.43 万人次，2019 年达到 25 137 万人次，年均增长率高达 20%。其中，国际旅游人口数量 2000 年为 21.39 万人次，2019 年为 206.20 万人次，年均增长率为 13%；国内旅游人口数量 2000 年为 818.75 万人次，2019 年为 24 930.75 万人次，年均增长率为 20%，基本呈逐年攀升趋势。

从旅游人口空间分布格局分析，青藏高原旅游人数整体呈现从东部边缘地带向西部递减的规律，呈现出边缘高—中西部低的格局，青海省旅游总人数明显高于青藏高原其他地区（图 6-3-1）。

6.3.2 旅游收入加速增长，呈现东南高、西北低的空间分布格局

2000—2019 年，青藏高原旅游总收入呈现不断上升态势，其中 2000—2010 年为缓慢增长阶段，2011—2019 年为快速增长阶段，2019 年旅游总收入是 2000 年的 53 倍（图 6-3-2）。分地市看，2000—2019 年，旅游总收入年均增长率以那曲市最高，

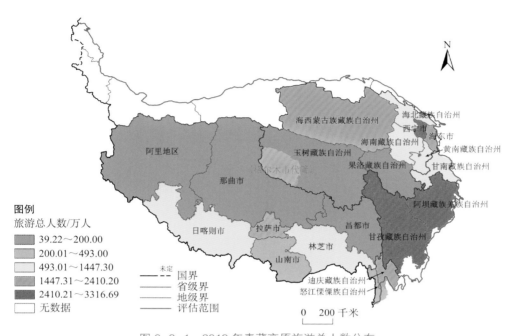

图 6-3-1　2019 年青藏高原旅游总人数分布
（数据来源于青藏高原各地区统计年鉴及国民经济和社会发展统计公报）

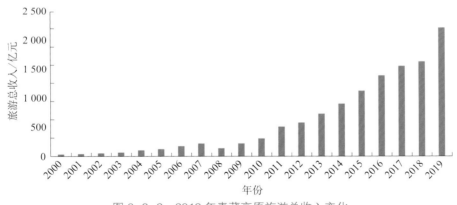

图 6-3-2　2019 年青藏高原旅游总收入变化
（数据来源于青藏高原各地区统计年鉴及国民经济和社会发展统计公报）

达 46.51%，果洛州最低，为 16.28%。

　　2000—2019 年，青藏高原人均旅游收入不断增加，其中 2000—2010 年人均旅游收入较低且增长缓慢，2011—2019 年人均旅游收入增长迅速（图 6-3-3）。分地市看，2000—2019 年，迪庆藏族自治州的人均旅游收入几乎保持着最高位，但年均增速最低；那曲市的人均旅游收入几乎保持着最低位，但年均增速最高，达 43.94%。

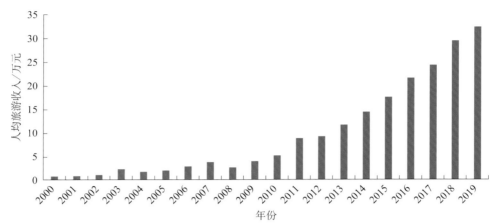

图 6-3-3　2000—2019 年青藏高原人均旅游收入变化

（数据来源于青藏高原各地区历年统计年鉴及国民经济和社会发展统计公报）

　　2000—2019 年青藏高原国内旅游收入总体呈逐年上升态势，2000—2010 年增长缓慢，2011—2019 年增长迅速。"十二五"期间国内居民收入和人均可支配收入迅速增加，物质生活的丰富促使人们开始追求精神生活的富足，极大推动了国内旅游业发展，2019 年高原国内旅游收入是 2011 年的 4.86 倍（图 6-3-4）。

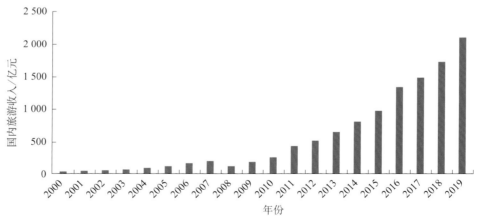

图 6-3-4　2000—2019 年青藏高原国内旅游收入变化

（数据来源于青藏高原各地区历年统计年鉴及国民经济和社会发展统计公报）

　　2000—2019 年青藏高原旅游外汇收入呈波动上升态势，在 2004 年、2008 年、2012 年和 2015 年出现较明显的下降（图 6-3-5）。青海省旅游外汇收入在 2000—2016 年间缓慢增长，2016 年后因青海省全力推进旅游业改革发展，积极开办包括国际野生动物摄影大赛、国际藜麦高峰论坛、国际陨石峰会等在内的世界级盛会，大大增强了区域的国际知名度，2019 年青海省旅游外汇收入较 2016 年增长了 152%。

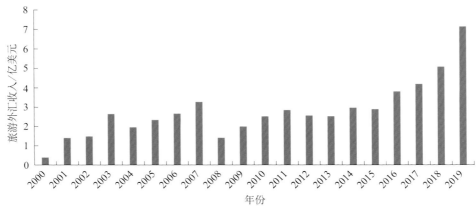

图 6-3-5　2000—2019 年青藏高原旅游外汇收入变化
（数据来源于青藏高原各地区历年统计年鉴及国民经济和社会发展统计公报）

　　2000—2019 年青藏高原旅游总收入呈不断增长态势，可依据总收入额将其划分为高旅游收入区（＞275 亿元）、中高旅游收入区（110 亿（不含）～275 亿元）、中等旅游收入区（34 亿（不含）～110 亿元）、中低旅游收入区（11 亿（不含）～34 亿元）和低旅游收入区（≤11 亿元）五个类别。其中高旅游收入区包括拉萨、西宁和甘孜，中高旅游收入区为阿坝和迪庆，中等旅游收入区包括日喀则、山南、林芝、海东、海西和甘南，中低旅游收入区包括海北、海南、黄南、昌都，低旅游收入地区包括阿里地区、那曲市、玉树州和果洛州。可见，拉萨、西宁、甘孜等交通可达性较高的地区旅游总收入明显较高（图 6-3-6）。

6.3.3　旅游对高原经济发展的贡献率较高，且呈继续增加态势

　　2000—2019 年，青藏高原旅游总收入占 GDP 的比重总体呈稳步增长态势，旅游经济对高原经济的贡献率日益增强。2000 年青藏高原旅游总收入占 GDP 的比重为8.86%，2019 年提高到 36.95%，旅游业已成为支撑青藏高原经济发展的支柱产业（图6-3-7）。旅游经济对省域经济具有巨大的带动作用，西藏经济发展对旅游经济的依赖度高于青海。

　　旅游业作为服务业的重要组成部分，对青藏高原第三产业的发展起到重要的推动作用。青藏高原旅游经济对第三产业发展的贡献率整体呈上升趋势，从 2000 年的20% 提升到 2019 年的 70.80%（图 6-3-7），西藏旅游总收入占第三产业增加值的比重

整体高于青海。甘肃甘南、四川阿坝和甘孜、云南怒江和迪庆地区旅游总收入占第三产业增加值的比重都呈现出稳步增长的趋势。

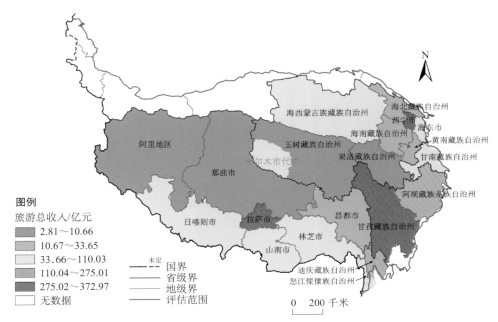

图 6-3-6　2019 年青藏高原旅游总收入空间分布
（数据来源于青藏高原各地区统计年鉴及国民经济和社会发展统计公报）

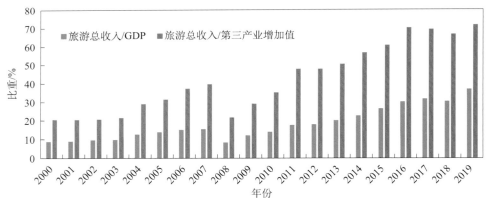

图 6-3-7　2000—2019 年青藏高原旅游总收入占 GDP 和第三产业的比重
（数据来源于青藏高原各地区历年统计年鉴及国民经济和社会发展统计公报）

2000—2019 年，青藏高原绝大多数地区旅游业占 GDP 的比重逐年递增，但仍有部分区域呈波动递减态势。旅游总收入占 GDP 的比重整体呈现南高北低、东高西低的分布规律。其中，拉萨和迪庆地方经济对旅游业的倚重程度最高，2019 年旅游总收入占 GDP 的比重均超过 50%。阿里、那曲和海西的旅游总收入占 GDP 的比重最低，普遍不足 5%（图 6-3-8）。

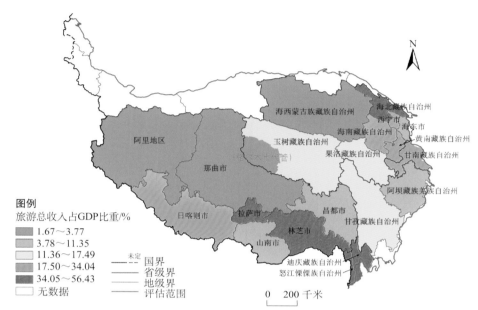

图 6-3-8　2019 年青藏高原旅游总收入占 GDP 的比重空间分布
（数据来源于青藏高原各地区统计年鉴及国民经济和社会发展统计公报）

第 7 章

现代重大交通与水电工程建设状况

　　青藏高原重大交通工程发展迅速，路网体系初步建成；水电开发潜力巨大，重大水电工程陆续建成投产。

　　高原以公路、铁路为主的交通体系初步建成，道路通达性显著提升。2020年青海和西藏公路通车里程超过20万千米，比20世纪50年代增长了61倍；铁路通车里程达3 640千米，比20世纪60年代增长了17倍。公路交通体系由高原东北部边缘区逐渐扩展至高原腹地，形成了西藏"三纵两横"和青海"两横三纵"国道干线格局，省道、县道、乡道的密度和广度不断增加。高原铁路网主骨架初步形成，青藏铁路、拉日铁路、川藏铁路拉林段和成雅段已建成通车，川藏铁路雅林段已开工建设。公路和铁路的客/货运量和周转量不断增加，2000—2015年道路通达性提高约54%，1976—2016年到达高原主要城市的平均旅程时间从37小时下降至8小时，形成了湟水河谷地、一江两河地区通达性最高的两个交通廊道。

　　高原水能资源丰富，水电开发潜力巨大，开发程度逐年提高。仅西藏、青海两省水能资源技术可开发量就达1.60亿千瓦左右，占全国总量的近30%。高原水电开发经历了从小型到大型、从自用到外输的发展过程，特别是近二十年新建水电站数量和年发电量从逐年增长过渡到稳定发展态势。现有正常运行的大型水电站有20余座，总装机容量0.15亿千瓦以上，主要分布在高原东部和南部的川滇交界峡谷及东北部的黄河上游地区。高原诸省（区）中西藏水能开发潜力最大（约占全国四分之一），但目前开发程度不足10%。

7.1 路网骨架初步构建，通达性显著提高

7.1.1 公路通车里程不断增加，逐渐形成公路交通网络体系

20 世纪 50 年代以来，高原公路通车里程不断增加。青海省和西藏自治区公路通车里程在 1952 年约为 3 300 千米，到 2020 年已经超过 20 万千米，增长了 61.20 倍。1952—1980 年两省（区）公路通车里程平稳增加，1980—2000 年基本稳定，2000—2020 年快速增加。1996 年以来，两省（区）高速公路从无到有，通车里程不断增加，至 2020 年，青海和西藏高速公路通车里程分别达到 3 451 千米和 106 千米（图 7-1-1）。

青藏高原公路交通体系在由高原东北部逐渐向西、向南的高原腹地延伸和扩展的同时，省道、县道、乡道建设也明显加快，公路密度和广度都得到增加（图 7-1-2）。自 1954 年青藏、川藏公路正式通车，到近期西藏"三纵两横"（三纵：国道 G214、G109、G219；两横：国道 G317、G318）和青海省"两横三纵"（两横：国道 G109、G315；三纵：国道 G214、G227、G215）等国道干线的建成（图 7-1-2），标志着青藏地区公路网络已初步形成。

从时空演化来看（图 7-1-2），1976 年青藏高原已形成拉萨、西宁两个交通枢纽，青藏、川藏、新藏、拉亚等骨干公路辐射到该地区重要城镇。1976—1996 年的道路建设局限于以西宁为中心的青海东部和以拉萨为中心的西藏一江两河地区，公路骨架体系在空间上没有明显扩张。1996—2016 年，为了满足省会周边地区发展的需求，

本章统稿人：张镱锂

撰　写　人：张镱锂、卢宏玮、李士成、薛宇轩、刘峰贵、刘云龙、王兆锋

审　核　人：王兆锋

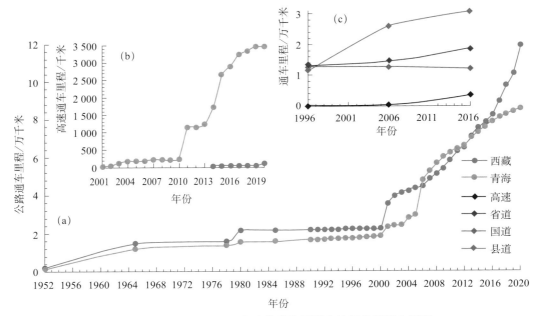

图 7-1-1　1952—2020 年青海省和西藏自治区公路通车里程

（a）两省（区）公路通车里程；（b）两省（区）高速通车里程；（c）不同等级公路通车里程

（数据来源：青海省统计局，2021；西藏自治区统计局，2021）

道路建设扩张明显，尤其以青海为中心向西部地区扩张显著。同时，中东部地区公路的分布密度明显提高（高兴川 等，2019）。湟水谷地、一江两河既是青藏高原的交通枢纽，又逐渐发展成为区域重要的交通廊道。总体而言，当前青藏高原基于公路交通的区域连通性日益增强，初步形成了纵横交织的格网状公路交通网络体系。

7.1.2　高原铁路骨架初步形成，铁路网络体系尚待完善

20 世纪 60 年代以来，青海和西藏两省（区）铁路通车里程不断增加（图 7-1-3），铁路建设取得了巨大进步。1962 年，青海省通车运营的铁路只有 198 千米；2006 年，青藏铁路格尔木至拉萨段的通车运营，结束了西藏自治区无铁路的历史；2014 年拉萨至日喀则段铁路通车运营，使得西藏自治区铁路通车里程增至 786 千米。截至 2020 年末，青海、西藏两省（区）铁路通车里程已达到 3 640 千米。此外，于 2014 年全线开通运营的兰新高铁有 242.85 千米穿过青藏高原北部边缘，使高原地区的铁路通车里程进一步提升。

从青藏高原铁路空间布局的演化来看，1976 年，铁路建设延伸至青藏高原东北部的湟水谷地；1986 年，随着青藏铁路西宁至格尔木段的建成，铁路延伸至高原腹地

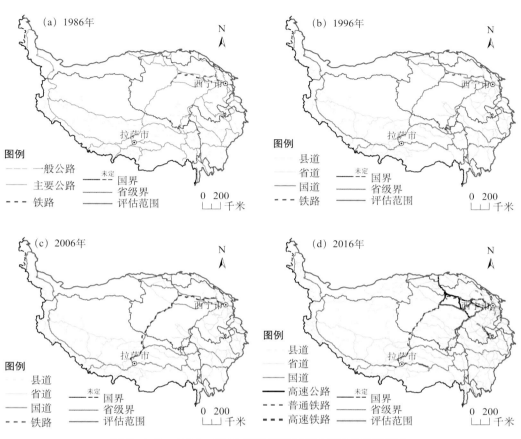

图 7-1-2　1986—2016 年青藏高原交通网络的空间演化

（据高兴川等（2019）修订）

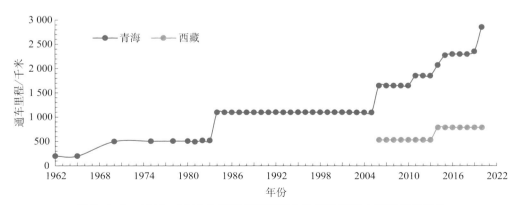

图 7-1-3　1962—2020 年青海省和西藏自治区铁路通车里程历年变化

（数据来源：青海省统计局，2021；西藏自治区统计局，2021）

边缘；2006 年，随着青藏铁路全线建成通车，第一条入藏铁路延伸至拉萨；2014 年，铁路又从拉萨继续延伸至日喀则；2019 年，随着川藏铁路的开工建设，入藏铁路增加至 2 条，将彻底改变高原地区的铁路交通运输体系，大大增强西藏地区和全国各地的联系。青藏铁路、拉日铁路、拉林铁路的通车运营，已经发挥出铁路运输巨大的辐射效应，极大提升了西藏地区经济社会发展能力。然而，目前规划的西藏"两纵两横"及青海"两心三环三横四纵"复合型铁路网格局还尚未真正形成。

7.1.3　高原交通运输结构不断改善，道路通达性显著提高

随着青藏两省（区）公路和铁路交通的不断发展，公路和铁路的客/货运量、客/货运周转量不断增加，交通运输结构不断改善。从客货运绝对量来看（图 7-1-4a，b），青藏地区仍然以公路运输为主，其次是铁路运输，民用航空和管道运输的占比均较小。就旅客周转量而言（图 7-1-4c），公路运输持续下降，航空运输大幅增加，形成了公路、铁路、航空三足鼎立之势。从货运周转量来看（图 7-1-4b），公路和铁路运

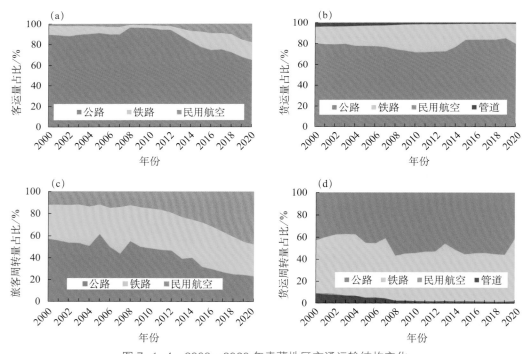

图 7-1-4　2000—2020 年青藏地区交通运输结构变化

（a）客运量结构变化；（b）货运量结构变化；（c）旅客周转量结构变化；（d）货运周转量结构变化

（数据来源：青海省统计局，2021；西藏自治区统计局，2021）

输共同占据主导地位，管道运输和民用航空占比较小。

　　青藏高原交通网络的不断发展和运输结构的不断完善，也使其道路通达性显著提高。到达青藏高原主要城市的最大旅行时间从 1976 年的 288.70 小时下降至 2016 年的 70.76 小时（图 7-1-5），平均旅程时间也从 37.38 小时下降至 8.35 小时（Gao et al.，2019）。高原道路通达性的空间格局特点表现在：自然地理条件相对优越、人口相对集中的区域，道路分布密度高，通达性较好，特别是西宁所在的河湟谷地和拉萨所在的一江两河地区；而高原西部和北部地区，特别是藏北高原，人口稀少，道路分布密度低，通达性差。

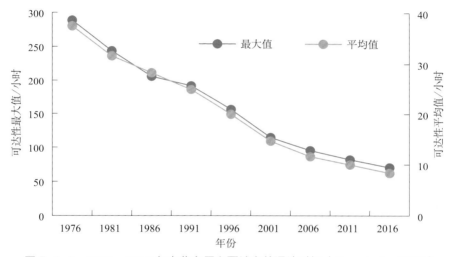

图 7-1-5　1976—2016 年青藏高原主要城市的通达时间（Gao et al.，2019）

　　1976—2016 年高原道路通达性的空间格局演化特征发生明显改变（图 7-1-6）。1976 年，东部河湟谷地通达时间最短为几小时，而阿里等西部地区的通达时间近 300 小时，东西部通达性差异巨大（Gao et al.，2019）。2016 年通达性显著提高，且高原东西部差异明显缩小，湟水谷地、一江两河地区逐渐形成较为发达的交通廊道（高兴川　等，2019）。

　　地理加权回归模型分析表明，青藏高原的加权平均通达时间，2000 年是 25.53 小时，2015 年为 11.90 小时，提高了 53.38%（Yang et al.，2019）。且不同的交通方式对通达性提高的贡献率不同。

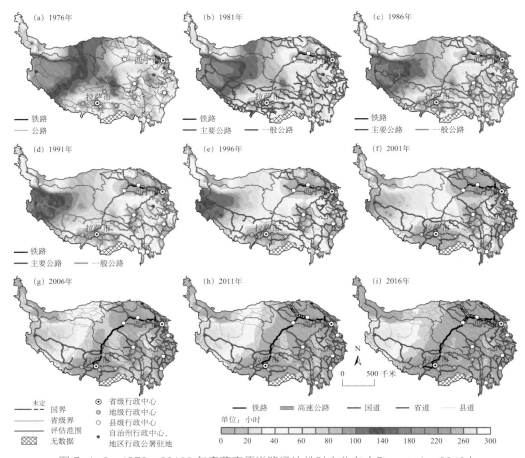

图 7-1-6　1976—20160 年青藏高原道路通达性时空分布（Gao et al., 2019）

7.2 水电开发潜力大，重大水电工程陆续建成投产

7.2.1　水能资源丰富，大型水电工程发展迅速

青藏高原河流众多，且海拔落差大，水能资源蕴藏量巨大，有集中规模开发的良好条件。其中，西藏水能资源理论蕴藏量达 2.06 亿千瓦以上，技术可开发量约 1.40 亿千瓦，占全国总量的 30% 左右，居全国首位；青海省水能理论蕴藏量总计 2 187.30 万千瓦，90% 以上为技术可开发，居全国第 5 位。

自 20 世纪初，为解决高原地区电力供应问题，在该地区开始修建小型水电站；到 20 世纪 90 年代后期，逐步被龙羊峡水电站、藏木水电站及加查水电站等大型水电站替代。2000 年以后，高原地区更加注重水电基础设施建设，已有十余座大型水电站陆续建成投产，另有十余座大型水电站在规划当中。这些水电站主要分布在三大区域（图 7-2-1）：一是雅鲁藏布江干流及其主要支流；二是高原东南部金沙江上游与怒江、澜沧江上游的横断山脉地区；三是黄河上游区域。根据实地调研及相关资料显示，青藏高原地区已建和在建的大型水电站有 20 余座（西藏自治区统计局，2019；青海省统计局，2019），总装机容量为 1 539 万千瓦。作为国家"西电东送"接续能源基地，高原水电开发能够为我国国家能源安全和经济社会发展做出重要贡献，且节能减排和能源替代效益显著，可为我国 2030 年前实现"碳达峰"、2060 年前实现"碳中和"的宏伟目标提供强有力的支持。

图 7-2-1　青藏高原部分大型水电站空间分布

7.2.2　川藏滇交界地区成为大型水电工程建设热点区域

20 世纪 90 年代，青藏高原地区逐步开始修建大型水利水电工程，多数工程兼顾灌溉、防洪和发电功能（表 7-2-1）。水电开发的热点地区位于青藏高原东南部的川藏滇交界地区，这一区域汇集了金沙江、怒江、澜沧江等众多水能资源蕴藏量极为丰富的河流，有众多的水电站正在建设或规划当中。

表 7-2-1　青藏高原已建成水电站基本资料表（部分）

电站名称	坝型	坝高/米	水库库容/亿立方米	装机容量/万千瓦	年均发电量/（亿千瓦·时）	建设时间/年	所在省份
龙羊峡水电站	混凝土重力坝	178.00	247.00	128.00	23.60	1976—1993	青海
李家峡水电站	双曲拱坝	155.00	16.50	200.00	59.00	1988—1999	青海
查龙水电站	混凝土面板砂砾石坝	39.00	1.38	1.08	0.44	1993—1996	西藏
羊卓雍错抽水蓄能电站	抽水蓄能	/	150.00	11.25	0.92	1994—2000	西藏
尼那水电站	土石坝	50.90	0.26	16.00	7.60	1996—2004	青海
公伯峡水电站	混凝土面板堆石坝	132.20	6.2.00	150.00	51.40	2001—2006	青海
苏只水电站	混凝土坝	51.65	0.46	22.50	8.79	2003—2006	青海
直孔水电站	混凝土坝	57.60	2.24	10.00	4.11	2003—2007	西藏
康扬水电站	土石坝	23.00	0.29	28.40	9.90	2003—2007	青海
狮泉河水电站	土石坝	32.00	1.85	0.64	0.13	2004—2007	西藏
积石峡水电站	混凝土面板堆石坝	103.00	2.94	102.00	33.63	2009—2010	青海
拉西瓦水电站	双曲拱坝	250.00	10.79	420.00	102.23	2002—2010	青海
老虎嘴水电站	混凝土重力坝	84.00	0.96	10.20	4.96	2008—2011	西藏
班多水电站	混凝土坝	78.72	0.15	36.00	14.12	2007—2011	青海
金河水电站	混凝土重力坝	34.00	0.04	6.00	3.67	2001—2004	西藏
黄丰水电站	混凝土重力坝	49.00	0.59	22.50	8.65	2005—2014	青海
藏木水电站	混凝土重力坝	110.00	0.93	51.00	25.00	2010—2015	西藏
加查水电站	混凝土重力坝	84.50	0.27	36.00	17.05	2015—2022	西藏
多布水电站	砂砾石复合坝	49.50	0.85	12.00	5.06	2011—2014	西藏
果多水电站	混凝土重力坝	83.00	0.16	15.00	7.35	2013—2015	西藏
黄登水电站	混凝土重力坝	203.00	15.00	190.00	86.29	2010—2016	云南
大华桥水电站	混凝土重力坝	106.00	2.93	106.00	40.70	2015—2018	云南

7.2.3 开发技术与环保要求高

青藏高原水电开发的制约因素主要包括：（1）自然地理环境条件复杂。青藏高原高寒缺氧、气候多变、地势高峻、地质复杂的特殊自然地理条件，造成高原水电开发与内地相比有较多的制约因素，直接影响高原地区水电项目的建设规划与设计参数指标的选择，而且，水能资源蕴藏量大的地区往往缺少公路、铁路等配套的基础设施，对高原地区水电项目建设的投资成本、管理、建设期等产生较大影响。（2）高原水电开发的环境保护要求高。大坝拦截形成了阻断河流自然流动状态，水深、水动力条件、水体滞留时间、水团混合方式等方面与自然河流的原有状态相比发生了很大变化，逐渐形成类似湖泊的环境，梯级水库由于水量、物质等的上下承接关系可能表现出更为复杂的累积效应。高原地区生态环境极端脆弱，陆生与水生生态环境一旦被破坏，需要较长时间才能恢复。因此高原水电开发建设在规划决策、设计招标、建设施工等各环节中，环境保护始终是需要解决的重要问题。（3）高原水电站所在地多山高谷深、水湍峡长，工程规模巨大，面临着复杂地基、高水头大流量泄洪消能、高边坡、强震区工程抗震设防等技术问题。同时还面临高寒高山峡谷区大坝技术（坝型选择与施工技术）、地下网管建设技术、大规模远距离输电技术（包括电网技术）等多种技术挑战。另外，还需要提高工程灾害防控技术水平，如对冰湖溃决洪水、山地暴雨洪水、大型滑坡/泥石流等灾害的防控技术，谨防电站次生灾害带来的影响。

第8章 现代重大生态工程建设状况

　　青藏高原重大生态工程以生态保护项目为主，设施建设项目为辅，涉及高原总面积的三分之一，是世界上单个自然地理单元实施规模最大的生态工程之一。

　　不同生态类型保护与建设工程有序推进。高原草地保护与建设工程是实施面积最广的生态工程，涉及高原一半以上的县（市、区）。截至 2018 年，草地保护与建设工程中退牧还草工程累计实施面积 25 万平方千米以上，草地鼠虫害治理工程实施面积 20 万平方千米；林地保护与建设工程主要包括天然林保护和人工造林等工程措施，人工造林工程实施面积 1.85 万平方千米，天然林保护工程实施面积 1.13 万平方千米，集中分布在横断山区南部、藏东南地区及祁连山的部分县（区）；水土流失治理工程实施面积 0.74 万平方千米，主要分布在横断山高山峡谷区、西藏一江两河地区及三江源东南的部分县（区）；沙化土地治理工程实施面积 0.64 万平方千米，集中在西藏一江两河河源、中游河谷地带及三江源西南部。

　　典型区重大生态工程布局与建设稳步实施。西藏生态安全屏障保护与建设工程（2008—2030 年）包括保护、建设和支撑保障三大类 10 项工程，截至 2020 年底，共计完成投资 129.55 亿元；三江源生态保护和建设工程涉及三大类 20 余个子项目，一期（2005—2013 年）和二期（2014—2019 年）工程共完成投资 235.40 亿元；祁连山生态保护与建设综合治理工程（2013—2020 年）范围包含祁连山南坡和北坡，行政区域涉及青海和甘肃两省 23 个县，总投资规模达 34 亿元。

8.1 不同类型生态工程有序推进，阶段目标总体实现

青藏高原是国家重要的生态安全屏障，在该区域已实施了一系列重大生态工程建设项目，目前投资超千亿元，保护面积约占高原总面积的三分之一，成为我国乃至全球单个自然地域单元实施规模最大的生态工程之一。通过卫星遥感－航空遥感－地面观测－行业数据验证等多源数据融合手段，在建立重大生态工程综合数据库的基础上，查明了近30年来青藏高原重大生态工程实施的时空格局（图8-1-1）。

8.1.1 草地生态保护与建设工程实施范围广、力度大

草地生态保护与建设工程以天然草地得到有效保护，中度和重度退化草地得到有效治理为目标，主要采用退牧还草和鼠虫害治理两大类工程措施。截至2018年，退牧还草工程累计实施面积达到25万平方千米以上，鼠虫害治理工程实施面积达到20.10万平方千米，共涉及青藏高原一半以上的县（市、区），是实施面积最大的生态工程。其中，三江源区退牧还草工程实施面积达到11.19万平方千米，草地鼠害虫害和毒草治理工程达到8.36万平方千米，主要在玉树、果洛等自治州及其周边的22个县（区）实施；西藏自治区退牧还草工程实施面积达到8.49万平方千米、鼠害虫害和毒草治理面积达到3.40万平方千米，主要在阿里、那曲、日喀则等地市及周边的42个县（区）实施；祁连山地区退化草地恢复工程实施面积0.62万平方千米，鼠害虫害和毒草治理面积达到2.39万平方千米，分别涉及甘肃和青海的21个县（区）；横断

本章统稿人：王小丹
撰　写　人：王小丹、赵慧、黄麟
审　核　人：樊江文

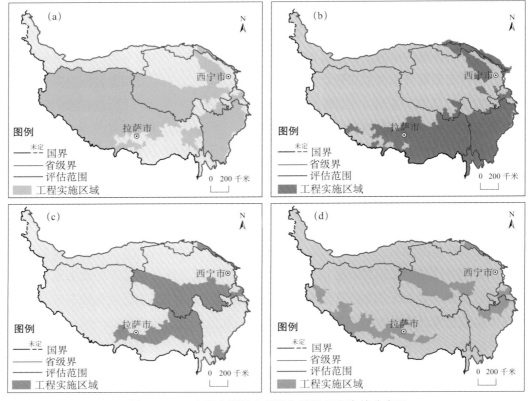

图 8-1-1　青藏高原重点保护与建设工程实施分布图

（a）草地保护与建设工程；（b）林地保护与建设工程；（c）水土流失综合治理；（d）土地沙化治理

山区实施退化草地恢复工程 4.70 万平方千米，草地鼠害虫害和毒草治理工程 5.97 万平方千米，涉及四川、云南和西藏的 31 个县（区）。

8.1.2　林地生态保护与建设工程建设周期长、成效好

林地生态保护与建设工程以天然森林植被，以及国家和地方重点公益林得到有效保护为目标，主要采用天然林保护和人工造林等工程措施。横断山区南部、藏东南地区及祁连山的部分县（区）是林地保护与建设工程的主要实施区域。截至 2018 年，人工造林工程实施总面积达到 1.85 万平方千米，天然林保护工程实施总面积达到 1.13 万平方千米。其中，横断山区是林地生态工程实施时间最长的区域，1989—2018 年，实施人工造林 1.53 万平方千米，封山育林 0.55 万平方千米，涉及攀枝花、金阳、宁南等 54 个县（市）；三江源区实施人工造林 0.18 万平方千米，封山育林 0.46 万平方

千米，涉及玛沁、玉树等 13 个县（市）；西藏自治区实施人工造林 0.10 万平方千米，封山育林 0.02 万平方千米，涉及贡觉、芒康等 24 个县（市）；祁连山区实施人工造林 0.04 万平方千米，封山育林 0.10 万平方千米，涉及祁连、山丹等 9 个县（市）。

8.1.3 水土流失综合治理工程有序实施

水土流失综合治理工程面向水土流失重点区域，以大流域为依托，以县为单位，以小流域为单元，通过封禁修复、实施水土保持林草措施，因地制宜开展综合治理和连续治理。1989 年在横断山区开始实施的长江上中游水土保持重点防治工程，拉开了青藏高原水土流失综合治理的序幕。近 30 年来，在横断山区的高山峡谷、西藏一江两河及三江源东南部先后开展小流域水土流失综合治理工程，实施总面积达到 0.74 万平方千米。其中，横断山区实施治理工程面积达到 0.55 万平方千米（1989—2018 年），西藏自治区治理面积达到 0.09 万平方千米（2008—2018 年），三江源区域治理面积达到 0.09 万平方千米（2005—2019 年），祁连山地区治理面积达到 5.64 万平方千米（2012—2015 年）。

8.1.4 沙化土地治理工程稳步推进

以基本遏制土地沙化、荒漠化等生态环境退化趋势，使得急需治理的沙化土地得到有效治理为目标，通过封沙育草、草方格沙障和机械固沙等措施，在西藏一江两河河源和中游河谷地带及三江源区的西南部，先后开展大面积的沙化土地治理工程。截至 2018 年，青藏高原沙化土地治理工程实施总面积达到 0.64 万平方千米。其中，西藏自治区治理面积达到 0.31 万平方千米（2008—2018 年），三江源区治理面积达到 0.27 万平方千米（2005—2019 年），横断山区治理面积达到 0.06 万平方千米（2007—2017 年）。

8.2 典型区域重大生态工程有序布局，深入推进

1989 年后，青藏高原相继实施一系列重大生态工程建设项目。2005 年，国务院批准实施《青海三江源自然保护区生态保护和建设总体规划》；2009 年，国务院批准实施《西藏生态安全屏障保护与建设规划（2008—2030 年）》；2011 年，国家启动《青

藏高原区域生态建设与环境保护规划（2011—2030 年）》；2012 年，国务院批准实施《祁连山生态保护与综合治理规划（2013—2020 年）》和《川西藏区生态保护与建设规划（2013—2020 年）》。这些重大标志性生态工程规划的实施推动高原生态工程建设不断向前发展，为筑牢国家生态安全屏障提供了有力保障。

8.2.1 西藏生态安全屏障保护与建设工程成效显著

2009 年 2 月，国务院批准发布的《西藏生态安全屏障保护与建设规划（2008—2030 年）》（简称《规划》），在整个高原生态工程建设中处于特殊重要的位置。《规划》将西藏生态屏障保护与建设作为青藏高原生态屏障建设的主体，提出在以藏北高原和藏西山地以草甸‐草原‐荒漠生态系统为主体的屏障区、藏南及喜马拉雅中段以灌丛和草原生态系统为主体的屏障区，以及藏东南和藏东以森林生态系统为主体的屏障区为核心（图 8-2-1），逐步实施保护、建设和支撑保障 3 大类 10 项工程，重点实施天然草地保护工程、森林防火及有害生物防治工程、野生动植物保护及保护区建设工程、重要湿地保护工程、农牧区传统能源替代工程等 5 项保护工程，开展防护林体系建设工程、人工种草与天然草地改良工程、防沙治沙工程、水土流失治理工程等 4 项建设工程，并且开展生态环境监测控制体系、草地生态监测体系、林业生态监测体系和水土保持监测体系等支撑保障项目建设。截至 2018 年底，共计完成投资 129.55 亿元。

图 8-2-1　西藏高原生态安全屏障工程实施分区（钟祥浩 等，2006）

8.2.2 三江源生态保护和建设工程持续推进

2005 年 1 月 26 日国务院批准颁布《青海三江源自然保护区生态保护和建设总体规划》，其目的是为了遏制三江源区生态系统的进一步恶化，建设内容包括 3 大类 22 个子项目。生态保护与建设项目包括退牧还草、已垦草原还草、退耕还林、生态恶化土地治理、森林草原防火、草地鼠害治理、水土保持和保护管理设施与能力建设等 8 项建设内容。农牧民生产生活基础设施建设项目包括生态搬迁工程、小城镇建设工程、草地保护配套工程和人畜饮水工程等 4 项建设内容。支撑项目主要包括人工增雨工程、生态监测与科技支撑等建设内容。2014 年，三江源生态保护和建设二期工程启动，包括草原、森林、荒漠、湿地、冰川与河湖等生态系统保护和建设工程，生物多样性保护和建设工程，以及生态畜牧业、农村能源建设和生态监测等支撑配套工程。截至 2019 年，三江源生态保护和建设一期（2005—2013 年）、二期（2014—2019 年）工程共完成投资 235.40 亿元（图 8-2-2）。

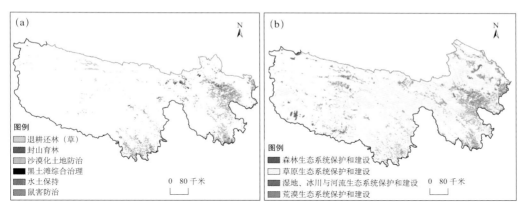

图 8-2-2　青海三江源自然保护区生态保护和建设工程空间分布
（a）2005—2013 年，一期工程；（b）2014—2019 年，二期工程

8.2.3 横断山地区重点生态工程扎实开展

横断山地区实施的主要生态工程分为生态保护与建设工程和支撑工程两大类。生态保护与建设工程主要包括林业生态工程、水土流失综合治理工程和沙化土地治理工程等 3 类，支撑项目包括生态保护支撑和科技支撑 2 类。林业生态工程主要包括天然林保护工程、退耕还林工程和长江中上游防护林体系建设工程。天然林保护工程自 2000 年开始试点以来，已经实施两期，实施范围包括四川省、云南省和西藏自治区

的 94 个县（市、区）；退耕还林工程自 1999 年起在横断山地区（四川省）开始试点，并于 2003 年在全国全面启动；长江中上游防护林体系建设工程分三期进行：一期工程 1988—2000 年，二期工程 2001—2010 年，三期工程 2011—2020 年。横断山区的水土流失综合治理工程主要有长江上中游水土流失综合治理工程，工程分布范围主要涉及云南、四川两省，建设内容包括坡耕地整治、小型水利水保工程、植物防护、保土耕作和封禁治理。横断山区的沙化土地治理工程主要有川西北地区防沙治沙试点示范工程、川西北藏区生态保护与建设工程等，集中在沙化严重、面积大的若尔盖、红原、理塘、石渠、阿坝等县（市、区）（图 8-2-3）。

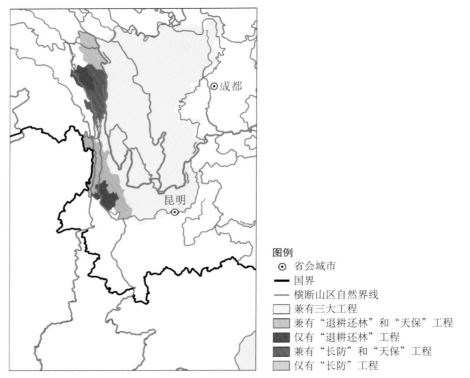

图 8-2-3　横断山地区森林生态系统建设与保护工程（天然林保护工程、退耕还林工程、长江中上游防护林体系建设工程）分布

8.2.4　祁连山生态保护与建设综合治理工程深入实施

基于祁连山重要的生态地位及生态保护的紧迫性，党中央、国务院对其高度重视和关注。2000 年后，陆续在该地区实施了天然林保护工程、生物多样性保护工程、退

耕还林工程、退牧还草工程、生态公益林管护工程、保护区基本建设工程等一系列重点生态工程项目。2001 年，先后启动了《石羊河重点流域治理规划》《甘肃省黑河流域近期治理工程》《青海湖流域生态环境保护与综合治理项目》《祁连山冰川和生态环境综合治理规划》《祁连山国家公园总体规划》等综合治理项目。2012 年，国家发改委启动《祁连山生态保护与建设综合治理规划（2012—2020 年）》项目，实施林地、草地、湿地、水土保持、冰川环境保护、生态保护及科技支撑等 7 项工程，工程范围包含祁连山南坡（青海）和北坡（甘肃），行政区域涉及青海、甘肃两省 23 个县（市、区），总投资规模为 34 亿元。

第9章

史前与历史时期人类活动对生态环境的影响评估

主要结论

　　史前至历史时期人类活动对高原生态环境造成影响的强度和范围是渐进的，分别在局地和区域尺度上发挥作用。

　　旧石器时代，狩猎采集人群的活动范围和强度受限于气候环境状况，尚无明确证据显示人类活动对高原生态环境产生了影响。新石器时代晚期，农业生产活动影响到河谷地区局地尺度的生态环境。青铜时代，人类适应高原环境的能力显著增强，对生态环境的影响主要体现在冶金和放牧活动，但存在明显的时空差异。历史时期人口增加，农牧活动强度加大，对河谷地带区域尺度的生态环境影响显著，如至清代末期，耕地开垦导致河湟谷地草地、灌木林地和林地累计减少约 6 950 平方千米，但没有证据显示影响高原宏观尺度的生态环境。

9.1 旧石器时代人类活动对高原生态环境无影响

中更新世晚期，古老型人类（夏河人）便已生活在青藏高原及周边区域（Chen et al.，2019），由于遗址数量及考古遗存有限，高原古老型人类与气候变化之间的联系有待进一步研究。旧石器时代晚期，不同阶段的考古遗址数量与分布揭示出气候环境变化可能影响了狩猎采集人群的活动范围和强度。4 万—2.5 万年前，相对暖湿气候条件下适宜的生态环境有利于早期狩猎采集者获取食物资源，为现代智人的首次造访提供了基础，狩猎采集人群开始活动于高原腹地、东北部和东南缘地区（图 9-1-1）。2.5 万—1.8 万年前，末次盛冰期（Last Glacial Maximum，LGM）的冷干气候导致青藏高原的自然环境显著恶化，进而不适合狩猎采集人群生存，该时期未发现明确的高原面的人类活动遗存。约 1.5 万—1.3 万年前的 Bølling–Allerød（B/A）暖事件时期，温暖湿润的气候环境促使高原生态环境状况好转，狩猎采集人群扩张至高原东北部的青海湖—共和盆地和东南缘的横断山地区。新仙女木（Younger Dryas，YD）事件时期（约 12900—11700 年前）气候干冷，高原狩猎采集人群活动强度和范围明显下降。11700—5500 年前是狩猎采集人群在青藏高原活动范围和强度最大的时期（张东菊 等，2016），对应于全新世早中期适宜的气候条件。综上所述，青藏高原狩猎采集人群活动的时空变化与气候变化有很好的对应，显示气候变化显著影响狩猎采集人群在高原的活动。

更新世晚期和全新世早中期气候及环境变化幅度大且波动强烈，该阶段全球范围内史前人类的生存策略发生了较为明显的改变。面对环境变化和人口增加的双重压力，古人拓宽了取食资源范围，即"广谱革命"。2.5 万—1.8 万年前，寒冷的气候造

本章统稿人：董广辉、陈发虎、杨晓燕
撰　写　人：董广辉、杨晓燕、吴文祥、张山佳
审　核　人：陈发虎

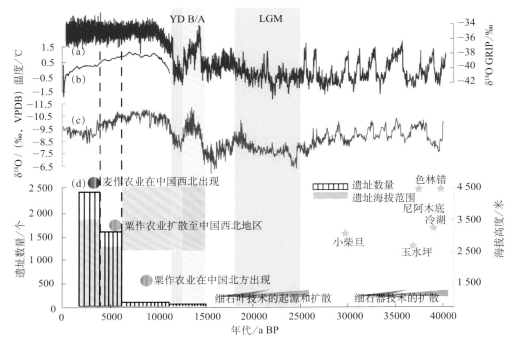

图 9-1-1　北半球 4 万年前以来的气候变化记录与青藏高原上考古记录的对比

（a）指示全球温度变化的格陵兰氧同位素记录（Greenland Ice-core Project Members，1993）；（b）定量重建的北半球 30°～90°N 全新世温度变化（Marcott et al.，2013）；（c）指示亚洲季风强度的董哥洞石笋氧同位素（Cheng et al.，2016）；（d）黑色竖条纹表示青藏高原史前遗址的数量；粉红色阴影和星星表示青藏高原史前遗址的海拔分布范围（Chen et al.，2015a）。蓝色和黄色阴影分表代表冷干和暖湿的气候背景，垂直黑色虚线分别代表青藏高原及周边地区新石器和青铜时代开始的时间

成生存资源的长期匮乏，狩猎采集者生存压力变大，其应对气候变化的策略除了拓宽食谱、扩大迁徙空间，还采用了更为先进的细石叶工艺，为古人类的高流动性提供便利。细石叶工艺于 3 万年前左右出现在西伯利亚、蒙古高原和中国北方地区（Lu，1998），即"细石器革命"。其在 2 万—1 万年前得到快速发展，青藏高原发现了一定数量具有该工艺特征的细石叶遗址点，显示人类适应高原生态环境的能力增强。虽然有学者认为距今约 8000—4700 年前高原人类的放牧活动影响了区域植被（Miehe et al.，2014；Huang et al.，2017），但动物考古研究显示，羊和黄牛等适宜放牧的牲畜在距今 4500 年前尚未传入高原（任乐乐 等，2016），也没有确切证据显示牦牛已经被驯化利用，此前高原上不具备放牧的物质条件。综上所述，尚无确切证据显示高原旧石器时代人类活动对生态环境产生了影响。

9.2 新石器晚期河谷地带农业活动对周边生态环境产生影响

　　新石器晚期，高原上遗址数量显著增加，集中分布在高原东缘海拔 2 500 米以下的河谷地带。中全新世适宜的气候促进了黄土高原粟黍农业的发展和人群的扩散（Jia et al.，2013）。马家窑文化在黄土高原西部兴起，粟作农业人群在距今 5200 年前向西扩张至青藏高原东北部的河湟谷地（图 9-1-1）。由于粟黍对水热条件的敏感反应，生长受积温限制，使其不宜在青藏高原东北部海拔 2 500 米以上的地区种植，因此，该时期的遗址主要集中在海拔 2 500 米以下的河谷地区（Chen et al.，2015a）。马家窑文化人群通过调整生业模式以及生存空间来适应气候变化引发的生存环境变化（Dong et al.，2013），而海拔 2 500 米以上地区生活的宗日人群，通过与低海拔地区农业人群物物交换的方式实现共存，适应不同海拔的自然环境（Ren et al.，2020）。

　　新石器晚期，高原东缘人类农业活动对周边生态环境的影响开始出现（图 9-2-1）。随着人类定居和农业活动强度的增加，人类制陶、建造房屋、使用薪柴等活动对资源的消耗和周边生态环境的影响逐渐加大。高原东北部在距今约 5200 年以来的农业活动导致周边沉积物中禾本科花粉含量显著增加，而乔木花粉含量显著下降（侯光良 等，2012）。滇西北地区在距今约 4800—4300 年前，人类的刀耕火种行为造成古火频率和强度明显增加，并影响了周边的原生植被和地表景观（Xiao et al.，2017）（图 9-2-1）。高原南部地区尽管有研究认为人类活动在距今 4600—4000 年前对植被景观造成了影响（Miehe et al.，2008；Kaiser et al.，2009），但已有资料显示该地区新石器文化均在距今 4000—3000 年前，且未发现早于 4000 年的与牧业活动相关的考古遗存和沉积物证据（Callegaro et al.，2018），因此人类活动对这一地区自然环境的影响有待验证。上述证据显示，青藏高原农业人群对局地生态环境的影响在新石器晚期开始出现，但影响的程度和范围须进一步研究。

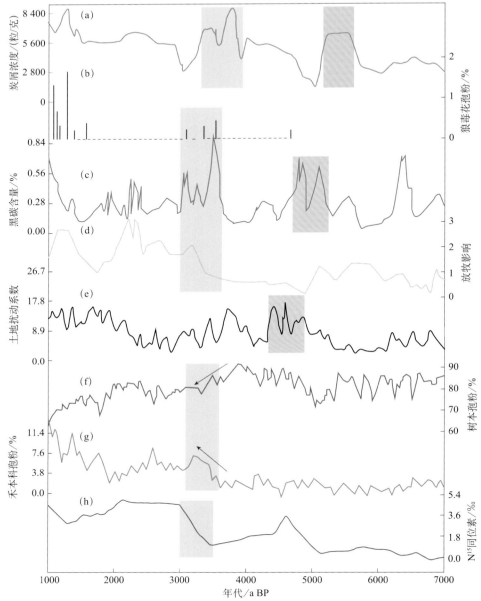

图 9-2-1　青藏高原及周边地区新石器和青铜时代农牧业活动对环境影响的沉积物记录

（a）青藏高原东北部 KE 剖面炭屑浓度变化（Miao et al.，2017）；（b）青藏高原东北部更尕海湖泊沉积物中狼毒花孢粉含量变化（Huang et al.，2017）；（c）川西高原上木格措湖泊沉积物黑碳含量变化（Sun et al.，2016a）；（d）青藏高原东部利用拉龙措湖泊沉积物重建的史前牧业活动对环境的影响指标（Kramer et al.，2010）；（e）滇西北地区利用洱海沉积物重建的史前土地扰动系数（Dearing et al.，2008）；（f）（g）滇西北澄海沉积物记录的树本孢粉和禾本科孢粉变化（Xiao et al.，2018）；（h）滇中星云湖沉积物记录的 N^{15} 同位素变化（Hillman et al.，2018）。红色和蓝色阴影分别表示青藏高原不同地区新石器和青铜时代人类活动对环境影响的可能开始时间

9.3 青铜时代冶金和农牧业活动对生态环境的影响显著增强

9.3.1 冶金活动导致局地与区域尺度沉积物污染和植被覆盖度降低

青铜时代，人类适应高原环境的能力显著增强，人类活动的空间范围大幅度拓展，高原及周边地区青铜文化繁荣发展。受跨大陆交流的影响，在距今约 4000 年前青铜冶炼技术传入中国西北地区，并向青藏高原地区传播，此后人类冶金活动对环境的影响开始显现（图 9-3-1）。青藏高原及周边地区人类的冶金活动显著地改变了遗址

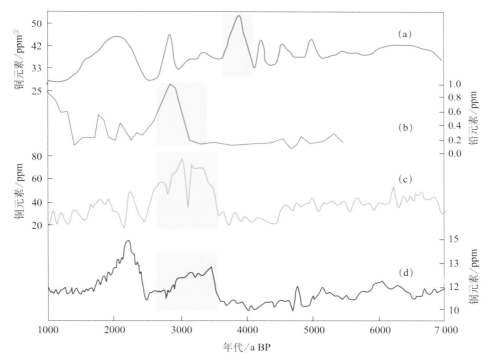

图 9-3-1　青藏高原及周边地区青铜时代冶金活动的沉积物元素记录

（a）河西走廊条湖沉积记录的 Cu 元素变化（Li et al.，2011）；（b）川西高原红原泥炭沉积记录的 Pb 元素变化（Ferrat et al.，2012）；（c）川西高原希门错湖泊重建记录的 Cu 元素变化（Zhang et al.，2009）；（d）滇西洱海湖泊沉积记录的 Cu 元素变化（Dearing et al.，2008）。蓝色阴影表示沉积物记录中重金属元素开始明显升高的时期

———————————————
①　1 ppm=10^{-6}。

区域范围内沉积物的化学性质，并对附近的湖泊沉积物造成了明显的污染（Zhang et al., 2017b）。此外，青铜冶炼活动对木炭的大量需求引发了植被大规模的破坏，导致区域植被覆盖度的降低（孙楠 等，2010）。冶金活动的影响存在明显的时空差异，在高原北缘地区和东南缘地区可分别追溯至距今约 4000 年前（Zhang et al., 2017b）和距今约 3500 年前（Hillman et al., 2015）。高原其他地区尽管也存在着青铜文化，但目前缺乏相关的研究，冶金活动对环境的影响尚不明确。

9.3.2　农牧业活动显著影响局地与区域尺度植被变化

青铜时代，麦作农业和畜牧业经济在高原及周边地区兴起并繁荣发展，促使人类在距今约 3600 年前大规模永久定居至青藏高原海拔 3 000 米以上地区（Chen et al., 2015a）。在高原东北部的共和盆地，人类的牧业活动在距今约 3600 年前开始显著增强，导致狼毒花大量繁殖和草原植被退化（图 9-2-1）（Huang et al., 2017）。在高原南部的尼泊尔地区，距今约 2750 年前人类的放牧活动导致阔叶树大量减少，受此影响，一些替代性群落植被系统（如长叶松、禾本科、蕨类和杜鹃花科）开始建立（Schlütz et al., 2004）。人类的农业活动还造成滇西北湖泊沉积物中的氮元素含量在距今约 3300 年前开始快速增加（图 9-2-1），致使该时期湖泊出现富营养化现象（Hillman et al., 2018）。此外，该地区距今约 3500 年前的人类活动对周边植被有明显的扰动，导致植被演替发生改变，桤木属、车桑子属、酸模、禾本科等植物大量出现（图 9-2-1）（Xiao et al., 2018）。

9.4

史前时代高原人与环境相互作用过程存在差异，技术革新影响其转变

9.4.1　人与环境相互作用过程在旧石器、新石器和青铜时代存在差异

旧石器时代，气候环境变化影响着高原狩猎采集人群的活动范围和强度。石器技术的革新和广谱革命策略在旧石器时代狩猎采集人群适应气候环境变化的过程中起到

了重要作用，人类对生态环境的适应能力逐渐增强，狩猎采集人群活动可能未对高原生态环境产生明显影响。新石器晚期，高原遗址数量显著增加，受到海拔高度和积温对粟、黍生长影响的限制，粟作农业人群主要定居在高原东北缘海拔 2 500 米以下的河谷地带（Chen et al.，2015a），高原东南缘则可定居在海拔 3 000 米以上地区，农业活动开始对周边植被产生影响。青铜时代，人类适应高寒环境的能力显著增强，人类活动的空间范围显著扩大，人类农牧业活动和冶金活动在局地和区域尺度上对生态环境影响的强度提升，但存在明显的时空差异，在更大空间尺度上人类活动对环境的影响程度尚不明确。

9.4.2　农业发展和跨大陆交流影响高原人与环境相互作用过程的转变

中国北方粟、黍农业在距今约 7000—6000 年前得到了强化，成熟的粟、黍农业于距今约 5900 年前在黄土高原西部出现并得到了快速发展（Barton et al.，2009）。人口的增加、社会结构的复杂化、食物需求的增强，推动粟、黍农业人群向西扩散，并在距今约 5200—4000 年前定居到青藏高原东部地区。农业技术的发展和生产工具的革新促进了农业生产活动强度的增加，先民毁林开荒、焚草开荒等行为对周边生态环境产生了影响。距今约 4000 年前开始，跨大陆交流为青藏高原及周边地区带来了技术革新（董广辉 等，2017），促使人类适应高原不同海拔环境的能力显著增强。青铜时代人类在高原定居空间显著拓展，在不同区域发展出多样化的生业模式，对局地和区域尺度生态环境影响的方式和强度存在显著的时空差异。

9.5　历史时期人类活动对生态环境影响的时空范围与强度存在差异

历史时期主要是指过去 2000 年以来，这一阶段一个重要的标志是出现了历史文献记录；另外，这一时期湖泊和冰芯记录的年代更为准确、时间分辨率更高，且能记录局地性或区域性人类活动影响。

历史时期人类活动主要集中在青藏高原农业活动的主要地区，包括"一江两河"地区和青海河湟谷地等地。过去 300 年间，西藏地区耕地主要分布在拉萨市、达孜县、曲水县、日喀则市、江孜县、拉孜县和扎囊县等"一江两河"地区河谷地带。从18世纪30年代到20世纪50年代，耕地面积增加了29 430公顷，但垦殖率普遍偏低（陶娟平，2016）。

河湟谷地的垦殖开始于汉代，当时该地区存在大量连片的森林。随着西汉时期中原王朝对河湟地区的移民和开发，森林开始受到明显破坏。这期间在汉代、唐代和清代出现过三次相对较大的破坏时期（青海森林编辑委员会，1993）。尤其是明、清两代，政府大力推行屯田，随着人口增加和高产粮食的引进推广，垦殖对森林的破坏更加严重。至清末，循化、化隆、贵德的黄河盆地以及湟水谷地附近已无集中连片的森林（青海森林编辑委员会，1993），耕地开垦导致河湟谷地草地、灌木林地和林地的面积分别累计减少5 180.41、1 330.35和441.31平方千米（吴致蕾 等，2016）。在祁连山地区，自汉武帝元狩二年（公元前121年）河西走廊及祁连山区纳入中原王朝以来，祁连山北坡森林遭到两汉至魏晋时期、唐代、明清时期和民国时期四次较大规模的破环，导致森林大面积消失（甘肃森林编辑委员会，1998）。由于大量的林地和灌木林地被垦殖，河湟谷地出现严重的生态环境破坏和水土流失，自然灾害增加（侯光良 等，2009）。

青藏高原区域性人类活动的自然证据主要来自湖泊和冰芯记录。青海湖沉积物碳酸盐含量、磁化率和TOC等指标揭示出20世纪50、60年代人类在青海湖周围的大规模围垦活动（磁化率证据）对生态环境的影响（张恩楼 等，2002）。青海湖6个沉积岩芯中的总有机碳、总氮、磷浓度以及总有机碳与总氮比率等指标也揭示出人类活动对生态环境局域性影响发生在1960年前后（Sha et al.，2017）。青藏高原东部地区湖泊沉积物孢粉和其他指标显示人类放牧活动对局域性环境的影响主要集中在三个时间阶段，即约1400—1480年、约1630—1760年和1850年之后，且随着时间近移越来越明显（Wischnewski et al.，2014）。

纳木错湖泊沉积物中的黑碳沉降通量在20世纪60年代以来持续升高，与亚洲区域特别是南亚地区人类活动排放黑碳的持续加剧有关（Cong et al.，2013）。青藏高原南部羊卓雍错湖泊沉积物记录的人为多环芳烃浓度和输入通量在20世纪50年代开始逐渐增加（Yang et al.，2018）。横跨青藏高原南北的8个湖泊中有6个湖泊的初级产量在20世纪明显增加，可能与全球变暖和人类活动（特别是土地利用变化）的共同作用有关（Lami et al.，2010）。由喜马拉雅高海拔地区8个湖泊沉积物和青藏高原中部各拉丹冬冰芯集成重建的过去500年来高分辨率的大气汞沉积记录显示，汞（Hg）沉积率在工业革命开始时上升，尤其在第二次世界大战后急剧增加，反映出域外南亚地区人为汞排放不断增加的影响（Kang et al.，2016）。

慕士塔格冰芯记录的锑（Sb）浓度在 20 世纪 60 年代中后期开始至 90 年代初期明显增加，可能与中亚地区人类活动有关（李月芳 等，2008）。希夏邦马达索普冰芯中铅（Pb）含量在 20 世纪 50 年代后期开始增长，并在 70 年代至今变得非常显著，很大程度与印度次大陆工业活动加剧有关（Huo et al.，1999）。珠峰北坡东绒布冰芯过去 350 年（1650—2002 年）以来高分辨率的金属历史记录显示铋（Bi）、铀（U）、铯（Cs）的浓度及富集系数从 20 世纪 50 年代开始上升，与人类活动导致的源地排放的变化有关（Kaspari et al.，2009）。东绒布冰芯 NH_4^+ 浓度在 20 世纪 40 年代以来大幅度上升，推测可能与第二次世界大战后，社会趋于稳定，南亚地区农业迅速发展而大量使用化学肥料有关（耿志新 等，2007）。青藏高原不同地区 4 支冰芯的黑碳浓度最高值均出现在 20 世纪 50 年代和 60 年代，可能与来自于欧洲的工业排放有关（Xu et al.，2009）。达索普冰芯记录的 SO_4^{2-} 浓度在 1930 年后加速升高，与南亚地区人类活动的加强有关。青藏高原中部普拉岗日冰芯记录锑和镉（Cd）自 20 世纪初开始出现，汞、锌（Zn）、铅、镉和锑在 1935 年后大幅增加，与苏联，特别是中亚地区的冶金（锌、铅和钢冶炼）排放有关（Beaudon et al.，2017）。

总体来看，历史文献记录的人类活动局地至局域性影响可以早到规模性垦殖开始的汉代，明显的影响主要发生在清代以后。大多数湖泊沉积物所记录到的局域性人类活动的影响发生在工业革命以后，更多发生在 1950 年之后。冰芯记录的主要是域外区域性人类活动的影响，与多数湖泊记录到的域内局域性影响的初始年代相近。这些不同档案记录的人类活动影响证据表明，尽管青藏高原地区属于生态环境脆弱地带，易受人类活动的影响，但在历史时期的大部分阶段，由于人口数量较少，其对生态环境的影响范围较小，更多地表现在局地尺度上；在西藏一江两河地区和青海河湟谷地等人类活动比较密集地区，某些历史阶段的人类活动可能会影响局域环境；明显的影响发生在"大加速"时代（1945 年）开始之后。

第10章 现代人类活动对生态环境影响的分项评估

农牧业、工矿业、重大建设工程等不同类型人类活动对局部生态环境产生了一定影响，旅游业对其沿线生态环境产生显著影响且呈持续增加态势，南亚跨境污染物对高原生态环境影响有增强风险；重大生态工程改善生态环境的作用逐步凸显。

农牧业活动对耕地和草地的负面影响总体较弱，但在部分人类活动密集区仍较突出。1990—2005 年，高原 55 个县（区）耕地生态安全等级下降；2010 年后有所好转，至 2015 年，超过 95% 的县（区）耕地生态安全等级恢复为优，但农业面源污染风险加大。在气候变化、生态保护与建设工程的共同影响下，2000 年以来，放牧活动对草地的影响程度逐渐减弱，草地退化趋势得到初步遏制，生态工程区退化草地以轻微好转和明显好转为主，牲畜量减少县（区）的草地覆盖度显著增加，但黄河源和长江源等地区的草地退化形势依然比较严峻。

工矿业活动对生态环境的影响有限。1990—2020 年，工矿用地增加导致区域景观破碎化程度加剧，工矿区内 54.72% 的区域植被绿度呈减少趋势，但影响仅局限在矿区周围 2 千米范围内。高原已开发的矿产种类多样，矿区数量合计达 790 个；工矿业活动的污染物排放总量处于较低水平，对土壤、水体和大气质量的影响总体可控。

旅游业快速发展造成局地生态环境压力加大。部分地区生活垃圾问题突出，2018 年青海和西藏两省（区）的旅游生活垃圾达 108.40 万吨，旅游活动导致祁连山景区等局地土壤和水体质量下降；预计到 2050 年旅游生活垃圾将达到 250 万吨左右，生态环境压力趋于增大。

重大建设工程仅对其工程区的生态环境产生了影响。交通工程导致沿线景观破碎化、冻土活动层增加、植被覆盖度降低。在工程建设阶段，工程会对大型野生动物的迁徙造成一定程度的影响。目前，工程配建的动物迁徙通道已发挥积极有效作用，经过一段时间适应，野生动物已经能够正常迁徙。

重大生态工程促进生态环境逐步向好。退牧还草工程和草原生态保护补助奖励等政策促进了草地恢复，例如，2010—2018 年西藏高寒草甸、高寒草原和高寒荒漠草原三类工程区内草地植被覆盖度比工程区外平均提高 16.90%；森林生态工程显著提升森林蓄积量，天然林保护工程区总碳储量每年增加 0.27 亿吨；沙化土地治理工程明显减少沙化面积，2003—2014 年，西藏沙化土地面积共减少 1 071 平方千米；自然保护地体系建设促进野生动植物种群恢复性增长，藏羚羊数量由 1995 年的约 6 万只上升到 2018 年的 20 万只左右；西藏生态安全屏障和三江源生态保护与建设等重大生态工程成效显著。

高原整体清洁，跨境污染物对高原生态环境影响持续增加。高原水、土、气环境中的污染物含量总体较低，生态环境处于本底水平。黑碳等外源污染物的跨境传输加速了冰川消融；重金属和持久性有机污染物在生态系统中有富集效应，存在一定的生态风险。随着南亚地区污染排放不断增加，以及高原社会发展带来的污染增加，高原生态环境所承受的污染胁迫风险将持续增高。

10.1 农牧业对生态环境的不利影响减弱，但部分人类密集活动区问题依然严重

10.1.1 部分人类活动密集区农业面源污染问题显现，耕地生态安全等级降低

1）部分人类活动密集区农业面源污染导致当地农田生态环境风险加大

农业活动在提高区域土壤营养元素含量的同时，由于部分地区化肥、农药、地膜等用量不断增加，加之个别元素背景值较高，导致局地农田生态环境风险加大。

调查结果显示，2020 年西藏拉萨河流域部分耕地存在镉（Cd）或铬（Cr）超标现象（任培，2021）；年楚河流域部分耕地土壤汞（Hg）和镍（Ni）等超标（杜梅 等，2022）；青海柴达木盆地和河湟谷地土壤重金属含量表现出设施农地＞农田＞草地＞果园的特征。农业发展造成部分地区土壤地膜残留，土壤微塑料浓度较高的区域位于高原东南部（图 10-1-1），其微塑料浓度与我国大部分区域的污染浓度相当。祁连山农区微塑料浓度从高到低顺序为地膜覆盖土壤＞大棚土壤＞裸露土壤，且浅层土壤平均值高于深层土壤。柴达木盆地设施大棚、果园和农田微塑料平均丰度分别为草地的 3.16、2.07 和 0.61 倍，河湟谷地的设施大棚和农田分别为草地的 3.10 和 2.06 倍。在微塑料粒径上，以＜100 微米占比最高；材质上以土壤中聚乙烯（PE）占比最高（42.86%～73.33%）；颜色上，

本章统稿人：张镱锂
撰　写　人：张镱锂、康世昌、王小丹、卢宏玮、钟林生、王秀红、樊江文、王小萍、雷梅、辛良杰、李士成、丁明军、刘峰贵、邵东国、王劲松、丛志远、王兆锋、魏达、刘琼欢、魏长河、张华、鞠铁男、曾瑜皙、薛宇轩、洪江涛、娄启佳、罗玉峰、张香菊、李丹、姚明磊、朱冬芳、谈明洪、许尔琪、宋伟
审　核　人：王兆锋

设施大棚土壤中透明微塑料的占比最高（86.81%）。对不同类型和深度土壤微塑料含量的调查表明，农业活动是造成土壤微塑料含量升高的重要原因。

基于 2018 年金沙江流域、祁连山地区、高原东部和藏北地区的 248 个水样分析结果，发现水体中总磷、总氮、COD 的高值主要位于祁连山地区，而金沙江流域相对较低。西藏拉萨河流域耕地面积较多的县（区）（如林周县）河段存在明显的氮污染，水质未达到Ⅲ类水标准（图 10-1-2）。柴达木盆地丰水期总磷、高锰酸盐指数和氨氮的浓度分别比平水期提高了 10%、10% 和 5%，其原因可能是丰水期的农业活动强度增加。河湟谷地丰水期地表水 5% 样点总磷浓度、3% 样点氨氮浓度、2% 样点高锰酸盐浓度超过Ⅲ类水标准限值。河湟谷地地表水体微塑料含量表现为丰水期（3 583

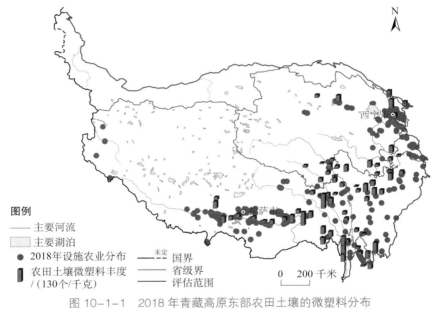

图 10-1-1　2018 年青藏高原东部农田土壤的微塑料分布

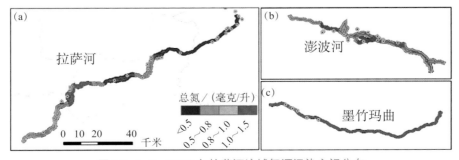

图 10-1-2　2018 年拉萨河流域氮源污染空间分布

个 / 米^3）＞平水期（2 304 个 / 米^3）（图 10-1-3），微塑料含量整体上呈现从上游到下游逐渐递增趋势，下游微塑料含量是上游的 2.20 ～ 2.70 倍。地表水体微塑料环境风险指数（RI）表现出显著的区域差异，而丰水期和平水期的差异不显著。

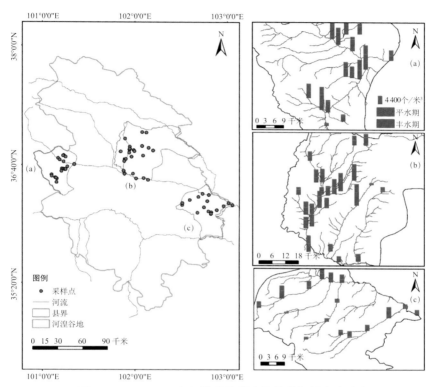

图 10-1-3　2018 年河湟谷地样点及其微塑料丰度分布

2）耕地生态环境等级先降后升

基于"压力 - 状态 - 响应"框架（PSR）构建了农业生态环境评价模型，揭示了 1985—2015 年农业生态环境的时空变化特征。结果表明，在 1985 年，青藏高原有 90% 以上耕地的生态环境为良好及以上。随着农业土地的大面积开垦，在 1995 年，虽然农区生态环境等级整体仍处于"较优"水平，但局部地区如四川省德格县、白玉县、巴塘县等县域耕地环境质量已有所下降。21 世纪初，青海省生态环境质量出现进一步恶化，如格尔木市和都兰县的耕地生态环境等级分别由"良好"和"中等"降为"较差"，德令哈等 13 个县（区）的耕地生态环境等级降为"差"。同时，农业生态环境质量的变化在空间上体现出差异性，如西藏的改则县、尼玛县与双湖县耕地生态环境由"中等"恢复至"良好"。整体来看，在 2005 年，青藏高原全境仍有 55 个县（区）呈现出不同程度的耕地生态环境等级下降，共占县级行政单位总数的1/4。其中，39个县的耕地生态环境等级为"差"，占县级行政单位总数的18%。农业生态环境在2010年出现好转，耕地生态环境等级低于"良"的县（区）仅占总数的8.90%。青海格尔木市与都兰县的耕地生态环境等级上升为"中"，四川省德格县、白玉县、巴塘县的耕地生态环境等级由"差"上升为"中等"。2015年，青藏高原耕地生态环境等级进一步好转，超过95%的县（区）的耕地生态环境等级为"优"。总之，1985—2010年青藏高原耕地生态环境等级下降，但2010—2015年除西部地区外，农业生态环境质量大幅好转。

3）耕地利用变化对区域植被状况具有一定的正面影响

研究表明，耕地利用方式变化对区域植被状况具有一定的正面影响。例如，2000—2018年，一江两河和湟水河流域耕地利用方式变化对NDVI增长的贡献率分别为0.98%和6.67%。其中，生态退耕的贡献率分别为0.41%和8.46%；耕地新垦的贡献率分别为1.39%和2.37%（Wei et al.，2021a，2021b）。

10.1.2 草地退化导致草地生态环境质量下降，近年草地退化趋势逐渐得到遏制

草地退化导致草地生态环境质量下降。根据2012年对三江源地区高寒草原典型样地的调查，与未退化草地比较，重度退化草地植被组成结构发生改变，禾本科、莎草科等建群植物数量减少，而杂类草甚至有毒有害植物比例提高。草地建群种的地上生物量比例降低了90.38%；草地生产力下降了69.11%；植被覆盖度降低了59.40%；植物根系生物量降低了48.16%；土壤有机质降低了51.55%；草地质量指数降低了84.64%（周华坤 等，2016）。

在气候变化和生态保护与建设工程的影响下，高原草地退化趋势得到初步遏制。三江源地区退牧还草工程实施以来，放牧活动对草地负面影响逐渐减弱，退化草地以轻微好转和明显好转为主。1986—2017年祁连山地区33.60%的草地植被NDVI指数显著提高，草地土壤有机质和覆盖度逐步增加。

高原天然草地植被持续恢复。2000年以来，高原草地的净初级生产力（NPP）提高的区域明显多于降低的区域。研究表明，除无法预测未来变化趋势的区域外，高原草地NPP持续增长区域占比为71.68%，大部分草地类型均呈现出明显的恢复趋势，

年均 NPP 均呈现波动上升趋势；持续下降的区域仅占 6.07%（王瑞泾 等，2022）。草地退化较明显的区域位于黄河源和长江源，如玛多县、曲麻莱县、称多县北部和治多县东南部。此外，西藏地区草地植被生长季（6—10 月）NDVI 平均值（GNDVI）变化率与牲畜数量总体上呈负相关关系，大部分牲畜增加县（区）的草地呈退化趋势，牲畜量减少县（区）草地的 GNDVI 显著增加。

10.2　工矿业活动和污染物排放对局地生态环境有所影响

在 1990—2020 年的 30 年间，工矿用地增加导致区域景观破碎化程度不断加剧，植被 NDVI 及生态服务价值降低，但影响范围有限。目前工矿业活动的污染物排放总量仍维持在较低水平且较为集中，对土壤、水体和大气质量的影响总体可控。

10.2.1　工矿业活动对局地生态系统有所影响

1）工矿用地增加导致区域景观破碎化

1990—2020 年，青藏高原工矿用地不断增加使局地景观破碎化程度加大，矿区斑块形状趋于复杂化、不规则化（Liu et al.，2022a）。其中，1990—2000 年，矿区景观破碎化程度虽有变化，但增加趋势不明显。2000—2010 年，矿区面积不断增加，10 年间增加了 3 倍以上，矿区景观破碎化斑块明显增加。2010—2020 年，工矿用地扩张速度开始放缓，工矿用地开发利用逐步减弱，景观破碎化指数介于前两个阶段之间，说明整体趋势得到控制，工矿用地的景观格局呈现恢复态势（表 10-2-1）。

表 10-2-1　不同时段新增、减少、稳定工矿用地的区域景观指数变化特征

年份	变化	斑块数量/个	斑块密度/（个/千米²）	最大斑块指数	周边面积分形维数	景观形态指数	斑块内聚指数	拼接指数	聚集指数
1990—2020	新增	368	0.45	7.54	18.53	1.28	48.05	78.81	35.88
	减少	48	0.28	21.30	6.62	1.26	67.20	10.08	53.21
	稳定	51	0.38	13.53	6.88	1.29	54.76	17.26	41.74

续表

年份	变化	斑块数量/个	斑块密度/（个/千米²）	最大斑块指数	周边面积分形维数	景观形态指数	斑块内聚指数	拼接指数	聚集指数
1990—2000	新增	28	0.67	9.52	5.38	1.25	25.82	22.05	19.72
	减少	3	1.00	33.33	1.50	0.00	0.00	3.00	0.00
	稳定	88	0.31	20.91	9.03	1.26	64.77	14.89	49.44
2000—2010	新增	125	0.23	17.15	10.40	1.29	73.40	16.16	57.45
	减少	26	0.39	14.93	4.88	1.18	51.58	13.32	43.59
	稳定	78	0.30	25.57	8.33	1.28	65.85	11.54	50.71
2010—2020	新增	327	0.46	4.82	17.57	1.30	48.11	88.64	34.00
	减少	108	0.18	26.22	10.31	1.33	79.12	10.68	60.04
	稳定	105	0.42	16.80	10.00	1.32	55.94	20.38	38.46

2）工矿活动降低了小范围区域植被 NDVI

工矿用地植被 NDVI 的时序数据分析表明，高原工矿用地植被 NDVI 整体较低，基本在 0.18 以下。1990—2020 年，矿区的植被 NDVI 明显下降，工矿区内 54.72%（面积约为 1 166 平方千米）的区域 NDVI 呈现减少趋势（Liu et al.，2022a）。工矿周边（10 千米范围内）植被 NDVI 整体在 0.30 以上，远高于矿区植被 NDVI，在 1990—2020 年，周边植被 NDVI 呈现持续轻微上升趋势，79.15% 的区域 NDVI 值呈增加趋势，且随着距离工矿用地越远，植被 NDVI 值越高。表明工矿活动对矿区植被产生了负面效应，但整体上并未对该地区的周边环境产生明显的影响。总体而言，工矿用地对植被的负面影响范围在 2 千米左右（Liu et al.，2022a）。

3）工矿用地阶段性降低了生态服务价值

工矿用地的扩张阶段性降低了其分布区的生态系统服务价值（Liu et al.，2022a）。1990—2020 年，工矿用地变化使得青藏高原生态服务价值总量共减少了 467 亿元。气候调节、水文调节、土壤保持和维持生物多样性是生态服务减少的主要类型，减少比例分别为 24.66%、23.14%、11.21% 和 10.23%。

1990—2000 年，工矿用地面积总体变化较小，生态服务价值变化趋势也不太明显。2000—2010 年，随着经济的快速发展，工业活动更加频繁，期间工矿用地扩张了

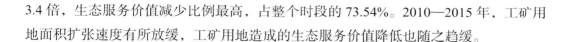

3.4 倍，生态服务价值减少比例最高，占整个时段的 73.54%。2010—2015 年，工矿用地面积扩张速度有所放缓，工矿用地造成的生态服务价值降低也随之趋缓。

10.2.2 工矿业活动对局地环境有所影响

1）重点关注工矿企业数量少、规模小且聚集特征明显

工矿业活动的排污特征及其环境效应与工矿企业数量规模、行业类型及时空分布格局等因素有关。青藏高原地区排污许可单位有 2 946 家，占全国排污许可单位总数的比例不足 1%，其中，符合重点行业企业筛选原则的重点关注工矿企业 635 家，主要为有色金属矿采选业、化学原料和化学制品制造业、黑色金属冶炼和压延加工业、黑色金属矿采选业及有色金属冶炼和压延加工业企业，累计占到重点关注企业的 90.20%。高原已开发的矿产种类较为丰富，矿区数量合计达 790 个，其中铁矿、金矿、铜矿和煤矿数量较多，占所有矿区数量的 66.30%，石棉和盐湖矿区数量不多，但其规模和产量在全国排名前列。

重点关注工矿企业具有明显的空间聚集分布特征。主要分布于柴达木盆地和河湟谷地、藏东川滇接壤地区，以及藏南拉萨—日喀则一带沿拉萨河和雅鲁藏布江的河谷地区，而羌塘高原、可可西里等高原腹地地区企业数量极少。按行政区统计，青海海西蒙古族藏族自治州（简称海西州）企业数量最多，其次为青海西宁市和海东市。有色金属矿采选企业数量多且分散，广泛分布于青海海西州、海北藏族自治州，西藏拉萨市，四川甘孜藏族自治州，云南迪庆藏族自治州及甘肃甘南藏族自治州等地区，有色金属冶炼基本集中在青海西宁市；黑色金属矿采选企业基本聚集在青海海西州，但黑色金属冶炼和压延加工企业则主要分布于青海西宁市、海东市和四川阿坝藏族羌族自治州。金属矿区除卤水锂矿等盐湖伴生矿产外，其分布受控于成矿带走向，主要分布于西南三江成矿带和雅鲁藏布江成矿带。以盐湖为主的非金属矿区则主要位于青海北部尤其是柴达木盆地及西藏局部地区。化工制造集中分布于青海海西州和西宁市。

2）工矿业活动的污染物排放总量维持在较低水平

青藏高原地区废水、废气、废渣排放总量相对较小，近年来废气污染物排放总量和强度呈现双下降趋势，但部分废水污染物排放呈增长趋势，工业固废综合利用比例总体较低。2011—2017 年，西藏自治区化学需氧量、氨氮、总氮、总磷、石油类、砷等污染物的排放强度和废水排放强度整体呈现出下降趋势；二氧化硫、氮氧化物和烟（粉）尘

等污染物排放量在 2015 年、2016 年出现峰值，到 2017 年排放总量与排放强度均急剧下降；一般工业固体废物产生量较小，且历年变化不大。2015—2020 年，青海全省化学需氧量、氨氮、二氧化硫、氮氧化物四项主要污染物排放总量分别下降 11.90%、23.50%、17.40%、15.90%，累计完成重点工程减排量分别为 2.30 万吨、0.40 万吨、3.40 万吨、2.40 万吨；2011—2017 年，全省化学需氧量、氨氮、石油类、镉、砷、铅、六价铬的污染物排放强度和废水排放强度呈现出下降或波动下降趋势；通过废气排放的污染物整体呈现出排放总量与排放强度双下降的趋势；一般工业固体废物产生量历年变化有波动，在 2015 年、2016 年达到峰值后呈下降趋势，处置能力从 2017 年后显著提升。

镉（Cd）、砷（As）、汞（Hg）及铅（Pb）等重金属是青藏高原地区重点关注的污染物，这些污染物主要源自金、铜、铅、锌、锡、钴冶炼以及汞矿、铬矿采选活动，主要分布在柴达木盆地工矿城镇带、河湟谷地、藏东川滇交界区及藏南谷地（含拉萨）等区域。镉累计排放量最大，主要是经冶炼渣等固废排放进入周边环境，青藏高原东缘地区排放强度明显高于其他地区；砷在土壤中含量较高，主要源自地质背景（魏复盛 等，1990），工矿业活动也通过排放冶炼废气（76.30%）和冶炼废渣（22.10%）影响周边环境（陈琴琴，2013），涉砷工矿企业分布呈现出点多面广、单点位排污不突出但总量累积显著的特征；汞排放总量较少，排放源较为单一，主要集中于汞矿采选及金冶炼行业；铅排放呈现出排放源少但排放强度大而集中的特征；铬（Cr）排放量极为有限，且主要来自铬矿采选企业。截至 2018 年底，高原工矿企业重金属排放总量的 80.30% 属于 2005 年以后的排放；但 2015 年以后，随着污染治理和排放管控的逐步加强，工矿企业重金属排放总体已得到控制并呈现向好趋势（图 10-2-1）。

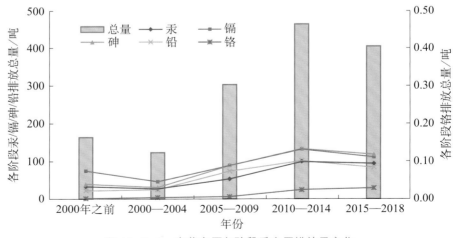

图 10-2-1　青藏高原各阶段重金属排放量变化

3）工矿业活动对区域环境质量的影响总体可控

从土地损毁、水质恶化和大气污染等方面分析，高原工业活动造成的生态环境影响总体可控。

第一，青藏高原地区土地损毁空间分布较为集聚，损毁地块面积平均约 0.63 平方千米。土地损毁主要是矿产资源开采、洗选、冶炼等活动造成的地表塌陷、表土剥离挖损及地表压占破坏。在已掌握的 790 个矿区中（图 10-2-2），采用露天开采方式的矿区占绝对优势，达到 780 个。据保守估算，因采矿活动造成的潜在地表破坏面积约 493 平方千米，损毁地块主要分布于柴达木盆地工矿城镇带、川滇藏接壤区、山南—拉萨—日喀则一线的藏南谷地等矿产采选聚集区以及河湟谷地等矿产冶炼聚集区，高原北部地区损毁地块总面积要远大于南部，其中青海海西州潜在损毁面积最大（297.20 平方千米，占青藏高原地区的 60.30%），其次为西藏阿里地区（78.30 平方千

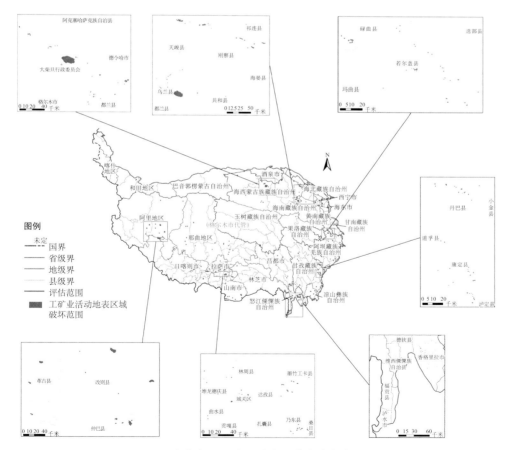

图 10-2-2　青藏高原工矿业活动导致的地表破坏区域分布

米，占比 15.90%），其余地区损毁地块规模并不大。95% 以上损毁地块的规模都在
1 平方千米以内，大型损毁地块多由盐矿、硼矿、石棉矿等非金属矿露天开采造成
（如海西大柴旦的硼矿 141.60 平方千米、乌兰县盐矿 118.20 平方千米，藏西革吉县的
硼矿最大损毁地块面积达 12.70 平方千米）。土壤和生态破坏主要为矿山与砂石偷采或
违规开采、历史遗留矿山未及时修复等所造成的，部分企业产生的危险废物未按要求
处置，随意堆放，导致环境风险隐患突出，这些企业大部分为 2017 年前集中引进的
大量"高污染、高能耗"企业。近年来，随着国家"绿色矿山"建设规范的出台、矿
山土地复垦实施以及"散乱污"专项整治行动的开展，尤其 2017 年中央生态环境保
护督察之后，矿产采冶导致的生态和景观破坏情况得到快速改善。

第二，工业污染物排放具有局地性特征，对江河湖泊水质的影响有限。工业排放
造成的水体污染仅限于工矿企业集中的局部地区，如湟水河流域（西宁和海东）排放
废水的工业企业数量较多，且该区域工业园区基础设施薄弱，污水处理厂很多处于未
建成或未投运状态，产排的污染物主要有有机污染物、氨氮、悬浮物、总磷等，造成
该流域部分河段为Ⅲ类和Ⅳ类水质（属轻度污染），而高原大多数地表水水质均保持
在Ⅰ类、Ⅱ类标准。

第三，高原工矿业规模不大，对区域空气质量的影响较小。高原大部分地区空气
质量优良，在污染天数最多的 6 个地区中，青海西宁市、海东市、海西州及甘肃甘南
州 4 个地区排放废气的工矿企业数量在高原地区中位列前茅，且与这些地区很多重污
染企业大气污染防治设施不健全、超标排放污染物等行为直接相关。总体上，工矿企
业是区域产排废气的主体之一，工矿业企业产排的废气污染物主要有颗粒物、二氧化
硫、氮氧化物，产排废气工矿业企业数量与空气污染天数具有明显的关联性。需要指
出的是，外来输入也是造成高原大气环境中部分污染物浓度增加的重要原因之一，如
来自甘肃兰州市等地区的工矿业污染物是造成瓦里关大气本底站黑碳气溶胶本底浓度
逐年增加的主要原因，西南季风的长距离输入是导致香格里拉与纳木错的大气汞浓度
升高的重要原因（康世昌 等，2010）。

10.3 旅游业快速发展造成局地生态环境压力增大

旅游业发展对高原各地区生态环境的影响具有明显的时空差异。2000—2017 年，

旅游发展造成生态环境压力增大的区域主要包括西藏阿里地区、拉萨市、那曲市、山南市以及青海的海南藏族自治州、黄南藏族自治州。

10.3.1 旅游业发展造成局地产生生活垃圾问题，部分区域水质和土壤环境改变

1）旅游业发展造成局地产生生活垃圾问题

随着自驾进藏旅游的盛行，旅游活动已成为青藏公路沿线垃圾产生的主要原因。2018 年高原旅游者每人每天产生固体生活垃圾量基数为 1 千克，按照《中国省域自由行大数据系列报告》提供的自由行游客在青海和西藏的平均游玩时间（分别约 6.50 天和 12.60 天）计算，2018 年青海和西藏两省（区）的旅游生活垃圾高达108.40 万吨，预计到 2050 年旅游生活垃圾年产生量将达到 250 万吨左右（不考虑随着人均消费能力提升导致的人均垃圾产生量变化）。在空间分布上，旅游生活垃圾产生量在 2 万吨以上的地区为拉萨市和西宁市，其次为海西蒙古族自治州。总体上，旅游生活垃圾集中在以拉萨和西宁为中心的周边市（州），以及高原的东北部和南部（图 10-3-1）。

图 10-3-1 2018 年青海和西藏各市（州）旅游生活垃圾产生量空间分布

据 2013 年调查，除了金属垃圾以外，其他垃圾几乎都为食品、饮料包装及生活物品包装，占调查垃圾总数的 97%（图 10-3-2）。

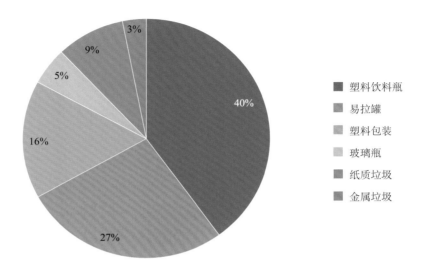

图 10-3-2　青藏公路沿线不同类型生活垃圾比例（洪翩翩，2013）

2）旅游业发展导致部分地区水质下降

旅游业对高原水环境的影响主要体现在水质上，其影响源主要包括旅游开发活动、旅游经营活动和游客游览活动。旅游基础设施施工期间生活污水的乱排和建筑施工带来的油漆、废涂料、金属制品等不断渗入水体，导致局地水体污染（周毛措 等，2022）。由于旅游开发时间相对较短，一般只要在施工完成后做好生态修复，其造成的负面环境影响均可在一定时间内得到有效治理。旅游经营过程中（尤其是酒店运营）产生的大量未经处理的生活污水、粪便垃圾、雨水淋溶渗滤液等进入溪流、湖泊等水体，造成水体质量下降。例如，云南玉龙雪山旅游规模不断扩大，加剧了水体污染（窦文康 等，2021）。由于青藏高原旅游区一般远离城镇，游客在进入景区游览过程中通常携带许多简便食品与饮料，有些使用后未合理放置在垃圾桶内，进而留在地表和进入土壤，最终污染水体。例如，年楚河、拉萨河和尼洋河的河水中溶解态元素含量空间差异明显，流经城市下游的元素含量普遍高于上游河流水体元素含量，反映出河流在流经城区时一定程度上受到了旅游等人类活动的影响（柏建坤 等，2014）。

3）旅游引起部分景区景点土壤理化性质改变

旅游活动，特别是旅游踩踏和旅游垃圾引起土壤结构和理化性质发生改变，破坏了土壤稳定性和植被生境（唐明艳 等，2014）。研究显示，2017 年以前，甘肃祁连山生态旅游景区内游客数量众多、干扰强烈的区域，游客对土壤践踏严重，造成土壤孔隙度降低，容重增加，含水量和有机质含量降低，pH 值减小，氮、磷、钾含量降低，土壤肥力下降（金亚征 等，2017）。

10.3.2　旅游开发对部分景区的生物多样性产生影响

旅游活动对青藏高原地区植物产生一定影响。比如，受旅游活动干扰，滇西北高寒草甸出现了明显的退化趋势（赵鸿怡 等，2020）。由于旅游活动的无意引入，九寨沟自然保护区的外来植物入侵现象增多，主要是豆科和菊科（谢雨 等，2016）。青海祁连山景区内的山丹花因旅客过度采摘，分布面积锐减 91%，植株数量锐减 87%（蒋志成 等，2012）。旅游活动改变了四川九寨沟栈道附近林下植物多样性组成、结构和树木更新能力，耐阴喜湿的乡土物种显著退化，乡土植物优势地位发生改变（朱珠，2006）。

旅游活动对高原地区的野生动物产生一定影响。例如，旅游活动引起祁连山地区野生动物数量减少。原来在景区及周围活动的马麝、马鹿、盘羊、岩羊、棕熊等野生动物，目前在景区及周边 5 千米范围内已找不到活动踪迹；血雉、兰马鸡、雉鹑、斑尾榛鸡、草兔等野生动物在景区的数量下降了 68.4%，雕、兀鹫、秃鹫及乌鸦等食腐动物的数量上升了 12%（蒋志成 等，2012）。

10.3.3　旅游开发导致地质灾害风险增加

在青藏高原地区，旅游开发对冰川、雪山等地质地貌产生一定影响，导致旅游资源退化，但这种影响具有区域性、局部性、微观性、潜伏期长等特征。在三江并流区由于加速开发和建设众多景点景区，使地质遗迹及地质环境遭受严重破坏。由于地处新构造活动活跃地区，四川贡嘎山崩塌、滑坡、泥石流和雪崩等山地灾害频繁，加之大规模地开山修路、兴建宾馆，使山体边坡和植被遭受破坏，可能会诱发一些新的滑坡、塌方等山地灾害。

<table>
<tr><td>**10.4**</td><td>重大建设工程对局地生态系统影响显著，
但对大尺度生态环境影响有限</td></tr>
</table>

10.4.1 重大交通工程引起景观破碎化、公路沿线冻土活动层厚度增加

作为典型的线状廊道，公路和铁路不可避免地会对生态系统造成一定程度的影响。主要体现在道路建设与运营对沿线土地利用、景观格局、植被、动物以及土壤的影响方面。

1）青藏公路和铁路促进了沿线建设用地扩张

对比 2000—2020 年土地利用图（图 10-4-1），青藏铁路和公路沿线土地利用变化的总体特征主要表现为水体、建设用地、裸地、冰川和永久积雪增加，林地、灌

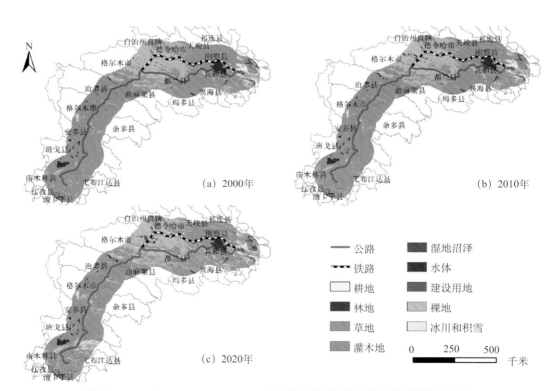

图 10-4-1　2000、2010、2020 年青藏公路 / 铁路沿线土地利用类型分布

木地、湿地沼泽和草地减少；耕地变化呈波动态势，但总体以增加为主。从变化的绝对量来看，沿线土地利用变化的主要特征以裸地扩张和草地减少为主；这些与道路前期的工程建设有关，沿线道路的路基铺设及工程用的土石方均占用了一定面积的草地。

从变化的类型和过程来看，2000—2020 年，在所有土地利用类型转移中，以草地和裸地变化为主（表 10-4-1）。青藏公路/铁路沿线各土地利用类型在过去的 20 年间发生变化的面积为 52 063 平方千米，约占总面积的 12.63%，这些变化主要发生在铁路、公路沿线及两侧一定范围内。

2）青藏公路与铁路导致沿线景观破碎化加剧

研究显示，青藏高原公路、铁路对沿途景观格局的影响主要表现在景观斑块数量增加，平均斑块面积减小，边缘密度增加，破碎化程度加剧，沿途景观异质性提高，建设用地和未利用地优势度增加。青藏公路/铁路对景观格局的影响随干线两侧距离的增加而降低（张镱锂 等，2010；赵芳 等，2017）。

3）高原动物已逐步适应青藏公路和铁路运营的干扰

道路修建不可避免地会分割动物的栖息地，减少动物的栖息地面积，施工和运营会造成一系列生态破坏，对动物的觅食、繁殖等活动构成不同程度的影响（殷宝法 等，2006）。此外，在繁殖期和迁徙季节，动物对食物的需求加大，觅食、寻偶活动的范围明显扩大，因此交通致死率较高。湿地与高地两栖类动物因经常在春季来回迁移，且行动缓慢，故春季致死率最高。道路运营过程中产生的噪音、污染物等干扰因素导致道路附近的栖息地质量下降，尤其是一些大型野生动物在选择栖息地时因道路的存在而回避。青藏铁路的建设和运营初期（2003—2005 年），藏羚羊、藏原羚在道路沿线的高密度分布是由于道路的阻隔效应造成的。与大型动物相比，小型哺乳动物的运动能力更低。因此，高原道路在建设和运营初期对它们的阻隔效应更大。随着交通量的逐渐增加，两栖类、爬行类和小型哺乳动物在道路之间的运动也会受到阻隔。道路阻隔可能是造成小型食草动物近交的主要原因之一。

然而随着时间的推移，目前高原动物已经逐步适应了青藏铁路和公路的稳定运营，其对高原野生动物的觅食和迁徙等行为的影响逐步降低（Wu et al.，2021）。藏羚羊、藏原羚、藏野驴等三种动物的种群数量分布与到铁路和公路距离的相关性越来越弱，且这些大型哺乳动物穿越铁路的时间不断缩短，逐渐形成利用大型桥梁涵洞穿越

表10-4-1 2000—2020年青藏公路/铁路沿线各种土地利用类型变化情况

	土地利用类型	耕地	林地	草地	灌木地	湿地沼泽	水体	建设用地	裸地	冰川和积雪
2000年	面积/平方千米	11 974	2 434	296 312	6 143	1 772	11 792	560	77 430	3 911
	比例/%	2.90	0.59	71.86	1.49	0.43	2.86	0.14	18.78	0.95
2010年	面积/平方千米	11 480	1 689	291 805	5 956	1 556	13 256	568	81 857	4 163
	比例/%	2.78	0.41	70.77	1.44	0.38	3.21	0.14	19.85	1.01
	年均变化幅度/%	-0.84	-7.05	-0.31	-0.62	-2.57	2.37	0.28	1.12	1.26
2010年	面积/平方千米	11 480	1 689	291 805	5 956	1 556	13 256	568	81 857	4 163
	比例/%	2.78	0.41	70.77	1.44	0.38	3.21	0.14	19.85	1.01
2020年	面积/平方千米	12 555	2 409	271 161	5 113	1 359	13 837	1 820	94 996	9 080
	比例/%	3.04	0.58	65.76	1.24	0.33	3.36	0.44	23.04	2.20
	年均变化幅度/%	1.81	7.36	-1.46	-3.01	-2.67	0.86	26.22	3.02	16.88
2000年	面积/平方千米	11 974	2 434	296 312	6 143	1 772	11 792	560	77 430	3 911
	比例/%	2.90	0.59	71.86	1.49	0.43	2.86	0.14	18.78	0.95
2020年	面积/平方千米	12 555	2 409	271 161	5 113	1 359	13 837	1 820	94 996	9 080
	比例/%	3.04	0.58	65.76	1.24	0.33	3.36	0.44	23.04	2.20
	年均变化幅度/%	0.24	-0.05	-0.44	-0.91	-1.32	0.80	6.07	1.03	4.30

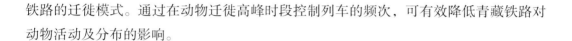

铁路的迁徙模式。通过在动物迁徙高峰时段控制列车的频次，可有效降低青藏铁路对动物活动及分布的影响。

4）青藏公路建设导致沿线路基附近冻土活动层厚度增加

在气候变暖的背景下，青藏高原多年冻土处于退化状态，冻土退化对交通线路的稳定性产生重大影响。在青藏公路／铁路沿线，冻土路段约占全程的 50%，路基工程不可避免地改变地表反照率、粗糙度、总体输送系数和地表温度等地表物理性质（Zhang et al.，2016），交通路基工程导致地表长波辐射、短波辐射和净辐射的辐射特征发生变化，从而改变了地表感热、潜热和储热通量等能量平衡特征（Zhang et al.，2017c）；在未采取冻土保护工程措施的情况下，公路沿线路基下部多年冻土退化，导致路基严重变形、路堑滑塌、隧道出入口滑坡和塌方、桥涵基础失稳等。监测研究显示，1995—2014 年青藏公路沿线冻土活动层厚度加速变深，平均达 8.4 厘米／年（程国栋 等，2019）。为了减少公路、铁路工程建设对沿线冻土的影响，青藏高原多年冻土区铁路、公路沿线采用了保温处理、通风路堤、抛碎石护坡、块石路基、泡沫玻璃护坡、热棒、遮阳板和遮阳棚等一系列工程处理措施。应用实践表明，上述各种工程措施均能够有效降低多年冻土路基的正积温，中心孔 0℃线位置均有不同程度的抬升，其中通风管路堤、抛碎石护坡路堤的抬升值较大（吴志坚 等，2005），能有效降低路基温度 0.5 ～ 1.0℃，有利于保护多年冻土路基（李庆民 等，2005）。

10.4.2　重大水电工程建设未对景观格局和局地气候造成明显影响

1）水电站建设运营对周边景观格局影响有限

从土地利用面积和景观格局的视角，对雅鲁藏布江流域的直孔水电站、藏木水电站、老虎嘴水电站三座装机容量在 10 万千瓦以上的大型水电站进行分析。结果表明，1990—2015 年，三座水电站建成运营后上游地区草地、林地、耕地面积均基本保持不变，水域和建设用地的面积呈增加趋势；下游地区除城镇化发展造成建设用地呈增加趋势外，其他土地利用类型的面积基本保持不变。水电站上下游地区各类景观指标在水电站建设运营前后无明显变化，表明水电站建设运营对周边景观格局影响有限。

2）水电站促使周边植被趋好

对藏木、直孔、老虎嘴、多布、果多、金河、狮泉河、查龙等八座典型水电站坝址以上 10 千米范围（上游区域）、坝址以下 10 千米范围（下游区域）、左右岸各 5 千米范围内 NDVI 值的变化进行分析，研究大型水电站建设对其周边植被的影响。结果表明，1998—2015 年，除狮泉河和查龙水电站外，其余 6 个水电站的年最大 NDVI 均显著增加，植被覆盖度均有不同程度的增加（图 10-4-2），表明重大水电工程使河岸植被向好的方向发展。此外，大坝建成后，上游截留了水量、泥沙及其他有机质，导致沿上游和下游河岸植被生长条件异质性增加。大部分水电站上下游 NDVI 的差异在大坝建成后均有不同程度的增加（图 10-4-2），且该差异随着时间的推移逐渐增大。

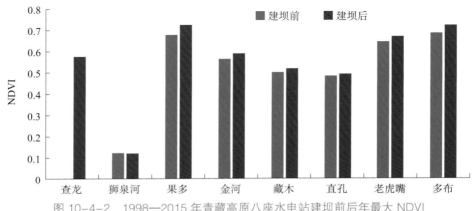

图 10-4-2　1998—2015 年青藏高原八座水电站建坝前后年最大 NDVI
（因查龙水电站 1998 年前已建成，图中仅展示该站建坝后 NDVI）

3）水电工程未对局地气候造成明显影响

根据大型水电站周边气象站点数据，藏木、直孔、老虎嘴、多布、果多、金河、狮泉河、查龙等八座水电站在大坝建成以后，多年平均气温都有不同程度的升高，多年平均降水均有不同程度的下降。但是该变化趋势与周边区域气温和降水变化整体一致，表明青藏高原大坝建设运营未对局地和周边气候产生明显影响。

10.5　生态工程促进生态环境稳定向好

10.5.1　草地生态工程有效促进植被恢复

2010—2018 年，通过实施退牧还草工程和草原生态保护补助奖励政策，高寒草甸、高寒草原和高寒荒漠草原三类工程区内植被覆盖度比工程区外平均提高 16.90%，其中高寒草甸工程区提高幅度最大，达到 22.50%，高寒荒漠草原工程区提高 5%～10%（国务院新闻办公室，2016）；典型工程区内草丛高度平均提高 2 厘米，提高了 59.80%；退牧还草工程区草地比工程区外放牧草地地上生物量增加 2.67～13.30 克/米²，平均提高 24.25%，相当于每公顷草地增加干草产量约 85.20 千克；草地群落结构改善，优质牧草的比例明显提高。同时，草原生态保护补助奖励政策增加了农牧民的收入，促进了高原牧业的可持续发展。

10.5.2　森林生态工程显著提升森林蓄积量

天然林保护工程实施以来，工程区总碳储量增加了 0.273 亿吨/年。西藏天保工程区森林覆盖率由原来的 38.60% 提高到 39.50%。禁止砍伐森林之后，森林资源总消耗量由以前的 150.50 万立方米，降低到近年的 69.40 万立方米，减少消耗量 53.90%（王小丹 等，2017）。2011—2016 年，西藏人工林蓄积量增加，人工林碳汇由 133.33 万吨增加到 203 万吨，五年间增加了 52.25%。中央财政森林生态效益补偿基金使得西藏全区 210 多万农牧民从中直接或间接受益，每年人均增收现金 350 元。

10.5.3　沙化土地治理工程明显减少沙化面积

2003—2014 年，防沙治沙工程实施之后，西藏沙化土地面积减少了 1 071 平方千米，年均减少 97.36 平方千米，极重度沙化土地向重度沙化或中度沙化土地转变。在人口密集的一江两河中部流域，流动沙地减少了 384 平方千米，半固定沙地减少了 155 平方千米，沙化耕地减少了 196 平方千米。雅鲁藏布江河谷防沙治沙重点工程区内外对比，土壤有机质、水分指标分别提高了 88.50% 和 104.40%，植物全碳和干重指标分别提高了 9.08% 和 58.60%，主要植物种类由 29 种增加至 49 种，植被总盖度由 5% 提高到 20% 以上，土壤质量改善，植被群落得到优化。雅鲁藏布江河谷（曲水—桑日段）典型观测区的统计结果表明，灾害性沙尘天气由 2000 年的 85 天下降至 2014 年的 32 天（王小丹 等，2017）。

10.5.4　自然保护地体系建设促进野生动植物种群恢复性增长

随着羌塘—三江源、岷山—横断山北段、喜马拉雅东南部和横断山南段等自然保护地体系建立健全，3 760 余种高原特有种子植物、280 余种特有脊椎动物、300 余种珍稀濒危高等植物、120 余种珍稀濒危动物得到有效保护（张镱锂 等，2015；中华人民共和国国务院新闻办公室，2018）。藏羚羊、藏原羚、藏野驴、白唇鹿和野牦牛等有蹄类物种数量恢复成效显著，藏羚羊实现恢复性增长，其野外种群数量由 1995 年约 6 万只上升到 2018 年的 20 万只左右，受威胁程度由濒危降为近危，野牦牛数量增加到 2 万余头。雪豹、棕熊等食肉动物数量增长，濒危程度降低。作为全世界 15 种鹤类中唯一一生活在高原的黑颈鹤，数量由 2 000 余只增加到现在 8 000 余只，濒危等级由易危调整为近危。白马雪山国家级自然保护区滇金丝猴个体数量由保护区建立前的约 2 000 只恢复到 2014 年的约 2 500 只（傅伯杰 等，2021）。过去认为已经灭绝的西藏马鹿总数已突破 1 000 只，高黎贡山还发现极度濒危物种怒江金丝猴，尕海—则岔区域监测到黑头噪鸦等。

10.5.5　西藏生态安全屏障和三江源的生态保护与建设工程成效显著

2008—2014 年，西藏生态安全屏障工程实施以来，各类生态系统结构与功能整体稳定，生态结构的变化率低于 0.15%，森林、草地、湿地、农田、裸地的变化率分别为 0.01%、−0.13%、0.14%、−0.01% 和 −0.02%。地表植被覆盖度有所上升，覆盖度增加的区域面积占西藏国土面积的 66.50%，其中，植被覆盖度增加幅度在 0 ～ 5% 的面积为 73.12 万平方千米，占国土面积的 60.90%，植被覆盖度增加幅度大于 5% 的面积为 6.80 万平方千米，占国土面积的 5.61%。生态系统水源涵养功能在波动中提升，与工程实施前相比增加了 2.65%；生态系统防风固沙作用开始发挥，主要风沙区沙化强度减弱；生态系统碳储量增加 2.56%，固碳功能稳中有升（王小丹 等，2017）。2004—2012 年青海三江源生态保护与建设工程实施以来，整体生态状况趋好，但尚未达到 20 世纪 70 年代的生态状况。水体与湿地面积净增 279.90 平方千米，草地面积净增 123.70 平方千米，荒漠面积净减少 492.60 平方千米，生态系统结构逐渐向良性方向发展。多年平均植被覆盖度呈增加趋势，植被覆盖度增加的区域面积占三江源区总面积的 79.20%，草地退化趋势得到初步遏制。生态系统服务提升，林草生态系统年平均水源涵养量为 164.71 亿立方米，增加了 15.60%（邵全琴 等，2018）。

10.6 青藏高原整体清洁，跨境污染物对高原生态环境影响持续增加

青藏高原外源污染物的输入可能对高原环境和生态系统健康产生潜在风险，但总体来看，高原大气、水体和土壤中主要污染物的浓度大体与全球背景浓度相当。但是，考虑到污染物到达高原后的环境行为及其吸光性与毒性等因素，高原部分地区的外源污染物所造成的气候与环境效应仍然值得关注。

10.6.1 外源黑碳降低冰川反照率

在外源污染物中，黑碳（BC）的气候效应及其对高原冰冻圈的影响备受关注（Xu et al.，2009）。已有的研究显示，黑碳对冰川反照率降低的贡献（37%）高于粉尘（15%），黑碳和粉尘的总辐射强度可达 32 瓦 / 米^2，导致积雪期减少 3.10 ～ 4.40 天（Zhang et al.，2018b）；在高原西部及喜马拉雅地区，黑碳 - 雪冰辐射效应使近地面增温 0.10 ～ 1.50℃，雪水当量减少 5 ～ 25 毫米（Ji et al.，2016）。随着人类排放黑碳等污染物的增加和冰川消融导致的黑碳和粉尘的不断富集，未来雪冰中吸光性杂质增加，将进一步加速冰冻圈的消融。

冰川的加速消融使历史上沉降和赋存到冰川上的外源污染物释放到水体中。目前已经发现有机全氟化合物（有机污染物（POPs）的一种）（Chen et al.，2019）、汞（Sun et al.，2017）和微塑料（Dong et al.，2021）都会在冰川消融的驱动下加速进入高原河流与湖泊中，使得这些污染物再次进入污染物环境循环归趋过程中。

此外，除了外源污染物，青藏高原还有少量的内源污染物。青藏高原砷（As）的地质背景浓度较高，约 60% 的西藏土壤中砷浓度超过中国《土壤环境质量标准》的标准值（15 毫克 / 千克），高背景浓度也使青藏高原西部人群的砷摄入风险超过了环境阈值（Xue et al.，2020）。与之相类似，青藏高原土壤氟（F）的浓度也高于全国平均水平。这些元素的异常导致在高原东部和中部成为地方病（如氟斑牙、大骨节病

等）的集中爆发区（吴金措姆，2015；王婧 等，2020）；而土壤硒（Se）的浓度低于世界平均水平，是中国主要的贫硒带。此外，温泉开发、矿区生产等也会导致包括砷、氟、汞在内的部分元素进入河流中，加之高原部分城市的人类活动较为频繁，导致雅鲁藏布江等高原南部河流的下游污染元素含量高于全球背景水体浓度（Wang et al.，2019）。

模拟研究表明，青藏高原周边地区呈现不断增加的污染排放趋势，脆弱的高原生态环境所承受的污染胁迫将持续升高。因此，迫切需要通过国际科技协作和国内环境立法等手段共同消减和控制青藏高原自身和周边的污染排放，以减少污染物对高原环境的影响。

10.6.2 污染物在生态系统中有富集效应，存在一定的生态环境风险

草地生态系统存在有机污染物（POPs）富集。例如，纳木错地区草场的 POPs 大气沉降—牧草吸收—食物链富集等一系列传递过程的系统研究表明，2011 年冬、夏季纳木错草地近地表大气中六六六（HCHs）与滴滴涕（DDTs）的浓度随高度降低均呈减小趋势，说明草地大气 POPs 与地表的净交换方向是从大气向地表沉降（Wang et al.，2016a）。大气 POPs 向地表沉降，会被草地土壤和牧草富集。曲线拟合的牧草POPs 浓度随生长时间的变化表明，紫花针茅在生长季吸附 o,p'-DDT 可能在 79 天左右达到平衡状态。POPs 沿大气—牧草—牦牛这条食物链的富集程度可以用生物富集系数（BCF）量化。牦牛的 BCF 用酥油与牧草 POPs 浓度的比值表示，大多数化合物的 BCF 值都大于 1，表明这些化合物在牦牛体内发生了生物富集。牦牛新陈代谢p,p'-DDT 的能力大于持久性更强的 p,p'-DDE（Wang et al.，2015a），反映了 POPs 在草地生态系统食物链中发生传递、转化和富集的特点。

水生生态系统存在重金属和多种有机污染物（POPs）的富集。青藏高原环境中汞含量水平极低，但野生鱼体汞富集现象明显，与我国其他地区高汞污染环境中鱼体汞含量相对较低的结果形成鲜明对照（Li et al.，2015）。这是由于高原特有野生鱼类在低温寡营养环境中的极低生长率和较长寿命、较低的甲基汞去除率以及高效的甲基汞富集等原因造成的（Yang et al.，2011，2013b；Shao et al.，2016）。2011 年纳木错水生生物中 DDTs 和 PCBs 的浓度随营养级升高呈增加趋势，即浮游植物中浓度最低，鱼体中浓度最高；然而，HCHs 在浮游动物中的浓度最高，比其他生物高 2 ～ 8

倍；裸鲤 p,p'-DDE、PCB-153、PCB-138 和 PCB-180 的 BMFs 较高，可达 10 以上，表明 POPs 进入水生生态系统后在生物体内发生富集和放大，甚至沿整条食物链发生了营养级放大（Ren et al.，2017）。相比 PBDEs 和有机汞等污染物，HBCDs 更多源于干湿沉降，广泛出现在水生生态系统，青海湖、班公错、羊卓雍错和雅鲁藏布江的鱼体中 ∑HBCDs 平均值为 2.12 纳克 / 克，其中 α-HBCDs 占到了 65.8%（Zhu，2013）。

POPs 和 Hg 都具有高毒性，且可以在生态系统内富集。目前的监测发现，青藏高原东南部的森林生态系统可以吸收大气中的 POPs 和 Hg，最终储存到森林土壤中（Gong et al.，2014；Wang et al.，2014b）。而在高原草地生态系统和湖泊生态系统中，都发现了污染物随食物链放大的现象（Wang et al.，2015a；Zhang et al.，2015b；Ren et al.，2017；Li et al.，2019），甚至，高原部分野生鱼体内的高毒性污染物甲基汞的浓度超过了国家标准的最高限值（Zhang et al.，2014）。

第11章 现代人类活动对生态环境影响的综合评估

主要结论

青藏高原地区现代人类活动对生态环境的综合影响呈增加态势，但范围较小、强度较弱。

高原现代人类活动强度总体相对较低且呈增加趋势，生态保护和建设强度明显提高。高原人类活动强度低于全国与全球平均水平，人类活动强度较弱和很弱等级区域占高原面积的56.61%，较强和很强等级区域仅占23.72%；在空间上，人类活动强度呈现东部和南部高、西北部低的特点。1990—2019年，人类活动强度逐渐增强，强度指数增幅达17.31%，高原45.75%的区域人类活动强度指数呈增加趋势；2010—2019年，人类活动强度趋于平稳，增幅仅为0.04%；随着国家对高原生态保护和建设投入增多，生态保护和建设强度指数提高了39.73%。

人类活动对高原生态环境的影响程度整体相对较小，但呈逐渐加强趋势。人类活动影响程度以较低与很低等级为主，其面积占比达65.45%，而影响程度较高和很高等级面积占比仅为14.42%。人类活动影响程度从东南向西北递减，影响程度较高区域主要分布在东部边缘和一江两河地区，较低区域主要分布于青藏铁路以西、以北区域。1990—2019年，人类活动对生态环境的影响程度指数年均增长0.84%，其中2000—2005年增速最快，年均增长1.83%，2010—2019年增速减缓，年均增长0.70%。

11.1 人类活动强度总体较低，生态建设力度明显提高

研究构建了包括农牧业活动（如耕地面积、有效灌溉面积、农用物资使用量、设施农业面积、草地放牧强度、农畜产品产量等）、工矿业活动（如工矿占地面积、矿点分布密度、工业增加值等）、城镇化发展（如城镇用地面积、城镇数量、人口密度、城镇化率等）、旅游业（如旅游景点密度等）、重大基础设施建设（如公路和铁路密度、水电站分布等），以及生态保护和建设（如国家级自然保护区面积、重大生态工程实施面积、生态工程投资）等 6 个一级指标、15 个二级指标和 28 个三级指标的人类活动强度评估指标体系，计算了人类活动强度指数（HI），评估和分析了 1990—2019 年青藏高原人类活动的强度和变化。

11.1.1 高原人类活动强度远低于全国及全球平均水平

综合计算和分析表明，青藏高原人类活动强度指数（HI）总体较低，1990—2019 年多年均值为 0.22。人类活动强度等级以较弱和很弱为主，两者面积占比达到 56.61%，而较强和很强等级面积占比仅为 14.72% 和 9.00%（图 11-1-1）。

利用本研究计算的青藏高原人类活动强度指数（HI）以及国际上相关研究团队发布的全球人类改造度指数（gHM）（Kennedy et al.，2019），在对其标准化后，计算分析了青藏高原人类活动强度相对于全球和中国人类活动强度的比例。结果表明，青藏

本章统稿人：樊江文

撰　写　人：樊江文、张海燕、辛良杰、王兆锋、袁秀、李愈哲、张雅娴、王穗子、张良侠

审　核　人：王学

高原的人类活动强度约为全国的 26.57%，约为全球的 40.71%，高原人类活动强度总体处于较低水平。

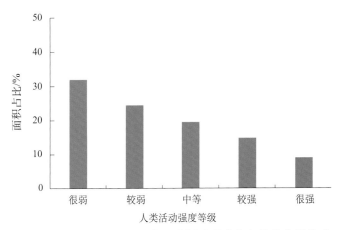

图 11-1-1　1990—2019 年人类活动强度多年均值分级构成

11.1.2　人类活动强度东部和南部高，西北部低

在空间分布上，2019 年高原人类活动强度指数（HI）呈现"东部和南部高，西北部低"的格局的特征（图 11-1-2）。高值区分布在青东、川西、西藏中南部等地区，

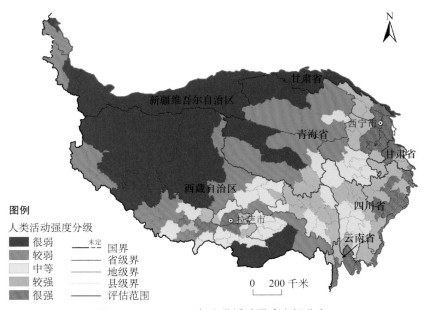

图 11-1-2　2019 年人类活动强度空间分布

主要集中在青海湟水谷地和西藏一江两河等区域。上述区域自然条件较为优越，人口相对密集，农牧业生产较为发达，集约化程度较高，生产性投入和产出水平较高。低值区主要分布在西北部高寒草原和高寒荒漠草原等地区，特别是羌塘高原和阿里山地等区域。该区自然条件相对较差，人口稀少，经济社会发展相对滞后，产业结构较为单一，生产水平相对较低。

11.1.3 人类活动强度逐渐增强，近年增幅减缓

1990—2019 年，青藏高原的人类活动强度指数（HI）呈增加趋势，增加了17.31%，高于 9%（Li et al.，2018）的世界平均增速。其中，1990—1995 年人类活动强度增加了 1.99%，1995—2000 年增加了 1.46%，2000—2005 年增加了 4.75%，2005—2010 年增加了 8.18%，2010—2019 年增加了 0.04%。总体表现为前期缓慢增加，2005年之后增速加快，2010 年之后增幅明显下降，趋于平稳。

研究表明（图 11-1-3），近 30 年来，人类活动强度指数以基本不变和有所增强的变化等级为主，面积占比分别为 32.46% 和 31.86%；其次是明显增强等级，面积占比为 13.89%；明显减弱和有所减弱等级的面积占比较小，分别为 10.31% 和 11.48%。在空间上，30 年来人口活动强度增加明显的区域主要分布在高原东部地区，以及人口分布集中的城镇周边地区，而西部地区的人类活动强度则基本保持稳定。

11.1.4 生态保护和建设活动强度不断提高

对生态保护和建设活动强度进行计算和分析表明，2019 年高原生态保护和建设活动强度指数为 0.17，在空间上呈现中部地区较高的特征，特别是三江源区、羌塘自然保护区，以及祁连山等区域的生态保护和建设活动强度较高（图 11-1-4a）。

2000 年以来，随着青藏高原地区退耕还林（草）工程、退牧还草工程、草原生态保护奖补政策、三江源自然保护区生态保护和建设工程、西藏生态安全屏障建设工程等一系列生态工程先后实施，高原生态保护和建设活动范围不断扩大，资金投入不断增加，活动强度不断增大。生态保护和建设活动强度指数由 2000 年的 0.123 增加到2019 年的 0.173，提高了 39.73%（图 11-1-4b）。

(a)

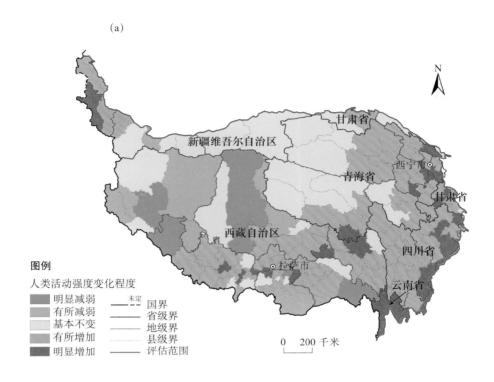

图例

人类活动强度变化程度

明显减弱　　　　未定　　　国界
有所减弱　　　　　　　　省级界
基本不变　　　　　　　　地级界
有所增加　　　　　　　　县级界
明显增加　　　　　　　　评估范围

0　　200 千米

(b)

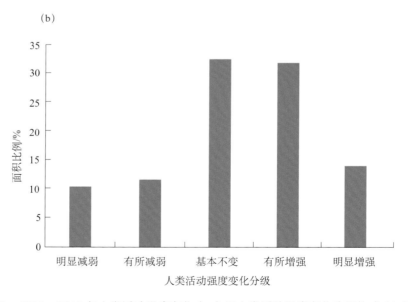

图 11-1-3　1990—2019 年人类活动强度变化（a）及人类活动强度变化分级构成（b）

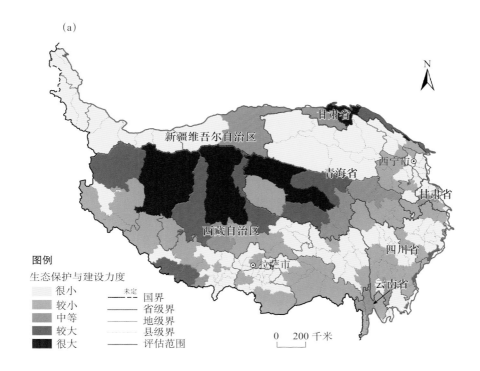

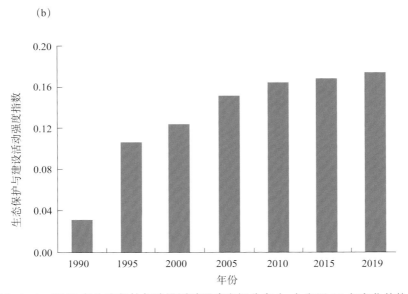

图 11-1-4　2019 年生态保护与建设活动强度空间分布（a）和近 30 年变化趋势（b）

| **11.2** | **人类活动对生态环境的影响总体较小，但逐渐加强** |

11.2.1　人类活动对生态环境的影响较小，生态环境变化受气候变化主导

研究构建了包括生态系统结构（包括各类生态系统面积和变化动态度等）、景观格局（包括斑块数、斑块面积、边界密度、多样性指数、聚集度指数等）、生态系统质量（包括植被覆盖度、植被净初级生产力等）、生态系统服务（包括水源涵养量、防风固沙量和土壤保持量）等 4 个一级指标和 12 个二级指标构成的生态环境评估指标体系，计算获取了生态环境状况指数（EI）。在此基础上，基于前文的人类活动强度指数（HI）和此处的生态环境状况指数（EI），计算了人类活动对生态环境的影响程度指数（EHI）。

研究表明，高原人类活动对生态环境的影响程度相对较小，近 30 年青藏高原人类活动对生态环境的影响程度指数为 0.28。在等级上，以影响程度较低和很低等级为主，两者总面积占比达到 65.45%，而影响程度较强和很强等级面积占比仅为 14.42%（图 11-2-1）。

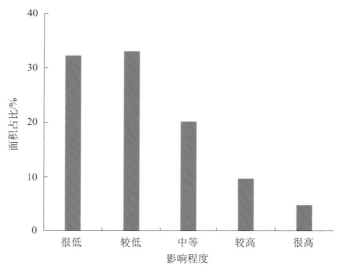

图 11-2-1　人类活动对生态环境影响程度分级构成

利用残差分析方法，通过潜在净初级生产力（通过 TEM（Terrestrial Ecosystem Model，陆地生态系统模型）模型模拟计算）与实际净初级生产力（通过 EC-LUE（Eddy Covariance-Light Use Efficiency）模型模拟计算）之间的差值，表征人类活动（扣除气候影响因素）对植被净初级生产力的影响大小，厘定了人类活动和气候因素对青藏高原生态环境影响的相对贡献率。结果表明，近 30 年来，由气候因素引起的植被净初级生产力变化面积占比为 60.93%，由人类活动导致的植被净初级生产力变化面积占比仅为 39.07%，表明气候变化是导致高原生态环境变化的主导因素。

11.2.2　人类活动对生态环境的影响从东南向西北递减

高原人类活动对生态环境的影响程度指数（EHI）区域差异明显，呈现"东南高—西北低"的空间分布格局。在高原东部，以及西宁和拉萨周边地区，人类活动对生态环境的影响程度较大，而在西北部人口稀少地区人类活动对生态环境的影响较小（图 11-2-2）。

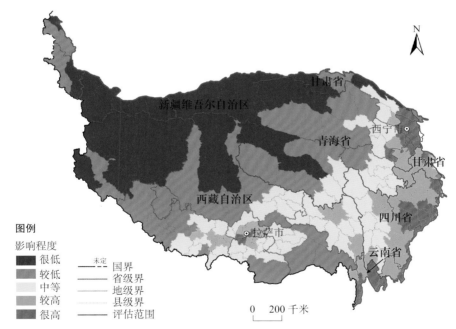

图 11-2-2　2019 年人类活动对生态环境的影响程度空间分布

11.2.3 人类活动对生态环境的影响多年呈增加趋势

在时间上，1990—2019 年的 30 年人类活动对生态环境的影响程度逐渐增强（图 11-2-3），青藏高原 EHI 从 1990 年的 0.24 增加到 2019 年的 0.31，增幅达 27.62%，年均增长 0.84%。其中，1990—2000 年人类活动对生态环境的影响程度指数年均增长 0.20%；2000—2005 年年均增长 1.83%；2005—2010 年年均增长 1.42%；2010—2019

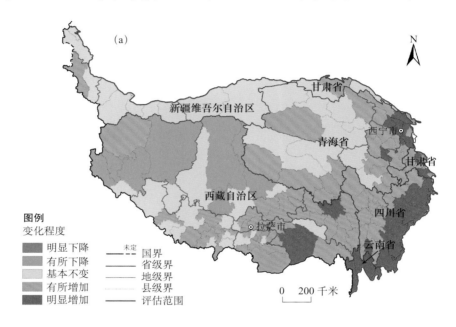

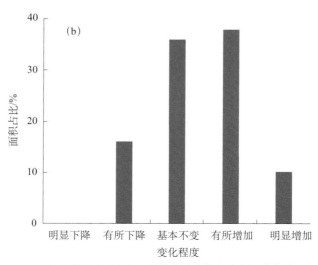

图 11-2-3　1990—2019 年人类活动对生态环境的影响变化程度空间分布（a）和近 30 年变化趋势（b）

年年均增长 0.70%。分析表明，2000—2005 年是人类活动对生态环境产生影响程度较为强烈的时期，2010 年后人类活动对高原生态环境的影响逐渐趋于稳定。

在空间上，近 30 年来，人类活动对生态环境影响指数（EHI）在高原呈现增加趋势的区域占高原总面积的 48.04%，其中，有所增加和明显增加的面积占比分别为 37.88% 和 10.16%；基本不变的区域占总面积的 35.93%；而呈下降趋势的区域仅占高原总面积的 16.04%，且以有所下降的等级为主。总体上，人类活动对生态环境影响明显增加的区域主要分布在高原东部和东南部各县（市、区）。

第12章

人类活动的分项调控策略

　　根据高原农牧业工矿业生产、城镇建设、旅游、生态保护与建设等人类活动对生态环境影响的程度与发展趋势，从促进经济与环境协调发展的角度，提出构建特色城镇体系、发展可持续生态农牧业、推进高原绿色工业发展、加快发展生态旅游业、提升高原生态安全屏障功能等调控策略。

　　保持人口合理增速，构建特色城镇体系和固边型城镇体系。到 2035 年，预计高原人口总量将达 1 600 万左右，城镇化水平将达 53%。应将拉萨城市圈和西宁都市圈人口规模调控在 120 万和 470 万左右，引导人口向格尔木、昌都卡若、那曲色尼、阿里狮泉河等重要节点城市适度集聚。制定优惠政策，吸引人口建设边境城镇带，使边境城镇人口达到 30 万，进一步强化城镇对青藏高原国土安全的保障作用。

　　构建可持续的现代生态农牧业体系。未来 15 年，高原农牧业活动范围及强度基本稳定。应保持现有耕地规模，控制家畜数量，适度发展人工种草。挖掘区域传统优势，因地制宜制定分区发展策略，打造西藏日喀则青稞产业区、藏东南蔬果茶产业区、青东藏药材产业区、青南生态有机畜产品生产区等特色农牧业发展区。

　　推进高原工业绿色化发展。积极培育高原绿色支柱产业，重点发展藏医药制品业和民族手工业等高原特色产业，加大发展光伏、风能、水电等清洁能源产业。大力推动高原绿色工业分区发展，完善相关配套措施，着力建设绿色工业园区和绿色产业基地。

　　加快发展生态旅游业。旅游人口将持续增长，预计 2035 年将达到 3.8 亿人次。构建与生态环境保护相匹配的青藏高原旅游空间格局，制定高原智慧旅游支撑体系，根据景区承载力及文化保护级别限制和引导旅游人口。

　　推进生态建设系统工程，提升高原生态安全屏障功能。高原生态环境保护任重道远，应科学划定生态红线，健全自然保护地体系；加快推进青藏高原国家公园群建设，明确功能定位，研制建设规划，创新管理体系；系统部署"山水林田湖草沙冰"生态工程，明确工程重点，形成系统治理的工程方案和管理体制，创新工程新模式；开展生态补偿机制和碳中和示范区建设，探索构建绿色资源开发利用的新路径。

12.1　未来高原人类活动强度持续加大

12.1.1　未来高原人口持续增长

根据 2000 年、2010 年人口普查资料以及 2015 年 1% 人口抽样调查资料，提取年龄 - 性别结构表、出生人口、死亡人口及跨省（区）人口迁移矩阵，采用队列要素法，分别对青海省、西藏自治区未来人口进行了预测。预计 2020—2040 年，青藏地区人口保持平稳正增长。参照《国家人口发展规划（2016—2030）》，青藏地区人口增长的"拐点"要滞后于全国大约 10 余年，这主要是得益于青藏高原少数民族地区长期以来相对优厚的生育政策的持续惯性。预计 2025 年青藏高原常住总人口将增长至 1 400 万左右，到 2030 年增长至 1 500 万左右，到 2035 年增长至 1 600 万左右，到 2050 年将达到 1 900 万，但仍在承载阈值（2 500 万左右）范围内。

12.1.2　农牧业活动范围与强度基本保持稳定

根据国家对青藏高原生态屏障建设战略定位，考虑退牧还草、坡地退耕和以草定畜等一系列生态保护政策措施的实施，预计到 2050 年，农牧业活动的范围和强度总体呈缓慢降低或保持基本稳定的趋势；设施农业会快速增长，以满足旅游人口增加和当地居民对蔬菜和水果日益增长的需求。

根据米级遥感影像解译结果计算，2000—2018 年西藏一江两河地区 18 县（市）

本章统稿人：方创琳

撰　写　人：方创琳、吕昌河、樊杰、卢宏玮、樊江文、王小丹、鲍超、王学、王振波、
　　　　　　马海涛、李广东、戚伟、史文娇

审　核　人：张镱锂

（耕地面积占西藏全区耕地的 52%）耕地面积年均减少 0.51%，青海河湟谷地（耕地面积占青海耕地的 57%）耕地面积年均减少 1.48%，这在一定程度上反映了高原耕地面积的下降趋势。2008—2018 年拉萨市和西宁市设施农业用地面积增长，预计 2030 年前青藏高原设施农业用地面积将保持增长趋势，增速逐渐减缓，2030 年之后其面积将基本保持稳定。

种植业的生产率将会保持缓慢增长的态势。1992—2016 年西藏粮食产量增加 56%，年均增长 1.87%。目前西藏作物单产多在 3 ～ 5 吨 / 公顷，尚有 30% ～ 50% 的增产潜力。种植业绿色发展将是未来趋势，通过调整作物结构，发展豆科牧草、豆科作物与粮食作物轮作，化肥用量可进一步降低。近年农膜使用普遍（用于玉米种植和蔬菜生产），存在潜在水土污染风险。

青藏高原畜牧业规模将保持稳定。为了加强生态保护，政府采取了严格的畜群按户登记制度，对畜群规模实行严格控制，对符合规定的农牧户按草地面积实施补贴，因此，预计未来畜牧业规模和草地放牧强度将基本保持稳定。近 10 年饲草种植有较大发展，在西藏一江两河农区已有耕地转种饲料玉米、燕麦草、草木樨等饲草作物，在部分热量和土地条件较好的牧区，棚圈种草和人工草地建设也得到较大发展。预计未来 10 ～ 30 年，人工草场建设将得到较快发展，在较好实施草畜平衡和补奖机制的基础上，将基本满足冬、春季节的饲草需求。

12.1.3　绿色工业化与绿色工业园区建设成为未来工业发展新方向

预计到 2030 年，青藏高原第二、三产业比重不断提高，第二产业中制造业比重上升。工业发展将向高质量绿色化方向转型，工业与农业和服务业的融合不断加深。在保护生态环境的前提下，青藏高原将促进石油、天然气、盐湖化工、有色金属等传统产业转型升级，积极发展技术水平高、环境污染少、投入产出高、经济效益好的新能源、新材料、装备制造和生物产业等战略性新兴产业。未来在更加重视生态环境保护和严格控制高耗能重工业发展的要求下，轻型制造业将成为青藏高原绿色工业化的重点和抓手。未来将培育高原绿色工业体系，大力发展太阳能、风能等清洁能源产业、高原智能制造业、绿色矿业、绿色农副产品加工业、净水产业和绿色药业等。将更加注重绿色工业园区建设，依托现有工业园区和产业集群地区，采用循环化、清洁化、低碳化和绿色化的发展方式，鼓励和推动这些产业区发展绿色产业，逐步建设成为绿色工业基地，使绿色工业基地成为推进青藏高原新型工业化的重要载体。

12.1.4　城镇化水平持续提高，城镇体系逐步优化

根据联合国人口预测法，在既定政策不变的情景下，预计 2025 年前后青藏高原常住人口城镇化率将达到 49%，之后转入城镇化减速发展阶段。预计 2035 年前后高原城镇化水平达到 53%，2050 年前后城镇化水平将控制在 55%，之后进入平稳状态。

预计到 2030 年，拉萨城市圈（包括拉萨的城关区、堆龙德庆区、达孜区、曲水县、尼木县、墨竹工卡县、林周县、当雄县，日喀则的桑珠孜区、白朗县、江孜县、仁布县，山南的乃东区、扎囊县和贡嘎县）城镇化水平将达到 50%，其中城关区达到 74%，日喀则桑珠孜区等地区均超过 50%，而墨竹工卡县、林周县、扎囊县等低于10%。西宁都市圈（包括西宁市辖区、湟中县、湟源县、大通回族土族自治县、海东市辖区、化隆回族自治县、循化撒拉族自治县、民和回族土族自治县，海北藏族自治州的海晏县，海南藏族自治州的共和县、贵南县、贵德县以及黄南藏族自治州的同仁县）城镇化水平将达到 60%，其中，市辖区高达 96%，海晏县达到 55%，海东市辖区、共和、大通等超过 30%，互助、湟中、循化等低于 20%。预计到 2030 年，格尔木市城镇化率将达到 90%，昌都市接近 30%，那曲市达到 40% 左右。

预测到 2030 年，青藏高原城镇人口规模超过 100 万的城市只有西宁市区，达到234 万左右；城镇人口规模在 50 万～100 万的城镇包括拉萨市区和海东市区，分别达到 71 万和 66 万；城镇人口规模在 20 万～50 万的仅有格尔木市区和日喀则市；城镇人口规模在 10 万～20 万的有大通县桥头镇、昌都市区、马尔康市马尔康镇等 10 个城镇，较 2025 年增加 1 个；城镇人口规模在 5 万～10 万的有日喀则市区、林芝市区等；城镇人口规模在 1 万～5 万的有 66 个城镇，较 2025 年增加 12 个；城镇人口规模小于 1 万的有 313 个城镇（不含新设置的建制镇）。到 2035 年，城镇人口规模在 10万～20 万的城镇较 2030 年增加 1 个；城镇人口规模在 5 万～10 万的城镇较 2030 年增加 4 个；城镇人口规模在 1 万～5 万的城镇较 2030 年增加 10 个；城镇人口规模小于 1 万的城镇（不含新设置的建制镇）减少 5 个（图 12-1-1）。

12.1.5　旅游业继续保持强劲发展势头

采用增长率法预测，到 2025 年，青藏高原年旅游人口数量将达 30 551 万人次，其中，青海、西藏预计分别达到 7 300 万、6 177 万人次，四川两州（甘孜藏族自治州、阿坝藏族羌族自治州，下同）预计达到 11 438 万人次，甘肃甘南藏族自治州预计

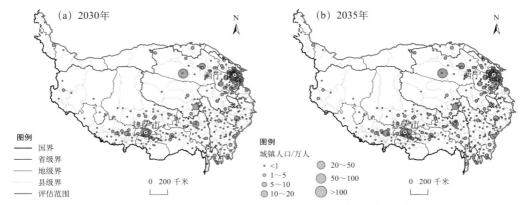

图 12-1-1　青藏高原 2030 年（a）和 2035 年（b）城镇人口规模的空间格局预测

达到 2 547 万人次，云南两州（怒江傈僳族自治州、迪庆藏族自治州，下同）预计达到 3 089 万人次；到 2030 年高原旅游人口预计达到 57 064 万人次，是 2019 年旅游人口的 2.9 倍。2025 年高原旅游收入将达到 3 130 亿元，其中，青海、西藏预计分别达到 800 亿元、680 亿元，四川两州预计达到 1 150 亿元，甘肃甘南藏族自治州预计达到 120 亿元，云南两州预计达到 380 亿元；2030 年高原旅游收入将达到 6 644 亿元，是 2019 年旅游收入的 3.1 倍。

未来青藏高原旅游业发展的空间格局与高原内旅游景区的分布、当前旅游业对生态环境的压力和当地客源地市场与人口流动状况密切相关。青藏高原旅游景区主要分布于高原的东部和南部边缘地带，未来旅游业发展的空间格局必然围绕现阶段高原 A 级景区分布，呈现显著的东高西低、南高北低的空间分布格局。从旅游生态压力指数来看，目前生态压力较高的地区为海西、西宁、海东、海北、海南、黄南、拉萨、山南、林芝、昌都和日喀则，且具有较强的空间集聚性。从未来发展格局预测值来看，青藏高原多数地区旅游生态压力指数仍在继续增长，且有加大趋势。

12.1.6　生态保护和建设仍是一项长期艰巨的任务

在未来，坚持"生态优先"的大方向，开展生态保护和建设，打造我国重要的生态屏障，保障国家生态安全仍是青藏高原面临的首要任务。尽管经过近几十年的努力，高原的生态环境状况明显好转，但随着气候变化和人类活动的加剧，目前高原生态系统压力不断增大，部分地区仍然存在草地退化和沙化、湿地萎缩、冰川退缩、生物多样性受到威胁、污染物跨境输入等一系列生态问题。生态保护和恢复治理是一项长期艰巨的历史性工作，未来应继续深入推进生态保护地体系建设，实施重大生态保护和建设工程，促进高原生态环境的全面改善及人地关系和谐发展。

12.2 加强高原特色城镇体系建设

12.2.1 保持合理人口增速，构建梳状固边型城镇体系

边境地区人口应保持平稳增长，避免边境地区人口过度减少。第六次全国人口普查显示，青藏高原边境地区城镇人口 10.57 万，常住人口城镇化率仅 23.30%，处于城镇化发展初期阶段的低水平状态，远滞后于全国大多数地区。未来应着力加强边境散点式的城镇化模式，优化升级边境交通，构建梳状固边型镇村体系。一是沿沟谷、古道等构建"口岸（边境岗哨）—边贸镇（乡）—边境县城"梳齿纵轴，连通边境前沿的军事中心、边贸中心与内陆腹地的行政中心，形成功能互补的边防走廊；二是沿国道 318、国道 219 等构建与边境线平行的梳柄横轴，作为每条梳齿纵轴的内陆腹地连接线，连通拉萨市、日喀则市、山南市、林芝市、阿里地区等后方中枢；三是以边境口岸、边贸城镇等为基点，建立横向乡村通道。未来应着力增加边境地区城镇建制设施，将有条件的戍边村按照戍边镇的标准建设，推动 2020—2030 年期间边境地区城镇人口突破 20 万，并在 2030—2035 年达到 30 万左右的城镇人口规模。

青藏高原边境 21 个县常住人口总规模 45 万，1982—1990 年、1990—2000 年、2000—2010 年、2010—2020 年，21 个边境县常住人口分别年均增长 5 523 人、5 079 人、4 264 人、4 743 人。根据常住人口与户籍人口的差值，浪卡子县、康马县、洛扎县、定日县、岗巴县、错那县、隆子县呈现人口净流出，大多集中在中印、中不交界地区（含印度实控藏南地区，下同）。应大力推进口岸型特色小镇建设，通过边境贸易吸引外地人在边境镇从业生活，加快樟木口岸的恢复重建和樟木镇的重新开放；鼓励西藏自治区高海拔移民向边境地区迁居，建设移民村镇。

12.2.2 调控拉萨城市圈和西宁都市圈人口集聚规模

拉萨城市圈处于一江两河地区，涉及西藏自治区首府拉萨、西藏古文明发祥地之

一山南，以及具有西藏粮仓之称的日喀则，是青藏高原重要的人口稠密区之一，是西藏自治区人口集聚度最高的地区。拉萨城市圈范围内已经形成以拉萨市辖区、日喀则市辖区和山南市辖区的三个人口集聚中心，其中，拉萨市辖区保持较高人口增速，周边地区人口增速放缓，但具有较强的人口集聚力，是拉萨城市圈乃至西藏自治区人口集聚最活跃的地区。到 2025 年，拉萨城市圈常住人口将增加至 100 万，2030 年达到 110 万，2035 年达到 120 万，成为西藏本地人口、外来人口的集聚中心和青藏高原游客的集散中心。

拉萨城市圈主要调控策略包括：一是进一步提升拉萨城市圈的人口集聚力，使之成为本地近程人口、远程人口及外来人口的主要集聚区。以拉萨市城关区为中心，着力培育堆龙德庆区、达孜区以及山南乃东区、贡嘎县和日喀则桑珠孜区 5 个城镇人口集聚副中心，提升县城的就地城镇化能力；二是重视拉萨城市圈人才集聚水平的提升，着力建设拉萨城市圈内高校、科研机构及创新型企业，培养高原专业科技人才，制定优惠政策，吸引内地人才入驻，同时吸引本地在外就读学子回乡；三是加强外来人口的社会保障，全面开放落户政策，保障外来人口的住房、教育、医疗等基本社会需求，吸引外来人口从常住务工型人口向本地常住型人口转化。

西宁都市圈处于河湟谷地地区，涉及西宁、海东两个建制市以及青海湖的东侧和南侧，是青藏高原人口最稠密区之一，也是青藏高原人居条件较好的地区之一。到 2025 年，西宁都市圈常住人口将增加至 420 万，2030 年达到 440 万，2035 年达到 470 万，成为青藏高原最大的人口集聚中心。西宁都市圈范围内已经形成以西宁市辖区为绝对优势的人口集聚区，并与其周边的湟中、海东市辖区、民和、化隆、互助等共同构成青藏高原人口密度最大的人口连片集聚区，其中，西宁市辖区保持较高人口增速，但是周边地区人口增速较慢，甚至呈现负增长，足见西宁市辖区作为西宁都市圈人口集聚核心的强势地位。

西宁都市圈人口调控方案主要包括：一是积极推动西宁都市圈的人口集聚力，依托相对良好的宜居条件，吸引以青海省其他地区为主的青藏高原内部人口城镇化。同时，通过西宁作为兰州—天水、河西走廊及新疆高铁走廊的重要节点，将西宁打造成为西北地区重要的游客集散中心，依托旅游业、物流业等业态吸引外来人口入驻。二是加强西宁都市圈和兰州都市圈的人口流动往来，成为兰西城市群要素流动的重要组成部分，重点培育海东人口集聚力，成为连通兰州和西宁走廊的重要新兴人口集聚中心。三是打造青藏高原人才集聚高地，着力发展以西宁为中心的高校、科研机构及创新型企业，重点培养面向高原可持续发展的人才，打造成为西北地区新兴的高校和人才集聚中心。

12.2.3　引导人口向重要节点城市适度集聚

格尔木市是重要的工矿城市，是青藏高原经济相对发达城市和典型移民城市，也是青藏高原重要的节点城市。预计 2030 年前后，格尔木市常住人口将突破 30 万，其中流动人口对格尔木市城镇化发展贡献较大。作为西部典型的移民城市，未来时期，格尔木市应当特别重视外来人口的市民化进程，进一步保障外来人口的住房、教育和医疗等社会需求；作为青藏铁路的重要驿站城市，格尔木市正由传统工矿城市向生态旅游综合发展方向转变，城镇化发展要考虑到旅游人口容量；作为坐落于西北生态脆弱地带的城市，需要加强以水定人的人口总量控制，保障城镇居民的水资源供应。同时，格尔木市辖管唐古拉山镇等飞地地区，应当进一步推动生态移民，促进生态移民生产生活方式的城镇化转变。

昌都市是藏东地区的重要节点城市，也是较新的建制市。预计 2030 年，昌都市域总人口将突破 70 万，其中，昌都市市辖区人口保持在 20 万左右。随着川藏铁路线的建设和开通，昌都市将成为连通内地和西藏腹地的重要交通节点城市，未来时期，应当重视对周边地区就地城镇化的带动力，依托川藏铁路线发展成为西部地区职能特色鲜明的小城市。

那曲市是藏北地区的重要节点城市，是青藏高原年轻的建制市。预计 2030 年，那曲市域总人口突破 40 万，其中，那曲市辖区人口保持在 15 万左右。那曲市是青藏铁路的重要节点城市，同时是唐蕃古道历史文脉通道的重要驿站城市，随着近年来虫草产业和旅游产业的发展，那曲地区城镇化发展较为突出，并且在建制上由传统地区改变为建制市。未来时期，那曲应当重视走生态城镇化路线，城市规模等级为小城市档位，加强对周边牧区的人口城镇化带动，发展牧区特色人口城镇化模式。

另外，阿里地区狮泉河镇是藏西北地区的重要节点城镇，是新藏公路的必经之地，且阿里地区拥有独特的自然与人文旅游资源，有望进一步发挥人口集聚作用。

12.3　构建可持续的现代生态农牧业体系

12.3.1　积极打造现代农牧业示范区和特色产业带

青藏高原的农牧发展应立足当地的资源特点和农业传统，推动绿色农牧业发展，总体方向是：（1）农牧业应以满足当地农牧民的基本口粮和畜产品需求为目标，在保持耕地基本稳定的基础上，适度减少坡耕地种植，将土壤贫瘠、耕作成本高的耕地调整为饲草地；控制牧畜规模，维持草畜平衡；（2）加强和规范林下菌类、中药材、虫草等特色资源的有序采集，增加农牧民收入。在气候适宜的东南部山区和青海东北部低海拔地区，支持和推动果树（如核桃、枸杞、苹果）和绿色茶叶（如察隅、波密地区）生产；（3）坚持科学种植，在保证较好经济效益的前提下，发展蔬菜、瓜果等设施农业种植，满足旅游业的快速增长所带动的蔬菜需求，增加农业收入；（4）积极发展饲草种植，引导农牧民改善牧畜养殖方式，缩短饲养周期，减轻冬春饲草压力，重点发展独具地方特色的牦牛、藏香猪养殖，适度控制藏羊的数量和规模；（5）在青藏高原南部、西部和东南部边境线地区，适度加强农业开发，稳定和提高人口规模，促进边境安全。

面向青藏高原生态保护和屏障建设定位，并考虑边防安全，制定现代农牧业分区方案，将羌塘高原、三江源（含若尔盖湿地）、祁连山—青海湖等地区划定为农牧限控区，以保护为主，重点是控制家畜数量，提高出栏率和生产率；将边疆带单独划出，注重适度土地开发，发展种植业、设施农业和绵羊产业，吸引人口聚集；将其余地区划分为藏中南农牧业适度发展区、横断山农林牧业适度发展区、青海东部河谷农业发展区和柴达木盆地绿洲农业区等四个农牧业发展区，重点发展青稞和油菜、牦牛和藏香猪、核桃和枸杞、食用菌、设施农业等特色产业（表 12-3-1、图 12-3-1）。

表 12-3-1　青藏高原生态保护和农业调控区划与调控目标

区号	区名	农业调控发展方向与措施
1	藏中南农牧业适度发展区	建设青稞、牦牛、藏香猪、核桃生产基地，开发菌类等林下资源
1.1	一江两河农牧小区	建设青稞、设施蔬菜种植基地，控制化肥、农药使用；发展农区绵羊、牦牛畜牧业，提高出栏率和产肉率
1.2	唐古拉山南坡畜牧小区	优化牦牛、绵羊的畜群结构，提高出栏率和草畜生产率
1.3	尼洋河农林牧业小区	发展冬小麦、冬青稞种植；建设藏香猪、藏鸡、牦牛养殖基地，加强松茸等菌类、核桃等果木开发，建设种植园
1.4	怒江源区畜牧小区	发展牦牛放牧养殖区，适当控制绵羊数量，提高出栏率
1.5	怒江上游农牧小区	发展青稞和牦牛养殖，适当控制绵羊数量
2	边疆带农牧业适度发展区	适度发展青稞和设施农业，提升农牧业发展水平和人口规模
2.1	边疆西北段畜牧小区	适度扩大青稞、油菜、马铃薯种植，加强设施农业建设；优化绵羊和牦牛养殖，提高出栏率

续表

区号	区名	农业调控发展方向与措施
2.2	边疆中段农牧小区	适度发展青稞、油菜和设施农业，发展绵羊产业
2.3	边疆东南段农林牧小区	发展水稻、玉米和茶叶、柑橘等水果种植；开发野生菌等林下资源
3	横断山区农林牧业适度发展区	重点发展玉米和水果种植；优化畜牧结构，发展生猪养殖
3.1	横断山南部干热河谷农林小区	发展水稻、玉米种植；绵羊、猪肉生产；柑橘等水果种植
3.2	横断山中北部农林牧小区	发展小麦、玉米等粮食作物；开发肉奶和林下资源
3.3	横断山东部农林牧小区	发展玉米、水稻、小麦种植；绵羊、生猪生产；林下资源开发；水果生产
4	羌塘高原动物保护畜牧限控区	严格控制畜牧规模，实行退牧还草
4.1	羌塘南部限牧小区	限制放牧，逐步减少绵羊、绒山羊数量
4.2	羌塘中部畜牧严控小区	严格控制畜群数量，实行退牧还草
4.3	羌塘北部荒漠禁牧小区	在无人区禁止放牧
5	三江源区水源保护农业限控区	适度退牧和退耕，逐步降低农业活动强度
5.1	三江源南部山地农牧限控小区	适度退耕、调整畜群数量，逐步降低放牧强度
5.2	三江源北部高原限牧小区	减少绵羊数量，控制牦牛规模，降低放牧强度
5.3	三江源若尔盖草地限牧小区	控制畜群数量，优化畜群结构，逐步降低放牧强度；发展人工草场建设
6	青海东部河谷农业发展区	建设小麦、青稞、油菜种植基地；发展农区圈养畜牧业；调整作物种植结构，扩大人工饲草种植面积
6.1	共和盆地农牧小区	优化小麦、油菜、马铃薯等作物的种植结构，提高生产效益；推动发展农区和舍饲畜牧业
6.2	湟水河—甘南农牧小区	推动小麦、油菜高产农田建设，建设粮食生产基地；推动农区畜牧业发展
7	柴达木盆地绿洲农业区	发展绿洲种植业，建设小麦和枸杞生产基地，提高农业收益
7.1	柴达木盆地东部绿洲农业小区	支持国营农场建设，推动绿洲农业和枸杞生产基地建设
7.2	柴达木绿洲西部荒漠农牧小区	适度发展绿洲农业
8	祁连山—青海湖动物保护农牧限控区	优化作物种植和畜群结构，适度退耕和退牧还草，改善野生动物的生存环境
8.1	祁连山限牧小区	控制牧畜数量，限制放牧强度
8.2	青海湖农牧限控小区	优化作物种植和畜群结构，适度退耕和限牧

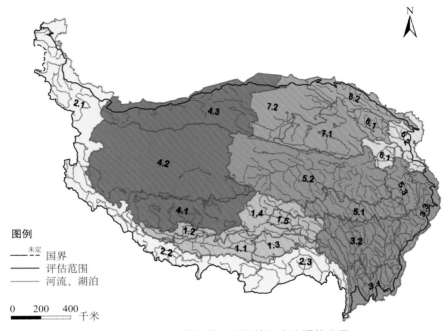

图 12-3-1　青藏高原生态保护与农业调控分区

（图中数字表示区号，同表 12-3-1）

12.3.2　因地制宜布局特色农牧业

根据粮食生产功能区和重要农产品生产保护区布局，因地制宜打造西藏日喀则青稞产业核心区、藏东南菜篮子林果茶核心区。推动形成青海东部特色种养高效示范区、环湖农牧交错循环发展先行区、青南生态有机畜牧业保护发展区和沿黄冷水养殖适度开发带等"三区一带"农牧业发展格局。

重点建设一批粮食、油菜、蔬菜、藏药材、马铃薯、蚕豆、林果茶生产基地，集中投入、整体推进，形成集中连片、功能突出的优势主导产业区。

粮食生产核心区。西藏以"一江两河"中部流域为主体，青海以东部农业区、柴达木盆地及黄河、湟水流域为粮食生产区，重点建设海北、海南、海西和海东四大优质青稞主产区，加强高标准农田建设，提高单产水平。

油菜生产核心区。强化"一江两河"中部流域、青海海北与环青海湖地区的油料生产供应能力，建设高原优质油料种植基地，聚焦重点区域，突出优质化、标准化和产业化，强化龙头企业带动作用，提高油菜加工转化水平。

蔬菜生产核心区。在西藏自治区突出打造林芝蔬菜优势区，青海省重点发展东部的湟水流域、黄河谷地和柴达木绿洲农业区的蔬菜产业。重点发展包括拉萨城关、堆龙德庆、达孜、桑珠孜、拉孜、江孜、乃东、贡嘎、巴宜、卡若、渭源、凉州、古浪、彭州、大邑、什邡等县（区）的优质蔬菜生产核心区，加快设施蔬菜生产基地建设。

藏药材生产核心区。在保护和合理利用野生资源的基础上，按照保源头、强科技、建基地、创品牌的思路，加快藏药材产业发展，重点在柴达木盆地、环湖地区、东部农业区等地种植枸杞、大黄、红（黄）芪、秦艽、党参等。青南地区适度发展唐古特大黄、贝母、川西獐牙菜等中藏药材。适度发展青海玉树、西藏那曲虫草产业。

牦牛藏羊优势产区。在高原草地畜牧业生产区，打造年末存栏 970 万头的牦牛优势产区，加快牦牛本地品种选育和良种繁育推广步伐，优化畜群结构，加快畜群周转和市场供给。建设总存栏 700 万只的绵羊优势产区，建设总存栏 400 万只的绒山羊优势产区。

优质粮油加工区。在拉萨、日喀则、山南、西宁、海东等市集中建设粮油加工区。在油菜主产区逐步形成油菜籽加工规模大、中、小相结合，产品档次高、中、低相结合的加工企业布局，引导企业推进机制创新和技术改造，延长产业链，提高附加值。

优质畜产品加工区。在拉萨、日喀则、昌都、那曲、西宁等地建设畜产品加工区，重点发展牦牛、绵羊和绒山羊等畜产品加工。提升畜产品精深加工水平和商品率，培育、引进各类肉、奶、皮毛生产加工的龙头企业，重点发展轻薄的功能型牛（羊）绒精纺品、精纺面料和交织面料等。此外，以西宁、海东、海南为主发展饲料加工业，生产优质草粉、优质干草和玉米秸秆压块等主导产品。

12.4　推进高原工业绿色化发展进程

12.4.1　培育高原绿色产业

以提升青藏高原绿色工业创新能力为核心，加快培育发展高原智能制造业、高原生物医药业、高原新型能源业、高原新材料业、高原绿色产品加工业和高原民族手工业等绿色工业。

智能制造业与大数据产业。一是推进工业智能机器人、先进传感器及信息传递技术和增材制造设备的应用，推广集成化制造单元和集成化制造生产线，全面提升制造业智能化水平。二是依托大数据中心，推动大数据智能终端设备部件配套生产，实现终端产品制造与大数据应用服务互动发展，落实国家"东数西算"工程，建设青藏高原"算力"中心。三是推进北斗卫星导航和全球定位系统、新能源汽车、高寒探险旅游装备制造等技术应用和发展。四是推动太阳能光热发电系统制造产业链，重点引进和发展聚光反射镜、集热管、太阳能热水系统及分散式家庭光－电－热蓄能供暖系统、中高温太阳能集热应用技术等相关设备制造等项目。五是发展适用于青藏高原高海拔、低气压环境的农机装备，实现农机装备与农业生产的相互促进与协同发展。

高原生物医药业。一是充分利用青藏高原地区独特的中藏药材和生物资源，传承、保护藏医药文化，围绕藏医药、生物医药、保健品、医疗服务、健康管理、养生保健等领域，加快生物制药和大健康产业创新发展，将青藏高原建成全国藏医药研发和生产及出口中心、高原生物医药产业创新中心。二是积极利用现代生物技术，以生物制品和药品两大系列为方向，研发具有较高科技含量、无污染的系列产品，构筑具有鲜明地域优势和高原特色的生物产业链和产业集群。扩大中藏药材种植规模，开发一批中藏药新产品、新剂型，推动重大疾病治疗药物创新和产业化。三是大力提升藏药研发创新能力，推动藏药生产标准化。完善藏药标准体系和检验检测体系，严格执行新版《药品生产质量管理规范（2023年修订）》，增加藏药在国家基本药物目录中的品种和数量。

新型清洁能源产业。立足于青藏高原地区丰富的能源优势，推动太阳能、风能、水电、动力储能电池等新能源产业的发展。一是打造全国最大的太阳能发电基地，推进集中连片的太阳能发电项目，规划建设光伏发电开发基地，实现清洁能源规模外送。二是立足于锂电产业，培育发展储能电池配套产业。推进新能源汽车、电子数码、工业储能等锂电池终端应用产业发展，打造全国有影响力的锂电产业基地。三是在条件具备的地区以规模化风电场建设为核心，建立风机叶片、轮毂、变速器、变压器等整机及关键零部件制造、维修、保养运营和服务业的风电产业链。建设青藏高原风光互补清洁能源基地。

高原新材料产业。一是推动锂电产业链集聚发展。提升盐湖提锂生产工艺，发展新型锂电正负极材料、隔膜材料、电解液和锂电池辅助材料及高能量密度、高安全、长寿命的锂电池、三元电池制造业。二是发展高端镁化合物系列优质耐火材料、高端无卤阻燃材料、绿色环保型镁建材等新能源和盐湖化工衍生产业链。三是推动新型合金材料的发展，着力发展铝基、镁基、钛基、锂基合金等新型轻金属合金材料。发展航空航天、船舶、车辆、轨道交通用轻质高强合金、耐热合金、高韧性合金、高耐磨合金材料和加工型材生产。

高原绿色产品加工业。依托青藏高原无污染的土地（或土壤）环境，推动特色农副产品生产与加工、特色牧业养殖与加工、特色林副产品生产与加工、特色花卉生产与设施园艺、天然饮用水等产业的发展。其中，青藏高原地区天然水资源丰富，水质优良，开发利用价值高，可作为高原绿色产品加工业的突破点。充分挖掘青藏高原地区绿色、净土、健康、文化元素，大力发展中高端消费天然饮用水，适度发展满足母婴、化妆、医疗等需求的特定用途水；加快开发青稞和核桃等特色饮品、保健型饮品。

高原民族手工业。大力发展民族手工业既能推动加快区域经济发展、促进工业化提升，又能满足广大农牧民生产生活需求、维护社会稳定和弘扬高原民族文化。一是推动民族手工业与旅游产业融合发展。大力发展民族服饰业和民族特需品产业，提升昆仑玉、唐卡、藏式饰品等民族工艺品和旅游纪念品产业集群。坚持"民族特色"，把青藏高原的民俗、民族等文化元素融入旅游纪念品，丰富民族手工业产品的层次，提升产品文化内涵和质量。二是推动民族手工业精品化、品牌化。完善传统工艺和技艺认定保护制度，支持申请地理标志产品和知识产权保护工作。不断挖掘民族手工艺品的文化内涵，打造民族特色品牌。

12.4.2　推动高原绿色工业化分区发展

青藏高原绿色工业化需要因地制宜、差异化发展，需要对工业重点发展区、工业优化发展区、工业适度发展区和工业禁止发展区分别制定发展策略。同时，积极制定相关政策，完善体制机制，营造良好的工业发展环境；鼓励工业创新，提升工业技艺水平；培养高级人才，强化人才支撑体系；推广特色产品，形成特色品牌效应；注重生态环境保护，推进工业防污减排。通过深化和完善政策与制度体系，为青藏高原绿色工业化发展提供坚实保障。

工业重点发展区。主要是青藏高原内的工业园区和矿区，包括 4 家国家级工业园区和 16 家省级工业园区。积极发展关联产业，拉长产业链条，引导布局分散的中、小工业企业逐步集中到产业集聚区，形成产业集群的生产基地和研发创新基地；利用现有的大小工业园区建设一批产业特色鲜明、比较优势明显、市场竞争力强的工业产业集聚区。明确各工业园区的主导产业，避免产业结构雷同，形成"产业链、产业群、产业网"的共生链网，实现园区持续性发展。

工业优化发展区。包括西宁、格尔木和拉萨三个重点城市的工业园区等区域，是青藏高原经济比较发达、人口比较密集、开发强度较高、创新要素集聚、具有较强影响力以及环境问题较为突出的区域。一是创新发展。深化工业城市科技体制改革，提高自主创新能力，以科技创新推动工业发展方式转变，促进工业结构优化升级。二是差异发展。三个重点工业城市是青藏高原工业化的龙头，应实现三个城市工业的差异化发展，进而带动青藏高原整体工业化进程。三是产城融合。在工业化发展过程中注重工业发展与城市发展相结合，协调好产业与城镇之间的关系，实现产城融合发展。

　　工业适度发展区。包括青藏高原除工业重点发展区、工业优化发展区和工业禁止发展区域以外的地区。一是生态优先。坚持绿色发展，在生态保护前提下调整工业结构，优化工业布局，提高工业发展的经济效益和生态效益，走绿色工业化道路。二是科技引领。鼓励发展高端装备制造业、新材料和新能源等产业，引进先进技术，增强青藏高原工业企业的核心竞争力。三是文化特色。充分利用青藏高原独特的民族文化资源，加快发展民族手工业等特色轻工业，发展藏医药等特色生物医药产业。

　　工业禁止发展区。包括青藏高原范围内的国家公园、各类自然保护区、森林公园、重要湿地等生态环境重要地区。一是有序引导人口逐步转移，实现污染物"零排放"。二是禁止工业化开发，在区域内实施强制性生态环境保护措施。

12.5 加快发展生态旅游业

12.5.1　构建与生态环境保护格局相匹配的旅游空间格局

　　西藏自治区应围绕落实建设"具有高原和民族特色的世界旅游目的地"目标，以世界顶级自然生态和藏文化资源富集地为基础，构建高质量发展的"一心两带三区四环"旅游发展空间布局：一心（拉萨国际文化旅游城市）、两带（G219沿边大通道旅游经济带和高原丝绸之路旅游区域经济带）、三区（冈底斯国际旅游合作区、大香格里拉旅游合作区和林芝国际生态旅游区）、四环（"东西南北"四条旅游环线）。注重旅游综合发展与生态文明建设相结合，将旅游与民族交往交流交融、兴边富民相结合，加快由景点旅游发展模式向全域旅游发展模式转变，推进旅游业优质复苏和高质量发展。

　　青海省应围绕打造国际生态旅游目的地，着力构建"一环六区两廊多点"文旅发展总体布局，形成以旅游目的地为主体，以点带面、以线连片的旅游发展新格局。串联青海湖、塔尔寺、茶卡盐湖、金银滩、祁连山、昆仑山等自然和人文景观，全力打造展现生态安全屏障、绿色发展、国家公园示范省、人与自然生命共同体、生物多样性保护、民族优秀文化等主要内容，形成大分散、小集聚，点线面有机组合的青藏高原生态文明文化旅游大环线。发展青海湖、三江源、祁连风光、昆仑溯源、河湟文化、青甘川黄河风情等六大文化旅游协作区。建设青藏世界屋脊文化旅游廊道和唐蕃古道文化旅游廊道。以旅游景区、旅游休闲街区、文化场馆、艺术演艺空间、产业园区、乡村旅游接待点、旅游驿站、交通枢纽等共同组成旅游集聚节点。目前青藏高原旅游资源集中在高原东部、南部，旅游业发展呈现东高西低、南高北低的空间分布格局，为了避免旅游景区因超量接纳外部的强制输入而导致景区生态系统失衡，应适当加强青藏高原西部、北部、中部的旅游资源开发，适当分流，减轻东部、南部景区的承载压力。同时，应增强青藏高原西部、北部和中部的交通基础设施建设，提升区域发展旅游业的基础条件。

12.5.2　推进高原智慧旅游支撑体系建设

系统提升旅游产品能级。建立青藏高原旅游资源特种基因谱，把具有青藏高原独特性的气象、气候、特种线路、特种活动、雪山峡谷、冰川谱系作为具有世界性吸引力的资源进行调查、分类，为我国建立特种旅游资源普查和产品开发提供"高原经验"。打造江河源头生态观光、高原科考探险、生态体验和自然生态教育等生态旅游品牌，构建地球第三极、亚洲水塔、天湖之旅等主题化、品牌化生态观光休闲产品体系。针对青藏高原绿色旅游产业"淡季过淡，旺季过旺"的季节性特征，鼓励开发全季旅游产品，降低旅游业成本，提高效益。为了避免当前存在的旅游业发展分块独立情况，增加旅游业附加值，应从整体上进行发展规划，认真落实旅游业发展行动，延伸旅游业产业链，加强旅游外联通道建设，强化要素保障，增加产品供给，提高旅游市场接待服务水平。

鼓励全域旅游与全民就业。青藏高原旅游资源丰富，应鼓励发展全域旅游，全力推进"旅游+"，支持旅游业与农业、工业及第三产业等融合发展。在旅游沿线大力发展生态休闲度假、农耕体验、乡村手工艺等田园综合体，打造休闲农业观光园区和乡村旅游点。依托工业园区，开发集娱乐、科普于一体的工业旅游产品，打造食用盐、矿泉水、牛羊肉等绿色产品，提升旅游业综合效益。开展文化旅游创意产品销售、景区旅游项目推介等活动，积极开展旅游演艺节目。

鼓励全行业发展智慧旅游。应加强基础设施建设，夯实智慧旅游发展信息化基础，建立完善旅游信息基础数据平台，建立游客信息服务体系、智慧旅游管理体系，构建智慧旅游营销体系，推动智慧旅游产业发展。加快构建"旅游资讯一览无余、旅游交易一键敲定、旅游管理一屏监控"的全域智慧旅游体系，提高旅游信息化水平。加强示范标准建设，加快创新融合发展，建立景区门票预约制度，推进数据开放共享。同时，建设智慧交通网络体系，为旅行者提供准确的实时路况信息。应进行智慧营销，利用大数据挖掘游客旅游行为，利用新媒体传播特性吸引游客参与旅游的传播和营销，挖掘游客兴趣和需求，为游客提供便捷服务。

12.5.3　加快旅游业生态文明建设

大力发展生态旅游。全面推进生态旅游发展规划部署，坚守生态旅游发展红线、生态旅游环境质量底线、生态旅游资源利用上线，明确旅游控制开发和严格生态保护的区域范围。旅游业深入实施环境准入负面清单制度，对不同类型的旅游资源开发活动进行分类指导，建立景区游客流量控制与环境容量联动机制。强化部门协同和生态资源保护利用，科学开展生态教育、生态旅游、生态体验等活动，充分考虑生态承载力、自然修复力，运用大数据、云计算等新技术，做好预约调控、环境监测、流量疏导，将旅游活动对自然环境的影响降到最低。在以国家公园为主体的各类自然保护地、重点生态旅游景区建设科普教育场所和生态文化体验基地，利用生态场景、互动体验、现代科技手段向游客普及生态环境科普知识，加强生态教育。积极引导当地社区和群众参与生态旅游建设、经营和服务。

根据景区承载力控制旅游人口。一是协调好旅游景区的供给关系，通过大众传播媒介适当引流。二是允许或以法规的形式要求景区经营者和管理者采取浮动价格，引导部分游客因经济原因而改变流向。三是开辟新的替代性旅游景区，选择旅游效果近似，但在时间上、价格上更节省的旅游地，以替代饱和或超载的旅游地。四是选择本身具有较高吸引力、价格较低的邻近旅游地，通过传媒促销吸引旅游者，从而减轻景区连续性饱和或超载的压力。五是轮流开放景区，分区恢复。在轮流开放景区时，应注意开放的景区类型搭配，不要同时将同一类型、同一功能的景区全部关闭，以免影响游客游兴和整个景区的形象。六是根据景区承载力实时控制旅游人数，在景区的主要景点前设置电子显示屏，显示旅游者的密集分布情况，供旅游者合理选择景点。当游客人数达到景区最大承载量的 80% 时，应该限制游客进入景区。七是旅游管理部门根据游客分布情况，宣传独具特色而游客较少的旅游线路和旅游产品，引导游客提前分流；加大环境保护的教育与监督，提升游客爱护环境的自觉性，可尝试征收自驾游环保费。

根据文化保护级别控制旅游人口。一是对青藏高原区域范围内的文化遗产进行普查，并依据其稀缺性和对环境的依赖程度进行分等。二是依据高原文化资源分等情况出台相关政策法规，在青藏高原文化的核心地带及文化遗产保护级别较高的地区，优先保持文化的原始性。本着"保护为主，抢救第一，合理利用，加强管理"的原则保护文化遗产，周边地带适当进行旅游开发，限制旅游人口无序增长，合理创造经济效益，更好地保护高原文化资源。三是制定相关政策法规，实现严格监管，严肃惩处违规开发机构和个人，打造"互联网+X"的旅游监管新常态，对于不合理开发文化资源的现象要坚决严肃惩处。

12.6 推进生态建设系统工程，提升高原生态安全屏障功能

12.6.1 全面优化生态安全屏障格局

1）科学划定生态保护红线

生态保护红线区域是未来履行青藏高原生态安全屏障功能的关键区域，应科学划定，严格管理，切实成为青藏高原生态安全体系的枢纽和节点（Fan et al.，2019）。根据西藏、青海以及云南、四川、甘肃和新疆6省（区）《主体功能区规划》核算，青藏高原生态空间占国土面积比重高达89%。以上述6省（区）主体功能区规划界定的禁止开发区域为基础，参照有关部门发布的生态保护红线综合划定方法，对青藏高原生态保护红线进行初步划分，提出生态保护红线初步方案建议（表12-6-1）。初步方案中高原生态保护红线区面积79.82万平方千米，占青藏高原土地总面积的31.06%，空间分布大致呈"三屏两带"的格局。"三屏"为昆仑山—藏北高原生态屏障、喜马拉雅山—帕米尔高原生态屏障、阿尔金山—祁连山生态屏障；"两带"为纳木错、色林错等高原湖泊地带和横断山—雅鲁藏布江河谷地带。在生态功能类型上主要包括水源涵养、水土保持、生物多样性维护和地质灾害防治四种类型。

表 12-6-1　青藏高原生态保护红线类型

红线区名称及类型	面积/平方千米	占比/%
三江源水源涵养、生物多样性维护和自然灾害防治综合生态保护红线区	152 300.00	19.08
羌塘高原生物多样性维护生态保护红线区	298 000.00	37.33
喜马拉雅山中部地质灾害防治生态保护红线区	59 736.98	7.48
可可西里生物多样性维护生态保护红线区	45 000.00	5.64
阿尔金山—柴达木生物多样性维护生态保护红线区	142 897.89	17.90
祁连山—青海湖生物多样性维护与水土保持生态保护红线区	32 925.93	4.12
西南部高原湖泊生物多样性维护生态保护红线区	34 677.01	4.34
雅鲁藏布江上游河谷生物多样性维护与水源涵养生态保护红线区	13 352.72	1.67
滇西北高山峡谷生物多样性维护与水土保持生态保护红线区	3 826.17	0.48
西北边境生物多样性维护生态保护红线	15 501.78	1.94

结合"三线一单[①]"生态环境分区管控方案的制定与实施，在重点关注优先、重点环境管控单元生态保护与修复的同时，也不忽视一般生态空间的保护。细化空间管控精度，采用结构化的清单模式，确定不同层级环境管控单元的生态环境准入要求，积极建设"三线一单"应用平台，推进"三线一单"生态环境分区管控成果共享共用。

2）健全自然保护地体系

青藏高原是我国各类自然保护地分布最密集的区域之一，也是自然保护地面积占比最高的区域之一。截至 2018 年，自然保护地总面积占青藏高原总面积的三分之一以上。基于青藏高原生态功能的重要性，应进一步优化以国家公园为主体的自然保护地体系建设，增强生态安全功能。

第一，结合青藏高原自然保护地特征，重构自然保护地分类体系。通过系统评价，对濒危动植物物种栖息地、饮用水源涵养地和对人类活动高度敏感的保护对象加强严格保护，将现有生态公益林一级区等具有生态功能保护价值的类型纳入统一的自然保护地体系中，将森林公园、湿地公园、地质公园、风景名胜区等具有游憩价值的自然场所留作自然公园（喻泓 等，2006）。制定自然保护地分类划定标准，按照保护区域的自然属性、生态价值和管理目标进行梳理调整和归类，逐步形成以国家公园为

---

① 即生态保护红线、环境质量底线、资源利用上线和环境准入清单。

主体、自然保护区为基础、各类自然公园为补充的自然保护地分类系统。

第二，建立青藏高原自然保护地体系管理条例，落实和细化国家自然保护地法规，按照不同自然保护地类型的功能定位，实行目标管理、问题管理、过程管理和结果管理相结合的依法管理新模式（徐增让 等，2018）。协调好保护与利用的关系，在实施对保护对象最严格保护的同时，充分发挥其教育、游憩、科考等公益性功能。

第三，根据生态系统、珍稀濒危物种、自然景观与自然遗迹等空间分布特征，以及人类活动的干扰状况，合理布局自然保护地体系。国家公园主要分布在喜马拉雅山脉沿线地带、青藏高原与第二级地形阶梯过渡地带，以及三江源和羌塘高原等腹地区域。青藏高原生物多样性丰富地区主要分布在东南部，但自然保护地主要分布在中西部，生物多样性保护存在较大空缺。此外，54%的自然保护地存在部分空间重叠，应在全域空间尺度上合理调整和优化自然保护地空间范围，在典型区域尺度上优化单个自然保护地空间范围，实现对青藏高原生物多样性的有效保护（傅伯杰 等，2021）。

12.6.2 系统部署"山水林田湖草沙冰"生态工程

1）明确"山水林田湖草沙冰"工程重点

青藏高原"山水林田湖草沙冰"重点工程可分为三大类，即生态保护工程、生态建设工程和支撑保障工程。生态保护工程主要包括野生动植物保护及保护区建设、天然草地保护、重要湿地保护、森林防火及有害生物防治、农牧区传统能源替代等工程；生态建设工程主要包括人工种草与天然草地改良、防沙治沙、防护林体系建设、水土流失治理等工程；支撑保障工程主要为生态安全屏障监测工程（程根伟 等，2015）。

2）形成系统治理的工程方案和管理体制

一方面，确立以自然地理单元或自然生态系统为工程区开展"山水林田湖草沙冰"系统保护修复的制度，以自然区为单元，以自然要素的相关关系为主线，以维系和增加资源属性与生态环境正外部性、减少生态环境负外部性和灾害属性为目标，开展生态工程的整体设计与系统实施。另一方面，形成国家和地方生态系统保护修复多层次推进体制，围绕工程区修复保护，创新统一指挥、部门联动、共建共管的管理体制，完善系统规划、部门协同、层层落实的工作机制，健全中央和地方生态保护监

管、生态环境保护督察、生态环境执法联动机制（孙鸿烈 等，2012）。

3）创新"山水林田湖草沙冰"工程新模式

第一，关注"山水林田湖草沙冰"和"产城人游"两大系统融合机制，将增强生态安全屏障功能提升到优化国土空间品质、改善营商环境和人居环境的高度，实现保护和发展的协同设计与良性互动。第二，以修复生态系统、提升固碳能力为契机，创立生态建设多元化资金筹措机制和生态建设成效的经济收益机制，增强生态保护的持续性。第三，将构建生态保护修复全过程监管体系融入承载力监测预警体制机制，作为资源环境承载力监测预警体制机制改革的重要内容之一，研究制定生态保护修复系列标准和政策，强化生态保护修复工程方案设计、实施过程和后期管护监督要求（Fan et al.，2017）。

12.6.3 先行示范生态补偿机制与碳中和功能区建设

1）完善生态补偿机制

明确森林生态效益补偿和草原生态保护补助奖励机制政策为长期政策。根据物价涨幅等因素，适时适当调整补奖标准。进一步扩大重点生态功能区转移支付县域范畴，将涉及禁止和限制开发区域的所有地区全部纳入国家重点生态功能区转移支付范围（成升魁 等，2000）。尝试建立生态补偿综合示范区和生态产品价值实现机制实验区。

2）率先开展碳中和先行示范建设

依托有利条件，率先开展碳中和先行示范建设，围绕示范建设探索高原特色的高质量发展路径。结合生态屏障建设，统筹"山水林田湖草沙冰"系统治理，扎实推进重点生态工程和大规模国土绿化，持续提升森林蓄积量和草原综合植被盖度，最大限度挖掘自身碳汇潜力。大力发展清洁能源，充分利用丰富的水、光、风、热能等清洁能源资源禀赋，建设国家重要新型能源产业基地，大力推动清洁能源高比例、高质量、市场化、基地化、集约化发展。同时依托清洁能源充足以及地区气候和地质等方面优势，优先发展具备较强电力消纳能力但低排放的特色产业（樊杰，2000）。

3）构建绿色资源开发利用的新路径

第一，合理布局清洁能源和绿色矿业基地、特色农副产品和绿色与特色资源产业聚集地、生态旅游目的地的建设，推进绿色产业体系发展。第二，将生态建设与巩固脱贫成果和乡村振兴有机结合，加大国家重大生态工程、生态产业、清洁能源产业等建设的推进力度，挖掘生态建设与保护的就业岗位，引导贫困农牧民向生态保护人员和非农牧产业转变。第三，积极对接全国碳排放权、用水权、清洁能源等交易，深化拓展自然资源的价值转化路径，实现生态保护—控源增汇—经济发展—民生改善的良性循环（Fan et al.，2010），打通"绿水青山"向"金山银山"的转换通道。

12.6.4　加快推进青藏高原国家公园群建设

1）明确青藏高原国家公园群功能定位

青藏高原具有全球独特的自然生态和民族文化的完整性、原真性和代表性，具备建设各具特色、具有世界影响的由国家公园组成的"国家公园群"的优越条件（郑度 等，2017）。初步评估，国家公园群适宜区总面积达 57 万多平方千米，远远超过美国现有国家公园面积之和。

青藏高原"国家公园群"的基本功能定位是：重塑自然保护地体系，消除多种自然保护地类型区的重叠状态，支撑青藏高原生态安全屏障体系的优化；协调生态脆弱区域的生态、生产和生活空间结构，消除不同地域功能之间的冲突，支撑青藏高原人地耦合系统的优化；在生态保护优先的主体功能定位前提下，创新生态文明时期保护与发展的新模式，支撑青藏高原可持续生计和高质量区域发展。通过广域严格保护、局域低密度开发利用，促进青藏高原重点生态功能区和牧区走可持续发展之路（樊杰，2007），青藏高原国家公园群有望成为生态文明高地最亮丽的名片。

2）正确把握国家公园群建设方针

严格杜绝以"国家公园"名义进行超出生态环境容量的过度开发，坚决扭转"国家公园"只能生态保护不能合理利用的理解偏差。一方面，要尽快在青藏高原自然保护地体系整体框架下，科学选择国家公园，杜绝自然保护地不成体系、重复建设和地方政府盲目开发旅游资源的乱象。另一方面，要尽快提出每个国家公园合理容量和功能分区方案，实行最严格的保护，在不逾越人类可利用空间上限的约束条件下，确定合理的生态旅游规模和方式，实现严格保护与合理利用双赢。

3）研制青藏高原国家公园群规划

加快编制高水平的青藏高原国家公园群规划，抓紧出台青藏高原国家公园建设规程和管理办法。一是要尽快编制青藏高原国家公园群总体规划和建设方案，明确青藏高原国家公园群功能结构、层级结构和空间结构（陈东军 等，2022），确定各公园的发展定位和建设原则，并争取纳入 2021—2035 年国家和省（区、市）国土空间规划总体布局中（图 12-6-1）。二是以立法为保障，助推边境建设与国家公园建设的深度融合，形成国家公园建设与当地农牧业发展、文化建设、乡村振兴、城镇化有机互动。同时，探索珠峰、帕米尔高原等国际合作共建跨国国家公园的途径，拓展一带一路倡议在相邻国家合作共赢的新领域。三是统筹部署"山水林田湖草沙冰"工程，整合在国家公园群备选地的生态屏障建设资金，有效提升资源环境承载能力和生态安全屏障功能。

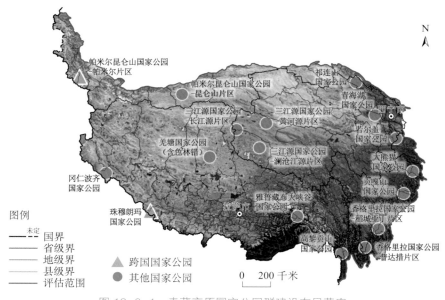

图 12-6-1　青藏高原国家公园群建设布局草案

4）创新青藏高原国家公园群治理体系

青藏高原国家公园群的建设和运营管理应是中央政府的事权，建议在国家公园管理局下设青藏高原国家公园群管理分局。应以探索自然资产权属改革为切入口，创新"绿水青山就是金山银山"的实现机制，以建设国家公园群作为主要举措，在优化生态安全屏障体系中增强可持续发展的生态资产，聚焦人类需求变化，利用生态资产转换为生态产品价值促进民生和区域经济发展，最终实现"生态修复＋增值—生态优势＋资产—生态产品＋收益—可持续生计＋发展"的良性循环。

12.6.5　分区域推进生态文明高地建设

坚持"生态优先、绿色发展"，践行"山水林田湖草沙冰"系统治理，将生态安全屏障保护修复作为生态文明高地建设重要任务，分区域建设生态文明先行示范区，并将生态文明建设与经济建设、政治建设、文化建设、社会建设统一部署、统筹实施。积极落实《西藏自治区国家生态文明高地建设条例》《关于加快把青藏高原打造成为全国乃至国际生态文明高地的行动方案》《中共四川省委关于全面推动高质量发展的决定》等。分层级落实好青藏高原生态安全屏障建设这项系统工程（傅伯杰 等，2021）。充分总结重大生态保护与建设工程实施过程中的经验和教训，完善青藏高原重大生态环境保护与建设工程优化调整策略，制定生态文明高地建设规划纲要，落实国家关于青藏高原生态环境保护与建设的系列规划。

第13章

人类活动的区域综合
调控策略

　　根据高原不同生态地理区人类活动对生态环境影响的差异，针对各区生态环境特点及其存在的主要问题，从协调生态环境保护与区域经济社会发展的角度，提出各区人类活动宏观调控策略与方向。以放牧活动为主的高原主体，应着力保护天然草地，促进退化草地恢复，实现草畜平衡，提升畜牧业发展水平；高原边缘区应加强生物多样性保护，构建守土固边村镇体系，持续稳边兴边。

　　果洛那曲高原区是核心牧区，应注重发展特色生态畜牧业，促进退化草地恢复；青南高原宽谷区是重要的江河源区和典型牧区，应强化三江源国家公园建设，严格执行以草定畜；羌塘高原湖盆区是高原面积最大的生态红线区，应注重缓解畜牧业生产与野生动物保护之间的矛盾；阿里高原区是固边兴边和特色旅游重点区，应加强边疆城镇建设、发展国际旅游和边境贸易，保护特有生态系统和物种资源；藏南高山谷地区是西藏典型的农牧交错区，应大力构筑梳状城镇化体系，降低旅游业环境压力，减少农业面源污染；东喜马拉雅南翼区是南亚邻国交界区，应侧重加强生态环境基础信息调查，构建守土固边村镇体系，制定生态保护建设规划；川西藏东高山深谷区是高原主要的土壤侵蚀风险区，应加强水土流失治理与生物多样性保护力度；祁连青东高山盆地区是青海主要的人口集聚区，应着力优化"三生"空间格局，推动绿色产业发展；柴达木盆地区是高原工矿活动和绿洲农业活动的集中分布区，应侧重提高水资源利用效率，积极推进循环经济发展；昆仑高山高原及北翼山地区是高原主要的高寒与山地荒漠区，应注重灾害防范，加强野生动植物保护。

　　基于青藏高原人类活动对生态环境影响的评估结果，按照区域自然环境和资源禀赋特征，结合生态地理区划，并在保持县域行政单元完整性的基础上，将青藏高原划分为果洛那曲高原区、青南高原宽谷区、羌塘高原湖盆区、阿里高原区、藏南高山谷地区、东喜马拉雅南翼区、川西藏东高山深谷区、祁连青东高山盆地区、柴达木盆地区和昆仑高山高原及北翼山地区 10 个区域（图 13-1、表 13-1）。

图 13-1　青藏高原人类活动调控分区

　　从协调区域社会经济发展和生态环境保护的角度，提出了各区人类活动宏观调控的策略与方向（表 13-2）。

本章统稿人：陈发虎、张镱锂
撰　写　人：陈发虎、张镱锂、樊江文、王兆锋、刘峰贵、摆万奇、王秀红、徐增让、刘林山、
　　　　　　王学、阎建忠、李兰晖、戴尔阜、孔庆鹏、谢高地、吕一河、赵东升
审　核　人：王兆锋

表 13-1　人类活动区域调控各区基本信息

区域名称	面积/平方千米	人口数量/万	人口密度/(人/千米²)	年均气温(范围)/℃	年均降水量(范围)/毫米	气候类型	主要植被类型
果洛那曲高原区	240 335	132.95	5.5	-3.2 (-19.2～7.1)	592.0 (352.5～819.9)	高原亚寒带半湿润气候	高寒灌丛草甸
青南高原宽谷区	235 106	18.23	0.8	-6.1 (-21.5～1.8)	341.5 (138.3～644.9)	高原亚寒带半湿润气候、高原亚寒带半干旱气候	高寒草原、高寒草甸
羌塘高原湖盆区	551 323	46.67	0.6	-4.9 (-24.3～6.1)	195.1 (16.5～522.4)	高原亚寒带半干旱气候	高寒草原
阿里高原区	132 746	4.55	0.3	-6.3 (-25.3～8.1)	191.0 (7.3～1 542.8)	高原温带干旱气候	山地荒漠
藏南高山谷地区	178 210	146.78	8.2	-2.2 (-32.1～13.9)	292.8 (94.6～2 469.9)	高原温带半干旱气候	灌丛草原
东喜马拉雅南翼区	110 016	28.90	2.6	4.7 (-22.5～21.1)	944.9 (301.6～2 898.1)	亚热带湿润气候	雨林、半常绿雨林
川西藏东高山深谷区	386 175	279.76	7.2	0.5 (-23.0～21.2)	657.6 (283.7～2 669.1)	高原温带半湿润气候、高原温带湿润气候	亚高山暗针叶林
祁连青东高山盆地区	176 573	517.10	29.3	-2.4 (-18.1～8.6)	433.6 (138.0～739.2)	高原温带半干旱气候、高原亚寒带半干旱气候	高寒草甸、温性草原、针叶林
柴达木盆地区	268 264	46.24	1.7	-1.1 (-17.4～5.8)	121.1 (16.8～438.1)	高原温带(极度)干旱气候	荒漠
昆仑山高原及北翼山地区	302 941	28.43	0.9	-5.8 (-31.7～11.0)	70.9 (3.1～501.1)	高原寒带干旱气候	高寒荒漠、荒漠

注：气温和降水数据，基于 1901—2000 年 1 千米 × 1 千米像元尺度空间数据进行统计分析；人口数据基于各县 2020 年第 7 次人口普查数据空间化后统计。

表 13-2　各区人类活动调控策略概览

区域名称	主要人类活动	主要生态环境问题	主要调控策略
果洛那曲高原区	放牧	草地退化	治理恢复退化草地，发展特色畜牧业
青南高原宽谷区	放牧、国家公园建设	草地退化	调控草畜平衡，建设国家公园
羌塘高原湖盆区	放牧、自然保护	畜兽冲突	调控草畜平衡，动态调整野生动物保护等级
阿里高原区	旅游、边境贸易	旅游带来的环境破坏、边境乡村发展滞后	发展国际旅游与边贸，促进边境乡镇发展
藏南高山谷地区	城镇建设与河谷农业	城镇影响、农业面源污染	构建新型城镇体系，发展特色农业
东喜马拉雅南翼区	水田种植、木材砍伐	水土流失、外来物种入侵	防控水土流失，保护生物多样性，加强基础调查
川西藏东高山深谷区	城镇建设与重大工程	水土流失、外来物种入侵	防治水土流失，保护生物多样性
祁连青东高山盆地区	城镇建设与农业生产	城镇影响	协调"三生"空间，建设国家公园
柴达木盆地区	绿洲农业与工矿开发	矿产资源利用效率低、水环境压力大	发展循环经济，提高水资源利用效率
昆仑高山高原及北翼山地区	部分绿洲农业与少量放牧	珍稀濒危物种生境缩小、地缘形势复杂	保护特有野生动植物，稳边兴边

以果洛那曲高原区、青南高原宽谷区、羌塘高原湖盆区、阿里高原区、藏南高山谷地区为主的高原中心区，人类活动以农牧活动为主，应重点关注草地退化、农业面源污染和旅游引发的环境问题，着力调控草畜平衡，发展生态农牧业和特色旅游业；同时，该区域也是重要的江河源区，应逐步完善国家公园配套体系，加强固边型城镇体系建设，关注旅游业与环境的协调发展。高原东南缘的东喜马拉雅南翼区是与南亚邻国接壤区，应在发展国际旅游和边境贸易的同时，加强生态环境基础信息调查，构建守土固边村镇体系。高原东缘的川西藏东高山深谷区和祁连青东高山盆地区，是人类活动强度相对较高的地区，应当注重区域"三生"空间的优化配置和协调发展，防

止水土流失，保护生物多样性。高原北缘的柴达木盆地区是工矿活动和绿洲农业活动的集中分布区，应加强循环经济建设，提高水资源利用效率；昆仑高山高原及北翼山地区位于我国西北部边境，人类活动强度较大，应加强特有野生动植物的保护，持续稳边兴边。总之，应科学调控放牧强度，大力发展绿色循环产业，积极构建高原特色城镇体系，强化生物多样性保护，逐步建设第三极国家公园群。人类活动要符合"三区三线"与国土空间规划及用途管制，严格落实"三线一单"生态环境分区管控要求。以有效提升青藏高原区域经济与环境的协调发展水平。

13.1 果洛那曲高原区调控草畜矛盾，发展特色生态畜牧业

1）主要生态环境特点

果洛那曲高原区位于青藏高原中东部，东起若尔盖、阿坝，向西经果洛、玉树至那曲，从东至西跨越阿尼玛卿山、巴颜喀拉山、唐古拉山和念青唐古拉山。该区地面切割浅，多宽谷、盆地和缓丘，是从高原东南部高山峡谷向高原腹地过渡的丘状高原区域。在行政区域上，主要涉及甘肃玛曲县、青海果洛藏族自治州、四川甘孜藏族自治州和阿坝藏族羌族自治州以及西藏那曲市和昌都市的 22 个县（区），面积约 24.03 万平方千米。

该区气候寒冷、半湿润，自东向西气温逐渐降低。植被类型以高寒草甸为主，主要包括高寒嵩草草甸、高寒杂类草草甸和高寒沼泽化草甸。广泛发育沼泽和沼泽草甸，著名的若尔盖沼泽是中国最大的泥炭沼泽区。该区拥有黄河首曲、隆宝、麦地卡湿地、色林错、若尔盖湿地、长沙贡玛和三江源等 7 个国家级自然保护区。

该区是高原草地畜牧业发展的重要核心地区，草地畜牧业是该区的支柱产业，主要以放牧牦牛和绵羊为主。在少数河谷低地，热量条件较好区域分布有耕地，种植青稞、油菜和马铃薯等农作物。工矿业主要包括水电、采矿业和民族手工业等。旅游资源比较丰富，旅游业正逐步成为新的经济增长点。

2）主要生态环境问题

长期形成的草畜矛盾，造成草地超载和退化。20 世纪 50 年代以来，随着人口的

快速增加，草地畜牧业发展迅速，家畜数量呈同步波动快速增长模式。在 80 年代初，玛沁县和达日县的家畜数量一度超过 200 万羊单位，甘德县也达到 178 万羊单位，达到历史最高水平，使得这三个县草地超载 4～5 倍（赵新全 等，2021）。过高的草地载畜量造成草地退化。近年来，随着草地恢复措施的不断实施，家畜数量逐渐减少，草地退化趋势得到遏制；但到 2012 年区内大部分县仍超载 0.48～0.98 倍（邵全琴 等，2018），草地退化问题仍然存在，形势仍较严峻。

畜牧业生产方式较为落后。主要表现在：生产结构单一，草畜产品加工业落后；基础建设薄弱，抗御自然灾害能力弱；畜群结构不合理，家畜出栏率和商品率低，特色优质畜牧产品比例低；龙头企业数量少，规模化和专业化生产水平低。

3）主要调控措施

依托自然保护地体系，加强生态保护力度。以该地区 7 个国家级自然保护区为依托，全面保护草原、河湖、湿地、冰川和荒漠等生态系统，加大退化和沙化土地封禁保护力度，科学实施天然林草恢复和退化土地治理等人工辅助措施，促进区域野生动植物种群恢复和生物多样性保护，提升生态系统结构完整性和功能稳定性，遏制草原沙化趋势，开展重要水源补给地生态保护和修复，增强生态系统水源涵养能力。

加强退化草地恢复治理。恢复治理退化草地是该地区生态环境保护和建设的重要内容。应采取"防治结合，综合治理"的方针，在青海果洛和玉树等地区，加大退化草地综合治理、黑土滩人工植被恢复和草地虫鼠害防治力度，实施退牧还草，促进天然草地自然恢复。在四川甘孜和阿坝等地区，加强草原生态脆弱区治理和建设，开展"三化"（即退化、沙化、盐渍化）草地恢复治理，加强草地沙化和水土流失防治。在西藏那曲和昌都等地区，实施退牧还草，对退化草地进行禁牧、休牧和划区轮牧，防治虫鼠害，加强天然草地保护，推动以人工草地建设和天然草场改良为主要措施的草原建设。对于该区域轻度退化草地，以保护为主，通过采取减轻放牧压力等措施，防止其进一步退化，促使其正向演替；对于中度退化草地，采取补播、施肥和封育等措施，提高土壤肥力，遏制草地继续退化；对于重度和极度退化草地，采取综合治理措施，恢复植被，通过建设人工草地、重建或改建草地生态系统。

合理利用草地，实现草畜平衡。草畜平衡是草原生态和草原畜牧业发展的关键控制点。在"全面保护、合理利用、重点建设"的基础上，遵循"草地资源限量，时间机制调节，经济杠杆制约"的原理，坚持"以草定畜""草畜平衡"和"取半留半"的放牧原则，因地制宜选择适宜放牧强度和放牧制度，制定轮牧、休牧和禁牧等合理

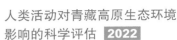

放牧措施和策略，有效防止草地退化，促进草地畜牧业可持续发展，提升草地质量，促进水源涵养功能稳定发挥。

转变传统的草地畜牧业生产方式，发展现代生态畜牧业。坚持草原生态优先的基本方向，调整优化草食畜牧业生产结构，转变发展方式，实施畜群优化管理，推行"季节畜牧业模式"，加强畜种改良，提高家畜出栏率，有效减轻冬、春草场的放牧压力，促使天然草地生态系统逐渐向良性循环的方向发展。着力构建现代饲草饲料产业体系，逐渐实现经营方式由粗放经营向集约经营转变；饲养方式由自然放牧向舍饲半舍饲转变；增长方式由单一数量型向质量效益型转变。制定基于区域间资源时空优化配置的草地畜牧业发展战略，利用区域资源优势互补和合理配置机制，建立跨地区的草牧业高效、互补的生产体系和区域协作模式，优化区域布局，逐步形成具明显优势的产业区和产业带，因地制宜建立天然草地家畜繁育基地、高产饲草料种植基地以及标准化舍饲育肥基地，开展规模化和专业化生产，促进区域草牧业的协调可持续发展。创建"减压增效"畜牧业可持续发展模式，构建公司＋牧户＋科研部门＋当地技术服务部门组成的可持续畜牧业生产联合体，形成一体化的新型生产组织管理体系。通过延长产业链条，促进畜产品的精深加工增值，实现草地畜牧业生产的增效。发挥区域特色优势，以"天然、绿色、提质、增效、有机、全程可追溯"为主题，大力生产名、优、稀、特产品，创造品牌、打造名牌，不断提高市场竞争力。

13.2 青南高原宽谷区建设三江源国家公园，促进水源涵养功能稳定发挥

1）主要生态环境特点

青南高原宽谷区位于青海省南部，北至中昆仑山系博卡雷克塔格山—唐格乌拉山—布尔汗布达山以南，南止于唐古拉山以北，东北至阿尼玛卿山西端，西界在长江水系与羌塘内流水系交接地带。在行政区域上，主要包括青海省南部5个县，面积约23.51万平方千米。

该区域为具有高原亚寒带半干旱气候的自然地域单元，东南部为高寒半湿润气候，西北部为高寒半干旱气候，降水量由东南向西北减少。主要植被类型为高寒草甸、高寒草甸草原和高寒草原，土壤类型有高山草甸土、高山草甸草原土和高山草原土。

该区涵盖三江源国家公园，是三江源自然保护区的主要分布区，区内有扎陵湖和鄂陵湖 2 处国际重要湿地，7 处国家重要湿地，以及可可西里国家级自然保护区和世界遗产地等国家重要的生态保护地，是长江、黄河和澜沧江的发源地，是我国重要的水源涵养功能区，对下游地区生态环境保护和经济社会发展发挥着十分重要的作用。

区域内人口稀少，可可西里等大部分地区基本属于无人区。该地区自然环境条件相对恶劣，经济结构单一，社会发展程度低，除草地畜牧业以外，采挖冬虫夏草和其他中藏药材是当地牧民收入的重要组成部分。工业基础十分薄弱，主要以畜产品初加工和小型采矿业为主。

2）主要生态环境问题

长期超载过牧导致草地退化。草地退化是该地区的主要生态问题，而人类活动是导致草地退化的主要原因。长期以来，牧民放养的牲畜数量大幅增长，导致草场负荷过重，草畜矛盾尖锐，草地退化问题突出。1988—2002 年三江源地区家畜数量约 1 958 万羊单位，草地超载约 1.29 倍，生态工程实施后的 2003—2012 年家畜数量平均为 1 541 万羊单位，草地超载约 0.46 倍（邵全琴 等，2018），部分草地退化严重的县牲畜超载 4～5 倍（窦永红，2018）。草地超载过牧导致草地退化，三江源生态工程实施前的 20 世纪 90 年代—2004 年退化草地面积约占 36.10%（邵全琴 等，2012）；生态工程实施后的 2012 年，退化草地面积占 25% 左右（邵全琴 等，2018）。近年来，随着当地实施退牧还草和落实草畜平衡政策，开展草原生态保护补助奖励机制，转变草地畜牧业发展方式，历史上长期存在的草地超载过牧现象正在逐渐减轻，草畜矛盾逐渐改善，草地退化趋势初步遏制，退化草地逐渐恢复，草地覆盖度和生产力不断提高，草地生态系统水源涵养等功能有所提升，但局部退化问题仍较严重，部分地区草地退化形势仍很严峻。

野生食草动物与家畜对草地资源的竞争日渐突出。随着三江源地区野生动物保护取得重要进展，野生动物的数量明显增加，与家畜争食牧草的问题日益严重。目前玛多县野生有蹄类食草动物数量是家畜数量的 22%，如果仅计算放牧家畜，草地处于轻度超载状态，如果考虑野生食草动物，草地则呈中度超载状态（杨帆 等，2018）。

3）主要调控措施

加强三江源国家公园等自然保护地建设，促进生态保护和恢复。按照《三江源国家公园总体规划》的要求，创新生态保护工程。开展退化草地恢复治理，在核心保育区采取严格的封禁措施，限制并减少各种形式的人类活动；在生态保育修复区和传统利用区创新生态保护手段，促进人与自然和谐发展。严格实行草畜平衡，以自然恢复为主，适当采取黑土滩治理、草原鼠虫害综合防治、精准休牧和转变畜牧业生产方式等人工干预措施，促进草地生态系统正向演替。对林地、灌木林地和疏林地实施封山育林，保持动物栖息地的完整性。加强高原湖泊生态保护和综合治理，恢复退化湿地生态功能和周边植被。限制和减少人类活动对雪山冰川的干预和影响。加强沙化土地与水土流失综合治理。建设国家重要生态产品供给地，全面提升三江源生态系统服务价值，促进水源涵养功能稳定发挥。

发展减压增效生态产业，促进人与自然和谐共生。以草地生态保护为中心，严格推行以草定畜，实行阶段性禁牧封育。在有条件的地区建设人工草地，减轻天然草地压力，促进天然草地的自然恢复。转变畜牧业生产方式，强化科学养畜和先进经营技术的推广，提高集约化经营水平，优化调整畜种畜群结构，加快畜群周转，逐步实施与生态相适应的有机草地畜牧业生产经营，发展减压增效生态畜牧业。发挥区域生态资源、人文独特性和大尺度景观价值，推动从生态补偿对象向生态产品卖方市场转变。支持生态功能区的人口逐渐有序转移，开展生态宜居搬迁工程试点，建设点状分布、规模适度和概念配套的生态人文旅游新镇，积极开展洁净三江源行动。

科学调控草畜平衡，完善生态补偿制度。在掌握野生动物数量和活动范围的基础上，调整草畜平衡方案，确定和配置野生动物生存和草地畜牧业发展空间，优化自然保护地布局，科学规范放牧范围和围栏工程建设；在食草动物和家畜争食矛盾严重的非保护地范围内，制定合理的补偿制度，补贴牧民损失。

13.3 羌塘高原湖盆区缓解畜牧业生产与野生动物保护的矛盾，促进绿色发展转型

1）主要生态环境特点

羌塘高原湖盆区北至中昆仑山，南至冈底斯山—念青唐古拉山，东沿内外流分水岭，西至公珠错—革吉—阿鲁错一线。在行政区域上，主要包括西藏那曲市中西部、阿里中东部及日喀则北部的 4 地区 12 县，面积约 55.13 万平方千米。

该地区是世界上海拔最高的内流区，海拔 4 500 米以上，属高原亚寒带季风气候。山地丘陵与宽谷湖盆交错分布，内陆湖泊星罗棋布，湖成平原广阔。主要植被类型为紫花针茅高寒草原、青藏苔草高寒草原、小嵩草高寒草甸和西藏嵩草沼泽草甸。土壤砂粒含量高和腐殖质含量低，剖面呈碱性反应。

该地区分布有青藏高原最大的生态保护红线区（占比 37.33%）。羌塘自然保护区是世界最大的荒漠草原生态系统及生物多样性保护地，色林错是世界上最大的黑颈鹤自然保护区。普若岗日冰川是世界上除南北极外的第三大冰川。色（林错）普（若岗日）国家公园构想已被列入拟建中的青藏高原国家公园群八大旗舰国家公园之一。

2）主要生态环境问题

自然条件严酷、生态系统脆弱、经济发展基础薄弱。 2000—2015 年羌塘高原草地净初级生产力（NPP）仅 61 ～ 84 克碳 / 米^2（徐增让 等，2019）。中东部平均植被覆盖度 38.73%，草地平均鲜草产量仅 1 044 千克 / 公顷，理论载畜能力不超过 0.325 羊单位 / 公顷（陈金林 等，2021），草地承载能力低。畜牧业发展水平不高，牲畜出栏率和产肉率偏低。旅游季节性强、旅游产品单一且发展不充分，对生态环境造成的压力逐渐增大。太阳能和盐湖资源丰富，但开发规模小，点多分散，效益不明显。路网稀疏，偏远乡村通达性差，对牧区生产、生活以及生态保护和抗震救灾保障能力不足。

野生动物增长明显，人与野生动物冲突加剧。 羌塘高原藏羚羊和野牦牛占世界种群数量的 70%。近 20 年野生动物数量恢复性增长，人与野生动物冲突加剧。雪豹、棕熊、猞猁和灰狼等食肉野生动物捕食家畜，食草野生动物与家畜竞争牧草资源的现象日趋突出。野生动物对牧户的袭扰事件频发，家畜与食草野生动物空间重叠度越来越高，加剧草地承载压力，使草地处于超载状态。

水土热条件差，规模化人工种草生态经济风险大。 人工种草是实现牧区草畜平衡的有效途径之一，但羌塘高原生长季短，砂质土肥力低，盐碱化严重，人工种草的投入产出率低，发展持续性差。天然草场垦殖改变了原有生物群落结构、破坏生草层，撂荒后沙化风险加大。2012 年以来，那曲市在荒滩沙地和严重退化草地大规模种植饲草料，到 2018 年末人工种草面积达 125.40 平方千米，其中集中连片种草面积 95.73 平方千米，取得了一定效益。但也存在一些突出问题：其一，水土热条件差，技术管理水平低，人工种草投入产出率低，草地产量和质量较低（曲广鹏，2019）；其二，部分种草项目经营困难，出现人工草地撂荒现象。

3）主要调控策略

推进有效保护，推动绿色发展。应创新体制机制，提高保护成效，构建以生态红线区为依托，以拟建的色普国家公园为龙头，以羌塘和色林错自然保护区、普若岗日冰川为重点，辐射整个藏北无人区的自然保护地体系。建立保护成效监测评估制度，将保护成效与领导任期目标考核、财政转移支付额度和经营实体收入挂钩。结合高海拔移民，调整土地利用格局、促进城镇功能转型。在牧民迁出区实施退牧还野，将原有城镇转型为生态系统与生物多样性保护基地。明确"草补"为长期政策，扩大重点生态功能区转移支付范围。进一步推动区域绿色化发展，以天然草场保护为主，加强冬季草场配套基础设施建设，规范休牧轮牧禁牧草场管理。发展高原净水、净土产业，藏医药及民族手工业。推动绿色旅游、全季旅游和智慧旅游。大力发展太阳能等清洁能源。

缓解人与野生动物冲突，实现人与自然和谐共存。既要切实保护野生动物，又要尽量减少野生动物对人类安全及其资源基础造成的影响和损失，推动人与野生动物由冲突走向共存。通过科学划分功能区、注重人兽交互空间管理、设立缓冲区，实现人与野生动物空间上适度分离。在高风险地区或季节调整放牧转场制度。采用事后补赔偿与事前预防相结合，政府主导与社会参与相结合，部门协同与区域合作相结合的方式，分地区、分物种精准施策，制定野生动物损害管理规划。采用生物技术措施，管控有肇事倾向的野生动物种群或个体。对野生动物种群规模进行动态监测，实施野生动物保护名录和保护等级的动态调整。采用野生动物综合管理措施，利用特许经营，发展生态旅游和高端狩猎等推动野生动物资源可持续利用。设定种群管理阈值，试点对问题野生动物个体淘汰处理的许可证制度。加强监测能力建设，采用高分遥感、无人机航拍和地面热红外监测、物联网技术，构建地面核查应急机构，建设野生动物损害监测预警平台，为损害评估和安全防范提供支撑（Gross et al.，2021）。综合考虑家畜和野生动物的采食需求，核定野生动物对牧场的影响，修订《西藏重点保护陆生野生动物造成公民人身伤害或财产损失补偿办法》等，将野生动物引起草场损失引入损害补偿体系（Xu et al.，2020）。

适度适地发展人工草地，推动生态保护和草地畜牧业协同发展。优化人工草地适宜发展规模及空间布局，防范人工草地撂荒风险，促进人工草地可持续发展。首先，完善要素配套、延展产业链，提高人工种草效益。充分利用荒滩地和重度退化草地，加大饲草料生产基地建设，积极引进与研制适应不同区域和生产规模的饲草品种和生产加工机械。兴修水利，保障饲草基地供水。注重人工草地牧草品种的合理搭配，大力开展本地乡土牧草品种选育和繁育（曲广鹏，2019）。推广"房前屋后""畜圈暖棚""草牧业示范村""重度退化草地规模化人工种草"和"空间联动、农牧结合"等多种人工草地发展模式（严俊 等，2020）。打造具有藏北特色的"三品一标"畜产品品牌，走出一条"立草为业、种草养地、种草养畜"的草地畜牧业持续发展之路。其次，因地制宜、因势利导，推动人工草地撂荒地恢复与可持续利用。对地处偏远、水肥配套差的撂荒地块进行生态恢复。对土壤肥力较好、基础设施完善的地块，培育经营主体，提供技术服务，加强田间管理，促使撂荒地接续种植（陈金林 等，2021）。再次，提高项目准入门槛，降低生态经济风险。强化集中连片人工草地建设项目的可行性论证，严把立项审批关，建立企业信用管理制度，鼓励具有良好信用和实力的企业投资草地畜牧业。

13.4 阿里高原区发展国际旅游和边贸，保护珍稀生物资源

1）主要生态环境特点

阿里高原区位于青藏高原西部，北起喀喇昆仑山—昆仑山，南抵喜马拉雅山脉，中部为冈底斯山脉所贯穿，东连羌塘高原，西与西喜马拉雅和克什米尔地区毗邻。行政上属于西藏阿里地区西部，主要包括噶尔、普兰、日土和札达4县，面积约13.27万平方千米。

该区域是雅鲁藏布江、印度河和恒河的发源地，被称为"百川之源"。拥有羌塘国家级自然保护区、玛旁雍错湿地国家级自然保护区、札达土林国家地质公园、西藏阿里狮泉河国家湿地公园和冈仁波齐国家森林公园等多个国家级自然保护地。

该区有少量耕地（占全区的0.12%），主要分布在南部低海拔河谷地区，农业发展依赖灌溉等基础设施。大部分是以放牧绵羊和山羊为主的牧区，冬、春雪灾等自然灾害对牧业发展产生一定的影响。

该区旅游资源丰富，神山圣湖、札达土林、古格王国遗址和班公湖等自然和文化资源对国内外游客均具有巨大吸引力。

古代时期青藏高原地区繁荣的玉石之路、食盐之路、茶叶之路、丝绸之路和苯教传播之路等，均在阿里地区交集，推动了象雄文明的诞生与灿烂。但该地区海拔高、位置偏远且交通发展相对滞后，丰富的文化、旅游和土地等资源未能及时转化为竞争

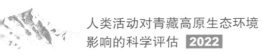
优势，限制了经济社会的发展。

2）主要生态环境问题

区域生态环境脆弱，生态保护面临严峻挑战。该地区生态环境敏感且容易遭到破坏，土壤发育时间较短，土层浅薄且颗粒粗，抗侵蚀能力极低，盐碱化程度高，植被生长缓慢且稀疏，植被呈明显退化趋势（李超逸，2021）。近年来，阿里地区为发展经济、提高和改善民生，大力推进交通设施建设，但部分公路建设生态保护措施不到位，存在优质草地资源被占用和破坏的现象（赖星竹 等，2012）。随着农牧业生产力的快速增长和人口的增加，畜产品需求增加，局部地区出现了过度放牧的现象。草原退化面积约占当地草地面积的30%（李筝，2018）。生活能源对薪柴能源的依赖程度很高，部分草场遭到破坏，水土流失问题及土地沙化问题严重（马俊峰 等，2016）。

旅游业发展迅速，但旅游设施和管理水平不足导致局地生态环境压力增大。阿里地区的旅游资源在国际、国内均具有巨大影响力，生态旅游发展潜力巨大，但目前开发程度较低，基础设施与配套服务不完善，较为落后的服务设施无法满足过快增长的市场需求。旅游资源开发及经营管理采取粗放模式，管理不足带来生态环境破坏。在围绕神山圣湖转经过程中就近采取灌木作燃料，产生垃圾，加重了湖边环境污染，影响了野生动物的生存和繁衍。

边境乡村发展滞后，人口老龄化现象显著。该地区人口稀少，医疗、教育、基础设施和农牧民收入水平均比较落后。边境村壮年劳动力为了获得更高的经济收入，选择离开农村，转而从事第二和第三产业的生产；适龄学生为了寻求更好的教育资源，也会选择随父母迁往距离家乡较远的县城或大城市，使得边境村常住人口老龄化问题日益突出，缺乏劳动力使得边境地区部分农村耕地粗放经营。此外，部分耕地的灌溉水源减少，撂荒现象频发。

3）主要调控策略

加强草原生态保护，促进生态系统稳定。进一步加强对区域内自然保护区的管理和监测，控制人为干扰，充分利用系统本身的恢复力维护生态系统的稳定。严格落实主体功能区划，优化国土空间结构，突出自然生态空间用途管制，科学划定生态保护红线，立足阿里生态保护实际，精准确定需要重点保护的自然环境和生态空间，并为可持续发展预留空间。强化高原生态保护与系统修复，实施防沙治沙、水土流失治理、防护林体系建设、退牧还草、人工种草和天然草地改良等生态工程，维持草畜平衡，促进草原生态得到有效保护。

发挥区域特色，积极开展生态旅游，打造国际旅游圣地。 依托阿里地区独特的旅游资源，打造国际旅游圣地。有效整合阿里地区的旅游资源、打造精品旅游路线，实现各县相互协调的大区域旅游业发展。建设旅游服务设施，改善旅游基础环境。将旅游与帮扶相结合，增加当地居民收入。协调旅游资源开发和环境保护之间的关系，把旅游带给资源和环境的负面影响控制在资源环境可承受的限度以内。加快建设冈底斯国际旅游合作区，提高阿里、日喀则和那曲西部旅游协同发展质量，高质量发展边境旅游，加强国际旅游合作。普兰应扩大对国际游客的吸引，增加政府投入力度，建立完善的贸易口岸，培养专业服务团队。开发具有历史与民族文化特色的旅游纪念品，鼓励民众进行边贸交易，树立良好的国际旅游新形象。

加强边境贸易，构建边境城镇体系，促进边境乡镇发展。 重视中尼陆路贸易通道与口岸建设，加强普兰等口岸的贸易地位，提升环喜马拉雅地区连接南亚腹地的桥头堡优势地位，构建共商、共享、共建以及开放、包容、均衡、普惠的环喜马拉雅经济合作带，为南亚大通道建设奠定基础。沿沟谷和古道等构建"口岸（边境岗哨）—边贸镇（乡）—边境县城"梳齿纵轴；沿 G219 等构建与边境线平行的梳柄横轴；以口岸和边贸镇等为基点，建立横向村道，加强军民融合建设，形成固边防线。加强边境村庄基础设施建设，不断改善边境地区居民的生活环境，促进公共教育、卫生和医疗事业的进步；进一步完善社会保障政策，健全社会保障体系，鼓励边境人民在本村就业，尽量通过生态岗位等为边境人民提供更多的就业机会；提高边境地区事业单位等的工资待遇，降低事业编制单位的准入门槛，鼓励和吸引外来人口在偏远边区就业。

13.5　藏南高山谷地区构筑梳状城镇化体系，降低旅游业环境压力，减少农业面源污染

1）主要生态环境特点

藏南高山谷地区北沿隆格尔山—康琼岗日—冈底斯山—念青唐古拉山，南至喜马拉雅山，东至芒雄拉—增嘎—吉木共拉一线，西至昂拉仁错—杰玛央宗康日一带，包括喜马拉雅主脉的高山及其北翼高原湖盆和雅鲁藏布江中上游谷地。行政上包括西藏的日喀则市、山南市和拉萨市等地区的 31 个县，面积约 17.82 万平方千米。

藏南高山谷地区降水量少，蒸发量大，土层薄而质粗，广大山坡地水源涵养差，制约了植被的生长发育，天然条件下植被生长量不及同纬度其他地区的 1/10。

该区为农牧交错区，耕地多分布于海拔 3 500～4 400 米，多呈条带状集中分布于雅鲁藏布江及其支流谷地，面积占全高原耕地面积的 12% 以上，占西藏全区耕地面积的 60%，粮食产量占西藏粮食总产量的 70% 左右，是西藏粮食主产区，主要种植青稞、小麦、豌豆和油菜等。畜牧业在经济结构中也占有重要地位，是西藏半细毛羊和细毛羊的主要产区。

该区交通便利，城乡居民点建设用地面积占 16% 以上，人口相对稠密，旅游资源最为集中，包括世界文化遗产布达拉宫、历史文化名城拉萨、日喀则、江孜以及山南雅砻河国家名胜区、珠穆朗玛峰自然保护区等，旅游业发展十分迅速，是西藏自治区政治、经济和文化的核心地带。

2）主要生态环境问题

城镇化发展迅速，环境问题凸显。 藏南高山谷地区是青藏高原城镇化发展最为迅速的区域之一，其中的拉萨城市圈是西藏自治区人口集聚度最高的地区。城镇化过程在促进经济发展和社会进步的同时，也存在侵占耕地和生态空间、垃圾和废水废气排放量增加等问题。优化城镇空间布局、减少生态环境压力，是该区域面临的紧迫任务。

旅游业产生的环境压力增大。 该区域是高原旅游资源分布最为集中的地区，旅游人数的逐年增加引发了严峻的垃圾问题，部分区域水质和土壤环境质量下降。例如，雅鲁藏布江中游的年楚河和拉萨河河水中溶解态元素含量升高，反映出河流在流经城区时一定程度受到了旅游等人类活动的影响。旅游活动对土壤理化性质产生的影响主要表现在：一些有机污染导致土壤有机质积累和分解能力大大下降，游客踩踏对土壤质地、结构、松紧度、容重、植物根系、pH、有机质和总氮含量等造成影响。旅游活动对动植物生境和栖息地的破坏，可能导致生物多样性下降。综合评估显示，在日喀则市、拉萨市和山南市等地，旅游活动产生的环境压力明显增大。

农业活动造成的面源污染风险日益增加。 该区域农业活动产生的污染物排放量和排放强度相对较高，对局部水土环境产生了明显的不利影响。在拉萨河流域，农业种植施用的化肥等是水体污染物的重要来源，耕地集中的县（区）附近河段存在明显的氮污染，水质未达到Ⅲ类水标准，农村面源污染（氮、磷污染）占农业源总排放量的 95% 以上。近 20 年来，设施农业在一江两河地区发展迅速，较好地满足了城市发展和人口聚集对于蔬菜和瓜果等农产品的需求，减少了对外地农产品的高度依赖，与此同时，地膜残留问题日益突出，土壤中微塑料浓度不断升高，造成了较大的环境压力。

3）主要调控措施

提升拉萨城市圈城镇化水平，减少城镇化对生态环境的负面影响。突出新型城镇化，统筹做好规划、建设和管理工作，合理安排生产、生活和生态空间，建设"优美、现代、宜居、幸福"城市。编制国土空间规划和土地整治规划，优化城市空间布局，减少占用优质耕地和侵占湿地等生态空间。积极推进生态产业化和产业生态化。大力推广和应用节能低碳环保技术、装备和产品。倡导绿色低碳生产生活方式。做好污染防治工作，开展生态环境保护督察。加强对挥发性有机物浓度水平和主要来源的监测，提升油品燃料燃烧效率，降低有毒有害物质排放。完善城镇垃圾分类、收运和处置体系。扩大应用新能源汽车，推广绿色建筑建材和绿色建造。实施土壤污染防治行动、柴油货车污染治理和"白色污染"治理，确保城市空气质量优良。

构建边境散点式的城镇化模式，构筑梳状城镇化体系。坚持屯兵和安民并举、固边和兴边并重，优化升级边境交通，高标准建设边境小康村。连通边境前沿的军事中心、边贸中心与内陆腹地的行政中心，形成功能互补的边防走廊；连通拉萨市、日喀则市和山南市等后方中枢；以边境口岸和边贸城镇等为基点，建立横向乡村通道。大力推进口岸型特色小镇建设，通过边境贸易吸引外地人口在边境镇从业生活，加快樟木口岸的恢复重建，鼓励高海拔移民向边境地区迁居，构建固边型镇村体系。

根据承载能力控制景区旅游人口，降低旅游业带来的环境压力。落实西藏自治区建设"具有高原和民族特色的世界旅游目的地"目标，加快由景点旅游发展模式向全域旅游发展模式转变。根据景区承载力控制旅游人口，限制旅游人口的无序增长，保护好旅游文化资源。以拉萨为中心，通过协调旅游景区的供给关系、浮动价格、轮流开放景区和开辟新的替代性景区等措施，降低旅游业带来的环境压力。大力发展文化旅游产业，启动实施"文创西藏"新业态培育工程，发展乡村旅游，打造红色旅游。推出"天湖之旅""边境之行""古道之游"精品线路。通过旅游业的发展，在带动经济发展的同时，保护和弘扬高原优秀文化。

发展高原特色现代农牧业，减少面源污染。大力发展高原特色现代农牧业，持续推进青稞、牦牛深加工转化。加快建设无公害蔬菜、高原水果等生产基地，高标准建设青稞、牦牛、藏猪、藏羊、茶叶和藏药等产业基地。以"一江两河"中部流域为主体，以日喀则为核心区，重点建设优质青稞主产区；在拉萨、日喀则等地建设畜产品加工区，重点发展牦牛、绵羊和绒山羊等畜产品加工，加快雅江雪牛等特色农畜产品推广营销。

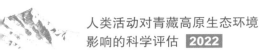

通过发展高原特色现代农牧业，实现青稞自给有余，主要蔬菜基本自给，主要畜产品供给能力明显增强。与此同时，加强生产过程监测治理，减少农业面源污染。

13.6 东喜马拉雅南翼区加强生态环境基础信息调查，构建守土固边村镇体系，制定生态保护建设规划

1）主要生态环境特点

东喜马拉雅南翼区位于青藏高原的东南边缘斜面，北至东喜马拉雅—岗日嘎布山脉—伯舒拉岭一带，南抵喜马拉雅山麓平原，东至怒江，西至马拉山口—加特博甘谋山—阿马土拉一线。主要包括西藏自治区的察隅县、错那县和墨脱县，以及云南省的福贡县、贡山独龙族怒族自治县、兰坪白族普米族自治县、泸水市和维西傈僳族自治县等县（市），面积约 11 万平方千米。

该区属于中亚热带湿润区。喜马拉雅东山脉相对高差达到 6 000 多米，地形起伏大，河流侵蚀作用十分强烈。水利和水能资源特别丰富，有利于发展灌溉和水电事业。

该地区是全世界热带景观达到的最高纬度地区。不同海拔迥异的生态地理条件，为垂直带谱的充分发育和生物多样性的丰富提供了必要条件。由海拔 500 米向高海拔，主要植被带依次为热带季雨林带、山地亚热带常绿阔叶林带和山地暖温带针阔混交林带等。植被类型多样，动植物物种丰富。有着"物种基因库""生命避难所"和"野生动物乐园"美誉的云南省高黎贡山，植被垂直带谱完整、动植物资源丰富，包括许多珍稀濒危种或特有类群。该区森林资源丰富，森林覆盖率达到 50% 以上，每公顷木材蓄积量可达 1 000 立方米，经济林木和珍贵特有树种多，药用、观赏、食用和材用等植物资源量大，开发利用价值高。

该区自然条件优越，耕地面积占 6.39%，乡村居民点用地占 0.36%，城镇用地占 0.66%，工矿用地占 0.82%。农田主要分布于河谷两侧阶地和台地，西藏地区 1/3 以上水稻田分布于该区。

2）主要生态环境问题

水土流失较为严重。本区属于东部季风区和中度水蚀区（向涛，1991），地质构

造复杂，地形起伏，山高坡陡，大部分地区温暖湿润，雨量丰沛，雨季降水强度大且多暴雨，日最大降水量达 100 毫米左右，常导致山洪和泥石流暴发，水力作用强烈。人类活动的影响加剧，特别是砍伐森林、开垦耕地和扩展建设用地等人为因素与自然因素相叠加，致使水土流失加重（郑度 等，2015）。本区大部分地段地表植被覆盖较好，坡面土壤侵蚀轻微，但由于河流切割强烈，沟道两侧河水侧蚀或掏蚀，导致滑坡和崩塌等重力侵蚀分布较广，如墨脱县的多雄河流域尤为严重（张建国 等，2003）。

滑坡、泥石流地质灾害对交通影响大。该区所处自然气候条件和地形地貌容易诱发滑坡和泥石流等地质灾害，公路建设等人类工程活动加剧了这些过程。对西藏察隅地区泥石流研究表明，该区泥石流类型主要为沟谷型泥石流，还有少量的坡面型泥石流。坡面型泥石流活动性较强，汇水面积小，危害程度较低；沟谷型泥石流汇水面积相对较大，危害程度高，对桥涵和公路的冲击破坏力较强（郑度 等，2015；杨照应 等，2021）。

高原边缘外来物种出现，对生态安全形成威胁。随着气候变化、区域经济与交通的快速发展，原来的生物自然地理隔离平衡逐渐被打破，外来物种入侵和扩展的可能性增加。对青藏高原入侵植物建模研究发现，外来入侵植物数量和分布与最冷月份的最低温度密切相关。

部分区域人类活动与生态环境基础信息严重缺乏。由于历史等各方面原因，对该区域南部的自然环境与人类社会发展仍缺乏充分了解，限制了对区域突发事件的应急处置能力，这也影响了对区域人类活动及其生态环境影响的过程与机理的深入分析。

3）主要调控措施

生物措施和工程措施并重，防治水土流失和滑坡、泥石流灾害。通过植树造林和种草等生物措施，增加植被覆盖度以保持水土，对伐后林地加强营林，保护生物多样性。在水土严重流失区或生物措施难以控制的地区，采取工程措施，开展治坡工程和治沟工程，避免陡坡开荒和顺坡垦殖（孙鸿烈 等，2004；郑度 等，2015）；同时注重过度依赖化肥导致的土壤酸化和土壤污染问题（汪海霞，2018），避免加剧水土流失造成的其他潜在危害。采取必要的防治措施，最大限度地减轻地质灾害带来的危害。从实际情况出发，治标与治本兼顾，长期与远期结合，通过稳固工程、拦挡工程、排导工程、穿越工程和防护工程等，有效降低泥石流灾害对建设工程的危害（杨照应 等，2021）。

多途径降低对生物多样性的干扰。加强对该区生物多样性本底、人类活动干扰和外来物种入侵的基础调查，加快生物多样性数据库和信息系统的建设，构建生物多样性保护与持续利用信息共享平台；建立以保护重要生物物种及遗传资源为目标的自然保护区，加强迁地保护设施和种质资源库建设；研发物种保护和种群重建技术，推进生物资源的合理开发和利用；普及生物多样性保护知识，增强公众对生物多样性保护的意识；建立健全相关的法规体系，加强专职执法队伍的能力建设，实现生物多样性保护有法可依、执法必严、违法必究（王立辉，2017）；加强与周边国家的合作交流，制定可持续发展计划，共同开展自然遗产申报（黄复生 等，2006）。

构建绿色守土固边体系、发展生态旅游。着力加强边境散点式的沿边守土固边体系建设，优化升级边境交通条件，在保护生态环境的基础上，构建绿色守土固边型镇村体系。着力增加边境地区城镇建制设施，将有条件的戍边村按照戍边镇的标准建设。利用当地丰富的生物多样性和自然景观，发展生态旅游，调控旅游业给地区生态环境带来的负面影响。坚持绿色经济发展、健康文化建设和优良社会秩序巩固，促进沿边守土固边（刘爱娇 等，2021）。

综合利用多种技术手段，加强生态环境基础调查。利用地面调查、遥感监测和大数据等各种现代与经典技术手段，系统深入开展基础地理、资源环境和人类活动等方面的实地考察，监测区域生态环境变化与资源利用动态，评估自然与社会系统发展态势，全面解析区域人类活动与生态环境相互作用机理。形成服务和支撑各界需求的基础科学数据、资料及成果，及时补充、更新和发布相关信息，增强对该区域的认知程度。同时，对涉及该区域的各类地名、民族、居民等进行统一和规范，特别是地图、学生教材、学术刊物等正式出版物，要使用规范的名称和标注；新闻媒介、自媒体等电子介质的相关表述也必须强调规范性。

13.7 川西藏东高山深谷区提高水土流失治理与生物多样性保护力度，打造绿色工程建设模式

1）主要生态环境特点

川西藏东高山深谷区位于青藏高原东南部，大致在尼洋河与拉萨河分水岭以东，北部以那曲附近怒江上游为界，南面与喜马拉雅南翼相接，东至岷山—茶坪山—绵绵山。包括四川西部、西藏东部三江（金沙江、澜沧江、怒江）的中游及雅鲁藏布江中

下游的部分地区，以及云南省的西北部，共 59 个县，面积约 38.62 万平方千米。

该区域高山耸立、地势险峻，其气候特征是夏季由于高原面上中低空的切变线在本区北部通过，降水多于高原内部，年降水量 284 ～ 2 669 毫米，干燥度 0.8 ～ 1.5。因区域纬度跨度和海拔差异大，生态系统类型多样，有大面积针叶林、阔叶林、针阔混交林及季雨林等森林分布。由于该区红壤、褐土等主要土壤透水性较差，在暴雨作用下极易形成严重的水土流失，是青藏高原主要的土壤侵蚀风险区。

该区自然保护区众多，如西藏芒康滇金丝猴国家级自然保护区、四川亚丁国家级自然保护区、四川贡嘎山国家级自然保护区、四川卧龙国家级自然保护区、云南哀牢山国家级自然保护区等。该区域人口主要集聚在较为宽阔的深切河谷地带，以从事农业牧业活动为主，耕地面积占全高原耕地面积的 34% 以上。民族构成复杂，分散聚居着 26 个少数民族族群。人口受海拔高程、坡度等地形因素和交通等区位因素的影响，表现出较大的地区差异性。

2）主要生态环境问题

水土流失严重，山地灾害频发，防灾减灾基础保障能力有待提升。 川西藏东高山深谷区属于温带和亚热带气候类型，水热资源充足，森林生态系统发育，功能完整，生物多样性极为丰富，是长江上游地区生态屏障的重要组成部分。1998 年以前，由于长期过量的森林采伐，采伐迹地地表环境严重退化，土壤持水能力衰退，趋向干旱化，肥力衰退，导致适应林下阴、湿环境的植物种类衰退。该区地形复杂，地表破碎，耕地开垦缺乏合理性和科学性，加剧了水土流失和山地灾害的发生。2000 年以后，随着天然林保护工程和退耕还林政策的实施，森林面积和森林生产力持续增加，森林生态功能逐步恢复，但水土流失和滑坡、泥石流等地质灾害仍然是该地区存在的主要生态环境问题。另外，由于局部地区交通条件较差，人类对地质灾害的干预能力弱，地震、泥石流等灾害造成堵江等严重事件时有发生，对局部区域生态环境造成严重破坏。随着交通运输结构逐步完善、国家重大工程建设推进，人类对地质灾害和水土流失的干预能力将大大增强，上述状况将会得到改观。

生物多样性保护问题突出。 该区是世界高山植物区系最丰富的区域，生长着各种类型的山地森林和高山灌丛草甸植被，是我国生物多样性保护的重点区域。目前，人类活动仍是该区域生物多样性保护面临的主要挑战。

在横断山区，人类干扰对动物物种丰富度和功能多样性，以及野生动物群落行为具有明显的影响（Li et al.，2021）。在横断山区热带、亚热带河谷中，城市扩张、基础设施建设、资源开发和旅游开发等活动已经对局部生物多样性产生影响；由于人类活动强度的增加，金沙江流域出现局地物种多样性丧失的情况（Zhang et al.，2021b）。人类活动的加强正在加剧野生动植物栖息地的破碎化。

随着气候变化和经济、交通的快速发展，生物的自然地理隔离逐渐被打破，防止外来物种入侵正在成为该区域生物多样性保护的一个重要方面。截至 2018 年，仅西藏自治区就发现外来入侵植物 136 种（土艳丽 等，2018a，2018b），绝大部分入侵植物分布在海拔 2 000 米以下的藏东南地区及青藏高原东南缘地区；在新建川藏铁路（雅安—昌都段）沿线，共发现外来入侵植物 58 种（邓亨宁 等，2020）。入侵植物的潜在适宜分布区与人类活动范围具有较高的重叠，尤其是城镇、道路等人类活动强度大的区域。

重大工程建设产生的生态环境问题需要关注。近年来，该区域各类工程建设项目迅速增加，包括大型水电站、川藏铁路等重大工程项目正在建设或规划当中。重大基础设施建设不可避免地会对生态系统造成一定程度的影响，主要体现在建设与运营过程对周围或沿线土地利用、景观格局、植被、动物以及土壤的影响，如地表植被破坏、生境破碎化、弃渣堆积等直接的环境影响。由于该地区地质、地貌环境特殊，道路修建和边坡开挖等人类工程活动，往往引起边坡失稳、水文条件改变，每到雨季，交通沿线崩塌、滑坡、泥石流频频发生，不断毁坏城镇、水利设施和道路交通，造成农田被冲毁或淤埋，水库（塘）因淤积难以发挥效益；水电工程闸坝、水文情势及水温变化影响鱼类生存环境等。因此，重大工程建设产生的生态环境问题需要高度关注。

3）主要调控措施

持续开展天然林保护和水土保持等生态工程。加强森林保护，对自然保护区和森林公园等的重点防护林和特种用途林地区实行重点保护，建立保护标志；林地恢复以自然恢复和人工恢复相结合，自然恢复为主，辅以人工补播。加强水土保护，完善水土流失监管制度，建立水土流失易发区的管理机制，加强水土流失严重区的动态实时监测与预警；优化重大水土保持综合治理工程布局，提出分区治理方案和路径，强化水土保持队伍建设与技术能力培训，提升主管部门监管能力；探索水土流失治理模式，打造水土保持生态文明建设示范区。

加强以国家公园为主体的自然保护地建设，提高生物多样性保护力度。整合该区域的非经营性国家级自然保护区、经营性国家森林公园、国家重点风景名胜区、国家级地质公园与世界文化遗产地，如大熊猫和金丝猴等珍稀动物保护区、"三江并流"

世界自然遗产区、若尔盖湿地保护区等，打造以国家公园为主体的自然保护地体系，划定生态保护红线，提高生物多样性保护力度。开展生物多样性本底调查，建立野生生物种质资源库。

针对外来物种入侵风险增高情况，加强防范，制定符合高原特点的生物安全管理办法和制度，加强入境检疫和运输物品监督排查，规范动植物种养和放生行为，利用技术手段及时灭杀可能导致物种入侵的外来物种。

加强重大工程生态环境效应研究，打造"绿色工程"建设模式。 加强重大工程生态环境效应研究，科学评估重大工程施工和运营过程可能造成的生态后果；重大工程建设应列入充分的预算资金用于开展生态保护和环境治理；合理规划交通线路和施工方法，降低工程建设带来的生态扰动；从区域和流域整体角度，采取有效的生物和工程措施开展生态修复；在工程扰动区的生态恢复中，增加景观生态廊道建设，促进生态系统结构和功能恢复；建立重大工程灾害监控预警体系；建立完整的工程建设生态环境监测、保护与管理体系；打造"绿色工程"建设模式。

13.8　祁连青东高山盆地区优化"三生"空间格局，推动绿色产业发展

1）主要生态环境特点

祁连青东高山盆地区北至祁连山西端，南达阿尼玛卿山—秦岭北侧，东至甘肃洮河流域，西至柴达木盆地东缘，包含数条平行排列山地、湖盆和纵向宽谷。行政单元涉及青海省西宁市、海东市、海北藏族自治州、黄南藏族自治州黄河沿岸、海南藏族自治州共和盆地以及甘肃省甘南藏族自治州和临夏回族自治州部分地区，共 42 个县，面积约 17.66 万平方千米。

区内黄土广布，河流众多，山峰海拔多在 4 000 ～ 6 000 米，青海湖和共和盆地海拔 2 500 ～ 3 500 米，黄河、湟水及洮河谷地海拔仅为 2 000 ～ 3 000 米，是青藏高原海拔相对较低的地区。全区气候温和，最暖月均温 −4 ～ 21℃，年均温 −18 ～ −9℃，年降水量在 138 ～ 739 毫米。山地草原是本区主要的植被类型，以青海云杉为建群种的山地暗针叶林分布在祁连山东段，形成独特的山地森林草原带，青海湖盆地和祁连山河源地区已被纳入国家重要的自然保护地体系。

该区域耕地面积占全高原耕地面积的 35% 以上，城乡居民点建设用地面积占 48% 以上，工矿业用地面积约占全高原工矿用地面积的 41%。

河湟谷地是该区主要人口聚集区，约占青海省总人口的 2/3 以上，也是工业、农业和牧业发展条件优越且集中的区域。区内西宁市是青海省省会城市，也是青藏高原区域现代化中心城市，是青藏高原唯一人口超过百万的中心城市，是西部地区连接丝绸之路经济带和长江经济带的重要枢纽。

2）主要生态环境问题

冰川退缩显著，水源涵养能力持续下降。祁连山冰川是青藏高原东北缘重要的水源地，发育有大、小冰川 2 859 条，冰储量达到 811.20 亿立方千米，多年冻土面积约为 8.04 万平方千米，地下冰储量约为 65.80 亿立方千米，冰川水源涵养生态功能区面积达 18.52 万平方千米。由于气候变化和人类活动的影响，祁连山地区成为青藏高原地区冰川消融最迅速的地区之一，导致祁连山地水源涵养功能下降，部分地区森林和草地退化，干旱化加剧，尤其对青藏高原北缘河西走廊绿洲系统产生了巨大影响，绿洲面积缩小，农业用水持续紧张。

人类活动强度大，生态环境面临诸多挑战。祁连山地区是青藏高原小麦、油料、蔬菜等大宗农作物主产区，人类活动强度很大。近年来随着西部大开发、丝绸之路经济带和兰西城市群等重大战略的实施，青藏铁路、兰新客运专线、京藏高速、共玉高速等铁路和公路相继建成通车，全区城镇规模、人口聚集度、产业体系、农业集约化和经济活跃度得到空前发展，立体交通路网密度持续上升，导致该区域工矿、居住和交通用地面积不断增加。目前该区域集中了青海省 60% 的生产总值，生产了全省 69% 的粮油，工矿用地由 1985 年的 5.97 平方千米增加到 2016 年的 69.37 平方千米，面积扩大了近 11 倍（李新 等，2019）。加之矿产资源粗放开发、水电水资源无序利用、旅游活动无视环境保护、过度放牧和水土资源超载等导致的区域内水土侵蚀加剧、沙漠化面积扩大、环境污染持续加深等生态环境问题十分突出（丁文广 等，2018）。

环境承载力有限，发展与资源供需矛盾凸显。随着祁连山地区经济社会的不断发展，区域土地、水和生态等资源承载压力持续增大。区内河湟谷地是青藏高原面积最大的农区，其面积仅占青海省面积的 5.18%，却集中了青海省 72% 的人口和 73.15% 的耕地。2010 年以来，河湟谷地人口、城市建设面积和道路密度等持续增长，但耕地面积持续减少，有近 12% 的耕地转变为建设用地（万方 等，2021）。该区域产业偏粗偏重，能源利用和环境绩效水平不高，用水体量大、浪费多、效率低、污染严重。随着人类活动的不断强化，高速发展带来土地资源的日趋紧张，水资源开发利用和保护不利，供需矛盾进一步加剧，使之成为青藏高原发展与资源利用矛盾最为突出的区域。

3）主要调控措施

加强祁连山国家公园建设，提高区域水源涵养能力。祁连山国家公园是我国十大国家公园之一，主要保护祁连山生物多样性和自然生态系统原真性、完整性，承担着维护青藏高原生态平衡，阻止腾格里、巴丹吉林和库姆塔格三大沙漠南侵，保障黄河和河西内陆河径流补给的重任，在国家生态建设中具有十分重要的战略地位。其南侧的青海湖是青藏高原最大的内陆咸水湖，是维系青藏高原东北部生态安全的重要水体。应着力建设祁连山国家公园和青海湖自然保护区，有效保护祁连山国家公园及青海湖地区草原、森林、灌丛、湿地和冰川雪山等资源，提高保护区水源涵养林生态系统的生产力和自我维持能力及环境承载力，增强生态环境功能，保障祁连山地区日益紧张的生态、生活和生产用水，保障祁连山地区经济社会的可持续发展。

协调区域发展布局，优化"三生"空间格局。加快兰西城市群和城乡区域协调发展，落实国家主体功能区战略，将生态文明建设全面融入经济、政治、文化和社会建设全过程，促进人口、经济、资源协调发展。优化祁连山地区"三生"空间协调发展总体布局，稳步推进祁连山地区矿业权退出和生态移民搬迁等工作，系统保护祁连山地区黑河流域、青海湖流域、大通河流域、疏勒河流域等六大流域的"山水林田湖草沙冰"。加快补齐兰西城市群基础设施、公共服务、生态环境和产业发展等短板，优化青海湟水谷地和甘肃黄河谷地段城镇化空间体系，降低城镇发展无序扩展风险。培育发展适合本区的生态经济、循环经济、数字经济等绿色经济形态，构建冷凉作物等绿色有机农畜产品输出地，打造祁连山生态旅游目的地，推动生产生活方式绿色转型，着力提升发展质量效益，实现在保护中发展和在发展中保护，保持区域经济社会持续健康发展。

提高资源能源利用效率，积极推动绿色发展。全面推进兰西城市群工业园区的循环经济发展体系，强化光伏、锂电、炭纤维等新能源和新材料生产的建链－延链－补链－强链，促进铁合金、冶金、建材、建筑等高耗能产业新技术、新工艺、新装备改造，推动有色（黑色）金属、基础化工、食品加工、藏毯绒纺等传统产业高端化、智能化、绿色化发展，发挥太阳能、风能、水电资源开发条件优越且资源富集的优势，推动能源行业绿色低碳转型发展，构建绿色低碳的生产、流通、消费循环发展经济体系，打造高原生物医药健康、大数据、智能制造产业集群，发挥青藏高原"超净区"优势，促进高原特色资源精深加工，推动经济社会发展绿色转型。强化对污染源、处理设施、排污口的系统监管，重点控制好湟水河流域水质改善与维护，严格防范季节性大气污染，持续减少污染物排放总量，提高能源资源利用效率，实现碳排放达峰后稳中有降。

13.9 柴达木盆地区提高水资源利用效率，积极推进循环经济发展

1）主要生态环境特点

柴达木盆地区位于青海省西北部，北抵阿尔金山—野马山，南至中昆仑山系博卡雷克塔格山—唐格乌拉山—布尔罕布达山，东至疏勒南山—青海南山—鄂拉山一线，西至祁曼塔格山。行政范围包括甘肃省和青海省的 9 个县，面积约 26.83 万平方千米。

盆地边缘到中心依次为高山、风蚀丘陵、戈壁、平原、湖泊五个环带状地貌分布，并在西北部芒崖—冷湖一带发育有较大规模的雅丹地貌，沙漠、戈壁等荒漠化土地面积广。年均气温 −17.4 ～ 5.8℃，平均年降水量 200 毫米以下，年日照时数 3 000 ～ 3 600 小时，年平均风速 3.0 米 / 秒以上，年大风日数超过 20 天。植被以旱生、超旱生植物种群为主，冲积、湖积平原分布有耐盐和盐生的植物种群，由于东西部降水量差异大，东西部植被分异明显。盆地内植被对水分具有较强敏感性。

该区域是重要的盐湖化工工业基地，盐类矿产种类繁多且储量大、质量好，为区域循环工业体系建立和发展奠定了基础。该区域内工矿业用地面积约占整个高原工矿用地面积的 41%。盆地边缘河流形成的绿洲是人类活动相对集中的地区，集聚分布有城镇和农场等，周边山地则以畜牧业发展为主。随着西部大开发、丝绸之路经济带建设等国家重大战略的实施，区域道路通达性进一步提高，扶贫搬迁和生态移民的群众得到集中安置，旅游活动发展迅速。该区逐渐成为青、甘、新、藏四省（区）交汇的中心地带和重要交通枢纽、战略通道和开放门户，是西北地区最具投资发展潜力的区域之一。

2）主要生态环境问题

产业结构趋于合理，但生产要素空间配置和协调发展程度较低。改革开放以来，矿产资源开发促进了柴达木盆地经济社会的发展，形成了以盐湖化工、有色冶金、能

源化工、特色轻工、建材及新能源、新材料为主体的优势产业。2009—2013 年柴达木盆地第一、第二和第三产业增加值均保持高速增长，其中，格尔木市经济总量大，发展速度快，其次是德令哈市。截至 2017 年，柴达木盆地共有矿山企业 251 家，化工原料非金属矿的开发利用强度大，大中型矿山企业多，而建材非金属矿开发规模相对较小（青海省海西州自然资源局，2018）。盆地绿洲农业主要种植春小麦、油菜、豌豆、青稞等农作物，近 20 年来，枸杞、藜麦等种植业迅速兴起，种植面积分别超过 300 平方千米和 21.06 平方千米，生态效益和经济效益充分显现。随着区内交通运输、通信和邮电、商贸、旅游和酒店等行业得到快速发展，盐湖类、风沙地貌类等旅游资源持续开发，大量游客进入，促进了地区经济活力。但是目前盐湖化工、油气化工、煤化工、金属冶金四大传统基础产业和新能源、新材料、新业态、特色生物、现代服务五大新兴产业之间的关联耦合度有待进一步提高，大产业体系尚未建立，以盐湖产业为核心的循环经济体系的关键材料、关键工艺、重大装备方面仍然存在一定的差距，循环经济产业体系仍处于起步阶段。盐湖资源优势明显，其他金属和非金属矿产资源较为丰富，但生产要素的时空组合不尽合理，导致产业发展的相对地位、关联方式、数量和结构的协调度还明显不足。

经济得到快速发展，但资源综合开发利用水平仍较低。虽然柴达木盆地区各项产业发展能力得到不断提高，但工矿企业生产规模还相对较小，区域和企业管理水平还较低，循环经济体系尚不完善，资源综合利用水平低。2009—2013 年，格尔木和德令哈等城市供水量由 4 666 万吨增至 8 683 万吨，60 家盐湖化工企业采用大量淡水回灌，4 家纯碱生产企业晾晒蒸发导致的年蒸发水量高达 3 000 万吨，水资源利用效率低，且浪费严重。区内耕地面积由 2008 年的 3.40 万公顷增至 2013 年的 4.07 万公顷，农业用水大幅度增加，大水漫灌仍是主要的灌溉方式，使有限的水资源浪费严重。交通运输、旅游业等尚处于初级开发阶段，大量游客涌入，消耗了区内大量能源、水资源等，产业发展的资源环境绩效较低，资源综合开发利用水平仍处于较低状态。

绿色产业发展前景广阔，但对水环境系统压力持续增大。柴达木盆地资源种类多、资源配置好且产品延伸链长，拥有光热资源优势和清洁环境优势，绿色产业发展前景十分广阔。但是现阶段循环经济产业体系尚未成熟，清洁能源互补体系还未建立，有机畜牧业标准刚刚建立，废水、废气和固体废弃物处理、处置设施建设滞后，人口数量显著增加导致人类活动强度不断增大。2007—2013 年，柴达木盆地化学需氧量（COD）排放量由 7 417 吨增至 23 046 吨，氨氮排放量由 908 吨增至 2 397 吨，SO_2 由 2.15 万吨增至 4.94 万吨，COD 和 SO_2 排放量占青海全省的比例从 13.60% 和

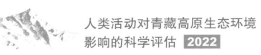
17.70% 分别增至 22% 和 24%。由于农业生产中化肥、农药等使用增加，绿洲农业区的水质状况遭受不同程度污染，2016—2018 年，水体中总氮、总磷、硝酸盐氮、硫酸盐和氯化物分别升高了 83.00%、66.67%、21.15%、60.91% 和 53.09%，高锰酸盐指数升高了 54.12%，使水环境系统的压力持续增加。

3）主要调控策略

积极推进循环经济产业，着力构建完善的绿色产业体系。立足柴达木盆地丰富盐湖、油气、光能、风能、锂矿等资源，推进盐湖化工、油气化工、煤化工、金属冶金四大传统基础产业转型升级，着力培育打造新能源、新材料、新业态、特色生物、现代服务五大新兴产业，建设一批产业特色鲜明、比较优势明显、市场竞争力强的工业产业集聚区，形成"产业链、产业群、产业网"的共生链网。推进集中连片的太阳能发电项目，打造全国最大的太阳能发电基地，规模化建设风电场，实现清洁能源规模外送；推动锂电产业发展，培育发展储能电池产业，促进新能源汽车、电子数码、工业储能等锂电池终端应用产业发展，基本建成国家循环经济示范区和新能源产业示范基地。充分利用光热资源和清洁环境优势，合理规划特色农畜产品，延长产品加工链，提高产品附加值，推动有机绿色农畜产品发展。

优先实施生态保护战略，全面推进节约高效的用水方案。坚持人工绿洲和城镇人居环境保护，优化种植业结构，控制高耗水农作物种植，发展盐湖农业和盐碱农业，减少农业耗水总量。推动产城融合，加强城镇中水回用及工业水梯级和循环再生利用，推进节水型城市建设，控制工业用水过快增长。提高湖泊湿地、盐化草甸和荒漠草原的生态需水保障水平。加强天然草地、人工草场、人工绿洲外围荒漠、草原和灌丛保护，提升城镇周边区域防风固沙功能，减轻人类活动对山区林草植被和河湖湿地的干扰和压力，遏制柴达木盆地"西沙东移"。实施山区退牧还草和轮牧休牧，提升盆地周边河流上游山区水源涵养功能和下游绿洲的维系功能。

积极推进科技创新驱动，发展绿色产业。建立盐湖产业相关清洁生产技术标准，大幅度提高钾、锂、硼等回收率，提高锂、硼产品纯度，推进盐湖产业节水和节能改造，逐步形成全国盐湖产业清洁生产标准体系。合理回收和利用提钾老卤，减少老卤排放对盐湖资源和生态环境的影响，有序推进金属镁、硫酸钾镁肥和镁基建材业的发展。适度控制纯碱和烧碱产业规模，按照市场和产业体系合理确定水资源约束机制。按照循环经济产业体系架构，加强石油化工、天然气化工和煤化工产业的废气、废水综合利用及处理设施建设和运营管理，大力推进行业节水和节能升级改造。严格控制铅锌矿、铁矿、金矿等高耗水、高耗能、重污染行业尾矿带来的环境影响和生态风险，加强绿色矿山建设，推进农业节水改造，提高农业用水效率，优化农业产业结构，加大枸杞、蔬菜、优质小麦、羊等区域优势农畜产品生产，积极发展绿色农业（杨荣金 等，2017）。

13.10 昆仑高山高原及北翼山地区注重灾害防范，加强野生动植物保护

1）主要生态环境特点

昆仑高山高原及北翼山地区包括了生态地理区的昆仑高山高原高寒荒漠区的北半部和昆仑山北翼山地荒漠区，北接塔里木盆地南缘，南至中昆仑山脉，东至柴达木盆地西缘，西至沙里阔勒岭—喀喇昆仑山。行政上涵盖了新疆的若羌至叶城各县的中南部区域，以及塔什库尔干、阿克陶大部和乌恰县的西南部，包括 14 个县，总面积约为 30.29 万平方千米。其中高寒荒漠区和山地荒漠区分别为 16.19 万、14.10 万平方千米。

该区地势整体南高北低，南部高寒荒漠区是青藏高原西北部地势最高的部分，属于高原亚寒带干旱大陆性气候；北部山地荒漠区以中低山地为主，属于高原温带干旱气候。区内植被主要为高寒荒漠植被和高寒垫状植被，山麓洪积扇分布有高寒荒漠草原，局部分布有高山草甸和山地草原，仅西段部分山地分布有天山云杉、昆仑方枝柏等林木。

复杂迥异的地形和气候条件也为珍稀濒危植物种类分布创造了生存环境，研究表明，喀喇昆仑山区分布有珍稀濒危植物 15 科 18 属 34 种，由西北向东南分布数量逐渐减少（杨淑萍 等，2017）。

区内人口密度小，平均不足 1 人/千米²。南部高寒荒漠区以放牧绵羊和牦牛为主，人类活动强度较低；北部山地荒漠区可放牧骆驼和绵羊。区内适宜人类居住和生活的区域集中分布于西部海拔 3 000 米以下的山间盆地和宽谷地带。其中，叶尔羌河和和田河流域的水热条件和地形条件显著优于山地地区，分布有绿洲农业，人类活动强度较高。另外，该区域矿产资源丰富，已经探明有接近 150 处矿产，种类较齐全，分布广（刘兵，2018），存在部分零星散布的矿业开发。

2）主要生态环境问题

冰川退缩、灾害风险加大。作为青藏高原冰川分布较为集中的区域，气候变化带来的冰川退缩威胁不断加大。有研究表明，1972—2011 年木孜塔格峰地区冰川面积年均缩减率 0.02 ± 0.06%，冰川物质呈现负平衡（−0.06 ± 0.01 米水当量 / 年）（蒋宗立 等，2019）。1976—2010 年，西昆仑山冰川面积减少 4.10%（李成秀 等，2015）。另外，喀喇昆仑山努布拉流域冰川（1993—2015 年，−0.20%）（刘凯 等，2017）和什约克流域冰川（1993—2016 年，−0.05% ± 0.20%/ 年）（李志杰 等，2019）也均呈退缩态势。

气候变化影响冰川物质平衡的同时，也导致年际间水文洪涝和干旱事件发生的频率增加、强度增强，使冰崩、冰湖溃决、滑坡、泥石流等地质灾害风险加大。在暖湿化的气候背景下，新疆和田地区春、夏季暴雨频发，有时一场强降水过程产生的降水量远远超过年均降水量，甚至达到年降水量的 4 倍（李海花 等，2022）。1957—2019 年，车尔臣河流域年径流量增加了 54.67%（达伟 等，2021）。喀喇昆仑山叶尔羌河突发洪水频率和幅度也呈增加趋势（王迪 等，2009），其中发生频次最多的为冰雪消融型洪水（李志峰，2021）。1976—2010 年，西昆仑山冰湖面积增加 17.8%（李成秀 等，2015）。极端暴雨事件频发，一方面，有利于绿洲区农田及山区牧草水分的补给，增加河流径流量，缓解干旱；另一方面，极端暴雨致灾性强，容易造成洪涝及次生灾害，给人们生产生活带来不利影响（李海花 等，2022）。另外，频繁的风沙灾害也对当地居民生产和生活带来严重威胁（曹永香 等，2022）。

水资源开发潜力有限。虽然该区域内仅西部塔什库尔干县有较为集中的绿洲耕地分布，但区内冰川补给的众多河流是下游塔里木盆地西部、南部绿洲农业的重要水源，该区水资源是南疆区域可持续发展的重要基础。干旱条件下，区域可利用淡水资源量十分有限，加之用水总量增速过快、农业用水占比高且用水效率低，使水资源短缺的形势日益加剧。1988—2015 年，南疆农作物水足迹总量增长了 266%，其中 90%以上为蓝水足迹，且喀什地区农作物水足迹每年增量达到 2.42 亿立方米，农作物种植面积的扩张是农作物水足迹增长的核心驱动因素（张沛 等，2021）。区域东部巴音郭楞蒙古自治州和西北部克孜勒苏柯尔克孜自治州水资源承载力处于轻度超载状态；而和田地区和喀什地区已处于严重超载状态（热孜娅·阿曼，2021）。南疆除克里亚河诸小河和车尔臣河诸小河，其余流域水资源开发利用率均达到 80% 以上，开发利用潜力十分有限（于春平，2021）。

珍稀濒危植物保护形势依然严峻。喀喇昆仑山处于青藏高原与中亚的交界区，成为亚洲荒漠植物亚区与青藏高原植物亚区间的过渡地带，是青藏高原生物区系形成演化的关键区。由于各种因素的干扰与影响，该地区许多珍稀濒危及特有植物分布范围日渐缩小，趋于濒危，尤其是原本为狭域分布且对适生生境具特异选择性的物种濒危迹象明显。有研究表明，在喀喇昆仑山区分布的 32 个特有种中包含昆仑方枝柏、阿克赛钦雪灵芝和绿叶柳 3 种珍稀濒危植物，其中绿叶柳已呈现极危状态，而特有种一旦丧失将会对区域生物多样性保护产生重要影响（杨淑萍 等，2017）。此外，本区零星的游牧活动、自助游、非法狩猎、非法采矿等活动，也对局部地区脆弱生态系统产生影响。

区域联通面临复杂形势。该区是联通新疆与西藏两个自治区的必经之地，也是历史上丝绸之路穿越帕米尔高原的交通要道。区域西接塔吉克斯坦和阿富汗，南部紧邻印度和巴基斯坦争议的克什米尔地区，地缘形势复杂。区内阿克赛钦居于中亚制高点，地理优势明显（杨国安，2012）。阿克赛钦自古就是中国的领土，但外方不时单方挑起争端，破坏边境地区的和平与稳定（曾皓，2020）。

3）主要调控策略

强化冰冻圈监测，提升灾害预测预警能力。从冰川变化的复杂过程与机理看，现有气象站点数据不能完全解释冰川变化的过程，需要加强冰川区气象条件的实地观测（李成秀 等，2015）。在统筹谋划青藏高原及周边地区生态气候综合观测网络建设中，优化布局、填补空白区，适当关注人类活动强度较弱区，有助于破解气候变化的影响机制（达伟 等，2021）。同时，加强冰湖溃决、融雪性洪水及地质灾害风险管理和应急处置能力建设，建立健全冰冻圈变化监测预警机制，建立完善、高效的监测预警系统、应急救援体系和物资保障体系（达伟 等，2021；生态环境部，2021）。

控制绿洲农业规模，提高水资源利用效率。该区可用淡水资源量少，承载能力有限，下游不可无限制地发展高耗水绿洲农业。在制定相关经济发展战略与决策时，应注重产业结构调整和转型，重点考虑水资源消耗情况。同时，该区冰川融水是塔里木盆地商品棉的重要水源，随着农产品的外输，形成了以"虚拟水"为实质的"西水东送"格局。可从生态补偿的角度，加强虚拟水贸易。同时，加强全民节水意识，健全落实最严格的水资源管理制度，明晰水权，加强水资源在产业间的合理配置和调控；建立水资源承载力预警机制（热孜娅·阿曼，2021）。另外，区内放牧区应根据划定的草原禁牧区，明确禁牧四至界限、禁牧期限；完善生态补偿政策，筹措资金，帮助和指导牧民解决生计问题（麦麦提吐尔逊·艾则孜 等，2012）。

加强自然保护区建设，切实保护濒危物种。首先要加强资源基础调查，摸清重点植物资源的生长分布、生物量与蕴藏量、濒危程度与致危因子，开展资源评价。同时，加强生态红线保护工作，健全生态红线保护范畴，划定禁止开发区，严格控制人为干扰。具体措施上，在现有的塔什库尔干野生动物自然保护区的基础上，将濒危及特有植物种列入保护对象，并将叶城县南部即库拉那河至喀拉斯坦河之间的险峻山区纳入保护范围。可实现以最少的投入，保护区域大多数珍贵、濒危及特有种质生物资源，以提高生物多样性的保护效率（杨淑萍 等，2017）。

发挥地缘优势，提升区域联通水平。可适度强化该区域西部的帕米尔走廊建设，把中亚、西亚和南亚连接起来。建设多边互利的高标准铁路、管线和电力项目，制定互联互通的政策与机制，建立自主安保体系，以解决多方紧迫的物资、电力和油气需求，提升区域内联外通的整体水平。同时，应注意防范极端天气、冰湖溃决、洪水等自然灾害对区域基础设施和人员生命安全的影响。

参考文献

柏建坤，李潮流，康世昌，等，2014. 雅鲁藏布江流域三条典型河流水体中溶解态元素分布特征及其水质评价 [J]. 环境化学，33（12）：2206-2207.

布多，罗文培，王燕飞，等，2010. 拉萨河流域水体铅、锌含量的初步研究 [J]. 西藏大学学报（自然科学版），25（2）：17-23.

曹旭娟，2017. 青藏高原草地退化及其对气候变化的响应 [D]. 北京：中国农业科学院研究生院 .

曹永香，毛东雷，薛杰，等，2022. 绿洲 - 沙漠过渡带植被覆盖动态变化及其驱动因素——以新疆策勒为例 [J]. 干旱区研究，39（2）：510-521.

陈东军，钟林生，樊杰，等，2022. 青藏高原国家公园群功能评价与结构分析 [J]. 地理学报，77（1）：196-213.

陈发虎，董广辉，陈建徽，等，2019. 亚洲中部干旱区气候变化与丝路文明变迁研究：进展与问题 [J]. 地球科学进展，34（6）：561-572.

陈发虎，夏欢，高玉，等，2022. 史前人类探索、适应和定居青藏高原的历程及其阶段性讨论 [J]. 地理科学，42（1）：1-14.

陈洪海，2002. 宗日遗存研究 [D]. 北京：北京大学考古文博学院：64-67.

陈洪海，格桑本，李国林，1998. 试论宗日遗址的文化性质 [J]. 考古，5：15-26.

陈金林，旦久罗布，朱彦宾，等，2021. 西藏那曲市牧草撂荒地形成原因及利用措施 [J]. 畜牧兽医科学（电子版）：118-119.

陈琴琴，2013. 中国砷污染排放清单研究 [D]. 南京：南京大学 .

陈庆英，2004. 关于《汉藏史集》的作者 [J]. 西藏民族学院学报（哲学社会科学版），25（2）：11-19.

陈新海，1997. 历代移民屯田政策对青海社会的影响 [J]. 西北史地，4（1）：21-25.

成都文物考古研究所，2006. 马尔康哈休遗址出土动物骨骼鉴定报告 [A]// 川西北高原史前考古发现与研究 . 北京：科学出版社：428-440.

成升魁，沈镭，2000. 青藏高原人口、资源、环境与发展互动关系探讨 [J]. 自然资源学报，15（4）：297-304.

成延鏊，田均良，1993.西藏土壤元素背景值及其分布特征 [M].北京：科学出版社.

程根伟，王小丹，张宪洲，等，2015.西藏高原国家生态安全屏障保护与建设工程建设成效评估报告 [R].成都：成都山地灾害与环境研究所.

程国栋，赵林，李韧，等，2019.青藏高原多年冻土特征、变化及影响 [J].科学通报，27：64.

次旦扎西，索南才旦，2022.吐蕃时期西部西藏部落首领的一种名号 [J].中国藏学，153(4):51-58，212.

达瓦次仁，2010.羌塘地区人与野生动物冲突的危害以及防范措施 [J].中国藏学，93（4）：71-78.

达伟，王书峰，沈永平，等，2021.1957—2019年昆仑山北麓车尔臣河流域水文情势及其对气候变化的响应 [J].冰川冻土，43（4）：1-10.

邓亨宁，鞠文彬，高云东，等，2020.新建川藏铁路（雅安‐昌都段）沿线外来入侵植物种类及分布特征 [J].生物多样性，28（10）：1174-1181.

底阳平，张杨建，曾辉，等，2019."亚洲水塔"变化对青藏高原生态系统的影响 [J].中国科学院院刊，34（11）：1322-1331.

丁明军，张镱锂，刘林山，等，2010.1982—2009年青藏高原草地覆盖度时空变化特征 [J].自然资源学报，25（12）：2114-2122.

丁文广，勾晓华，李育，2018.祁连山生态绿皮书：祁连山生态系统发展报告 [M].北京：社会科学文献出版社.

董广辉，杨谊时，韩建业，等，2017.农作物传播视角下的欧亚大陆史前东西方文化交流 [J].中国科学（D辑：地球科学），47：530-543.

窦文康，王泽平，方金鑫，等，2021.旅游活动与水环境耦合分析——以玉龙雪山 - 丽江盆地为例 [J].冰川冻土，43（4）：1210-1217.

窦永红，2018.基于AHP的青南高原高寒草地脆弱性评估 [J].青海环境，28（3）：145-150.

杜梅，张强英，任培，等，2022.西藏年楚河流域农用地土壤重金属分布与生态风险评价 [J].环境工程技术学报，12(5)：1618-1625.

多杰欧珠，李永胜，席津生，1994.跨世纪的中国人口：西藏卷 [M].北京：中国统计出版社.

樊杰，2000.青藏地区特色经济系统构筑及与社会、资源、环境的协调发展 [J].资源科学，22（4）：12-21.

樊杰，2007.我国主体功能区划的科学基础 [J].地理学报，62（4）：339-350.

范丽卿，土艳丽，李建川，等，2016.西藏拉鲁湿地国家级自然保护区发现红耳龟 [J].动物学杂志，51（6）：1100.

房迎三，王富葆，汤惠生，2004.西藏打制石器的新材料 [C]// 第九届中国古脊椎动物学学术年会论文集.北京：海洋出版社：211-222.

冯蕾，周天军，2017.20km高分辨率全球模式对青藏高原夏季降水变化的预估 [J].高原气象，

36（3）：587-595.

傅伯杰，欧阳志云，施鹏，等，2021. 青藏高原生态安全屏障状况与保护对策 [J]. 中国科学院院刊，36（11）：1298-1306.

傅大雄，阮仁武，戴秀梅，等，2000. 西藏昌果古青稞、古小麦、古粟的研究 [J]. 作物学报，4：392-398.

傅小锋，郑度，2000. 论青藏高原人口与可持续发展 [J]. 资源科学，22（4）：22-29.

盖培，王国道，1983. 黄河上游拉乙亥中石器时代遗址发掘报告 [J]. 人类学学报，2（1）：49-59.

《甘肃森林》编辑委员会，1998. 甘肃森林 [M]. 兰州：甘肃省林业厅 .

高东陆，1993. 略论卡约文化 [J]. 青海社会科学，1：78-85.

高东陆，许淑珍，1990. 青海湟源莫布拉卡约文化遗址发掘简报 [J]. 考古，11：1012-1016.

高述超，王景升，2007. 西藏森林资源现状分析 [J]. 林业资源管理（5）：49-52.

高兴川，曹小曙，李涛，等，2019. 1976—2016 年青藏高原地区通达性空间格局演变 [J]. 地理学报，74（6）：1190-1204.

耿志新，侯书贵，张东启，等，2007. 1844 AD 以来珠穆朗玛峰地区大气环境变化高分辨率冰芯记录 [J]. 冰川冻土，29（5）：694-703.

关莹，蔡回阳，王晓敏，等，2013. 贵州毕节老鸦洞遗址 2013 年发掘报告 [J]. 人类学学报，34（4）：461-477.

国家文物局，1996. 中国文物地图集 - 青海分册 [M]. 北京：中国地图出版社 .

国家发展改革委，自然资源部，2020. 全国重要生态系统保护和修复重大工程总体规划（2021—2035 年）[R].

国家林业和草原局草原管理司，2022. 2021 全国草原监测报告 [R].

国家市场监督管理总局，中国国家标准化管理委员会，2023. 生活饮用水卫生标准（GB 5749—2022）[S].

国务院新闻办公室，2016. 西藏生态安全屏障保护与建设工程情况发布会 [Z]. 国务院新闻办公室，2016-10-26.

何一民，赵淑亮，2013. 清代民国时期西藏城市数量规模的变化及制约发展的原因 [J]. 社会科学（4）：130-145.

何元洪，2014. 青海治多参雄尕朔遗址调查与发掘 [N]. 中国文物报，2014-2-14（008）.

洪玲玉，崔剑锋，陈洪海，2012. 移民，贸易，仿制与创新——宗日遗址新石器时代晚期陶器分析 [J]. 考古学研究（00）：325-345.

洪翩翩，2013. 清洁青藏线 保护长江源——中华环境保护基金会等环保组织发起清洁青藏线保护长江源活动 [J]. 环境教育（11）：56.

侯光良，于长水，许长军，2009. 青海东部历史时期的自然灾害与 LUCC 和气候变化 [J]. 干旱区资源与环境，23（1）：86-92.

侯光良，魏海成，鄂崇毅，等，2012. 青海东部史前人口—耕地变化及其对植被演变的影响 [J]. 地理科学，33（3）：299-306.

侯光良，杨石霞，颚崇毅，等，2018. 青藏高原东北缘江 2 号遗址 2012 年出土石制品的初步研究 [J]. 人类学学报，37（4）：553-564.

胡东生，王世和，1994. 青藏高原可可西里地区发现的旧石器 [J]. 科学通报，39：924-927.

户国，都雪，程磊，等，2019. 西藏渔业资源现状、存在问题及保护对策 [J]. 水产学杂志，32（3）：58-64.

黄复生，宋志顺，姜胜巧，等，2006. 西藏东南部生物多样性和生态环境脆弱性分析 [J]. 西南农业学报 (1)：35-39.

霍巍，2009. 成都平原史前农业考古新发现及其启示 [J]. 中华文化论坛，32：155-158.

吉珍霞，裴婷婷，陈英，等，2022. 2001—2020 年青藏高原草地 NDVI 时空变化及驱动因子分析 [J]. 草地学报，30（7）：1873-1887.

贾伟，2001. 明中后期青海河湟地区藏族人口数量考察 [J]. 青海民族研究（社会科学版），12（3）：75-77.

贾鑫，2012. 青海省东北部地区新石器—青铜时代文化演化过程与植物遗存研究 [D]. 兰州：兰州大学.

蒋志成，汪有奎，2012. 生态旅游对祁连山保护区生态环境的影响 [J]. 中国林业，13：33.

蒋志刚，李立立，胡一鸣，等，2018. 青藏高原有蹄类动物多样性和特有性：演化与保护 [J]. 生物多样性，26（2）：158-170.

蒋宗立，张俊丽，张震，等，2019. 1972—2011 年东昆仑山木孜塔格峰冰川面积变化与物质平衡遥感监测 [J]. 国土资源遥感，31（4）：128-136.

金亚征，郑志新，常美花，2017. 旅游活动对草原植被、土壤环境的影响及控制对策 [J]. 草业科学，34（2）：310-320.

康世昌，张强弓，2010. 青藏高原大气污染科学考察与监测 [J]. 自然杂志，32（1）：13-27.

赖星竹，周正坤，杨宗莉，2012. 西藏高寒湿地面临的环境问题 [J]. 西藏科技（5）：38-39.

郎芹，牛振国，洪孝琪，等，2021. 青藏高原湿地遥感监测与变化分析 [J]. 武汉大学学报（信息科学版），46（2）：230-237.

李超逸，2021. 阿里地区典型植被群落与土壤养分特征研究 [D]. 拉萨：西藏大学.

李潮流，康世昌，丛志远，2007. 青藏高原念青唐古拉峰冰川区夏季风期间大气气溶胶元素特征 [J]. 科学通报，52（17）：2057-2063.

李成秀，杨太保，田洪阵，2015. 近 40 年来西昆仑山冰川及冰湖变化与气候因素 [J]. 山地学报，

32（2）：157-165.

李海花，闵月，李桉孛，等，2022. 昆仑山北麓两次极端暴雨水汽特征对比分析 [J]. 干旱区地理，45（3）：715-724.

李庆民，韦臣，2005. 青藏铁路高原多年冻土区路基工程的几种保护措施 [J]. 路基工程（3）：9-12.

李全莲，王宁练，武小波，等，2010. 青藏高原冰川雪冰中多环芳烃的分布特征及其来源研究 [J]. 中国科学（D辑：地球科学），40（10）：1399-1409.

李韧，赵林，丁永建，等，2012. 青藏公路沿线多年冻土区活动层动态变化及区域差异特征 [J]. 科学通报，57（30）：2864-2871.

李文华，赵新全，张宪洲，等，2013. 青藏高原主要生态系统变化及其碳源/碳汇功能作用 [J]. 自然杂志，35（3）：172-178.

李新，勾晓华，王宁练，等，2019. 祁连山绿色发展：从生态治理到生态恢复 [J]. 科学通报，64（27）：2928-2937.

李永宪，1996. 略论四川地区的细石器 [C]// 四川省文物考古研究所四川考古论文集 . 北京：文物出版社：6-18.

李月芳，姚檀栋，王宁练，等，2000. 青藏高原古里雅冰芯中痕量元素镉记录的大气污染：1900—1991[J]. 环境化学，19（2）：176-181.

李月芳，姚檀栋，王宁练，等，2008. 帕米尔东部慕士塔格冰芯 Sb 浓度变化记录揭示的近 50 a 来中亚区域人类活动 [J]. 冰川冻土，30（3）：359-364.

李真，姚檀栋，田立德，等，2006. 慕士塔格冰川地区降水中 $\delta^{18}O$ 的时空变化特征 [J]. 中国科学（D辑：地球科学），36（1）：17-22.

李筝，2018. 新时代推进阿里地区生态文明建设的问题及对策 [J]. 西藏发展论坛（5）：57-59.

李志峰，2021. 新疆叶尔羌河近 65 年以来水沙特性分析 [J]. 水利规划与设计，1：56-59.

李志杰，王宁练，陈安安，等，2019. 1993—2016 年喀喇昆仑山什约克流域冰川变化遥感监测 [J]. 冰川冻土，41（4）：770-782.

刘爱娇，聂姣，2021. 西藏察隅县沿边村寨建设与守土固边发展问题研究 [J]. 西部学刊（11）：20-23.

刘宝山，窦旭耀，1998. 青海化隆县下半主洼卡约文化墓地第二次发掘简报[J]. 考古与文物，4：3-11.

刘兵，2018. 新疆昆仑山地区地质矿产特征及找矿靶区选择 [J]. 世界有色金属（24）：85-87.

刘东生，郑绵平，郭正堂，1998. 亚洲季风系统的起源和发展及其与两极冰盖和区域构造运动的时代耦合性 [J]. 第四纪研究，3（3）：194-204.

刘鸿高，2017. 滇西北地区旧石器至青铜时代人类活动 [D]. 兰州：兰州大学 .

刘杰，汲玉河，周广胜，等，2022. 2000—2020 年青藏高原植被净初级生产力时空变化及其气
候驱动作用 [J]. 应用生态学报，33（6）：1533-1538.

刘凯，王宁练，白晓华，2017. 1993—2015 年喀喇昆仑山努布拉流域冰川变化遥感监测 [J]. 冰
川冻土，39（4）：710-719.

刘源隆，2021. 稻城皮洛遗址刷新世界考古历史 [N]. 中国文化报，2021-10-19（008）.

刘志伟，李胜男，韦玮，等，2019. 近三十年青藏高原湿地变化及其驱动力研究进展 [J]. 生态
学杂志，38（3）：856-862.

柳海燕，张小曳，沈志宝，1997. 五道梁大气气溶胶的化学组成和浓度及其季节变化 [J]. 高原
气象（2）：122-129.

吕红亮，2014. 更新世晚期至全新世中期青藏高原的狩猎采集者 [J]. 藏学学刊，11：1-27.

马俊峰，高伟，归静，等，2016. 西藏阿里草地气候生产力对气候变化的响应 [J]. 家畜生态学
报，37（10）：55-60.

麦麦提吐尔逊·艾则孜，海米提·依米提，迪拉娜·尼加提，等，2012. 昆仑山北麓克里雅绿
洲生态服务价值对土地利用变化的响应 [J]. 地理科学，32（9）：1148-1154.

芈一之，1987. 青海民族史入门 [M]. 西宁：青海人民出版社.

莫兴国，刘文，孟铖铖，等，2021. 青藏高原草地产量与草畜平衡变化 [J]. 应用生态学报，32
（7）：2415-2425.

农业部畜牧兽医司，1996. 中国草地资源 [M]. 北京：中国科学技术出版社.

青海森林编辑委员会，1993. 青海森林 [M]. 北京：中国林业出版社.

青海省海西州自然资源局，2018. 海西蒙古族藏族自治州矿产资源年报（2017 年度）[R]. 海西：
青海省海西州自然资源局.

青海省统计局，国家统计局青海调查总队，1951—2021. 青海统计年鉴 [M]. 北京：中国统计出
版社.

青海省文物考古研究所，2002. 青海民和县喇家遗址 2000 年发掘简报 [J]. 考古，12：12-25.

青海省文物考古研究所，2017. 青海尖扎县河东台新石器时代遗址发掘简报 [J]. 四川文物，2：
5-22.

曲广鹏，2019. 西藏人工种草现状、存在问题及对策 [J]. 西藏农业科技，41：53-55.

全国畜牧总站，2018. 中国草业统计 2018[M]. 北京：中国农业出版社.

全国畜牧总站，2020. 中国草业统计 2020[M]. 北京：中国农业出版社.

热孜娅·阿曼，2021. 新疆水资源承载力评价及量水发展模式研究 [D]. 乌鲁木齐：新疆大学.

任乐乐，2017. 青藏高原东北部及其周边地区新石器晚期至青铜时代先民利用动物资源的策略
研究 [D]. 兰州：兰州大学.

任乐乐，董广辉，2016. "六畜"的起源和传播历史 [J]. 自然杂志，38：257-262.

任培，2021.拉萨河流域农用地土壤重金属污染现状调查分析 [D]. 拉萨：西藏大学 .

邵全琴，樊江文，等，2012.三江源区生态系统综合监测与评估 [M]. 北京：科学出版社 .

邵全琴，樊江文，等，2018.三江源生态保护与建设工程生态效益监测评估 [M]. 北京：科学出版社 .

生态环境部，2021.关于政协十三届全国委员会第四次会议第 0987 号（资源环境类 101 号）提案答复的函 [Z]. https://www.mee.gov.cn/xxgk2018/xxgk/xxgk13/202112/t20211202_ 962633.html.

施雅风，李吉均，李炳元，等，1999.晚新生代青藏高原的隆升与东亚环境变化 [J]. 地理学报，54（1）：10-21.

四川大学中国藏学研究所，四川大学考古学系，西藏自治区文物局，2001. 西藏札达县皮央东嘎遗址古墓群试掘简报 [J]. 考古，6：14-31.

孙鸿烈，张荣祖，2004.中国生态环境建设地带性原理与实践 [M]. 北京：科学出版社 .

孙鸿烈，郑度，姚檀栋，等，2012.青藏高原国家生态安全屏障保护与建设 [J]. 地理学报，67（1）：3-12.

孙华，2009.四川盆地史前谷物种类的演变—主要来自考古学文化交互作用方面的信息 [J]. 中华文化论坛，147-154.

孙楠，李小强，周新郢，等，2010.甘肃河西走廊早期冶炼活动及影响的炭屑化石记录 [J]. 第四纪研究，30（2）：319-325.

汤惠生，1999.略论青藏高原的旧石器和细石器 [J]. 考古（5）：44-54.

汤惠生，2011.青藏高原旧石器时代晚期至新石器时代初期的考古学文化及经济形态 [J]. 考古学报，4：443-466.

汤惠生，2012.西藏青铜时代的社会经济类型及相关问题 [J]. 清华大学学报，27（1）：148-158.

汤惠生，周春林，李一全，等，2013.青海昆仑山山口发现的细石器考古新材料 [J]. 科学通报，58（3）：247-253.

汤莉莉，牛生杰，樊曙先，等，2010.瓦里关及西宁 PM10 和多环芳烃谱分布的观测研究 [J]. 高原气象，29（1）：236-243.

唐明艳，杨永兴，2014.旅游干扰下滇西北高原湖滨湿地植被及土壤变化特征 [J]. 应用生态学报，25（5）：1283-1292.

陶娟平，2016.过去 300 年西藏"一江两河"地区耕地变化 [D]. 西宁：青海师范大学 .

土艳丽，刘林山，张镱锂，等，2018a.外来入侵生物空间分布数据集与分布图编制 [Z].

土艳丽，李振宇，文雪梅，等，2018b.西藏地区外来入侵植物物种历史动态变化 [C]// 第五届全国入侵生物学大会——入侵生物与生态安全会议摘要：21.

万方，邓清海，刘莉，等，2021.1990—2018 年河湟谷地耕地的时空演变 [J]. 水土保持通报，41（3）：275-282.

万欣，2017. 基于分子标志物的喜马拉雅山中段大气有机气溶胶来源解析 [D]. 北京：中国科学院大学.

汪海霞，2018. 察隅县耕地质量管理现状与保护对策 [J]. 乡村科技（25）：115-116.

王蓓蓓，2010. 云南文明起源的考古学观察 [J]. 四川文物，6：26-30.

王迪，刘景时，胡林金，等，2009. 近期喀喇昆仑山叶尔羌河冰川阻塞湖突发洪水及冰川变化监测分析 [J]. 冰川冻土，31（5）：808-814.

王婧，李海蓉，杨林生，2020. 青藏高原大骨节病流行区环境、食物及人群硒水平研究 [J]. 地理科学进展，39（10）：1677-1686.

王克，1985. 藏族人口史考略 [J]. 西藏研究（2）：62-72.

王立辉，2017. 西藏生物多样性保护存在的问题及对策 [J]. 西藏科技（6）：72-73.

王宁练，姚檀栋，徐柏青，等，2019. 全球变暖背景下青藏高原及周边地区冰川变化的时空格局与趋势及影响 [J]. 中国科学院院刊，34（11）：1220-1232.

王倩倩，2014. 金蝉口遗址动植物遗存反映的古环境即生业模式探讨 [J]. 青海师范大学学报，36：75-78.

王瑞泾，冯琦胜，金哲人，等，2022. 青藏高原退化草地的恢复潜势研究 [J]. 草业学报，31（6）：11-22.

王社江，张晓凌，陈祖军，等，2018. 藏北尼阿木底遗址发现的似阿舍利石器——兼论晚更新世人类向青藏高原的扩张 [J]. 人类学学报，37：253-269.

王小丹，程根伟，赵涛，等，2017. 西藏生态安全屏障保护与建设成效评估 [J]. 中国科学院院刊，32（1）：29-34.

王一丁，2009. 西藏城市发展史考略 [J]. 西藏研究，117（5）：41-50.

王昱，聪喆，1992. 青海简史 [M]. 西宁：青海人民出版社：185.

魏博，刘林山，张镱锂，等，2022. 紫茎泽兰在中国的气候生态位稳定且其分布范围仍有进一步扩展的趋势 [J]. 生物多样性，30（8）：21443.

魏复盛，王惠琪，李顾君，等，1990. 土壤背景值测试质量保证及数据质量评价 [J]. 中国环境监测，6（1）：3-16.

温玉璞，徐晓斌，汤洁，等，2001. 青海瓦里关大气气溶胶元素富集特征及其来源 [J]. 应用气象学报，12（4）：400-408.

吴金措姆，2015. 解析西藏家畜氟中毒病的中毒与解毒机理 [J]. 西藏科技（8）：57-58.

吴志坚，马巍，等，2005. 通风管、抛碎石和保温材料保护冻土路堤的工程效果分析 [J]. 岩土力学，26（8）：1288-1293.

吴致蕾，刘峰贵，张镱锂，等，2016. 清代青藏高原东北部河湟谷地林草地覆盖变化 [J]. 地理科学进展，35（6）：768-778.

吴致蕾，刘峰贵，陈琼，等，2017. 公元 733 年河湟谷地耕地分布格局重建 [J]. 资源科学，39（2）：252-262.

西藏自治区统计局，国家统计局西藏调查总队，1951—2021. 西藏统计年鉴 [M]. 北京：中国统计出版社.

向涛，1991. 中国农业自然资源和农业区划 [M]. 北京：农业出版社.

谢端琚，2002. 甘青地区史前考古 [M]. 北京：文物出版社.

谢雨，朱忠福，肖维阳，等，2016. 九寨沟核心景区外来植物的分布格局与影响 [J]. 应用与环境生物学报，22（6）：1008-1014.

邢宇，2015. 青藏高原 32 年湿地变化对气候的空间响应 [J]. 国土资源遥感，27（3）：99-107.

徐增让，郑鑫，靳茗茗，2018. 自然保护区土地利用冲突及协调——以羌塘国家自然保护区为例 [J]. 科技导报，36（7）：8-13.

徐增让，靳茗茗，郑鑫，等，2019. 羌塘高原人与野生动物冲突的成因 [J]. 自然资源学报，34（7）：1521-1530.

许新国，1983. 循化阿哈特拉山卡约文化墓地初探 [J]. 青海社会科学，5：92-95.

薛轶宁，2010. 云南剑川海门口遗址植物遗存初步研究 [D]. 北京：北京大学.

严俊，旦久罗布，谢文栋，等，2020. 藏北高原积极探索人工种草和生态建设协同发展的新路子 [J]. 西藏科技，10-12.

杨帆，邵全琴，郭兴健，等，2018. 玛多县大型野生食草动物数量对草畜平衡的影响研究 [J]. 草业学报，27（7）：1-13.

杨国安，2012. 阿克赛钦地区的地缘战略价值 [J]. 沈阳大学学报 (社会科学版)，14（5）：25-27.

杨荣金，舒俭民，李秀红，等，2017. 柴达木盆地生态环境保护战略与对策 [J]. 科技导报，35（6）：115-119.

杨淑萍，姜洁，阎平，2017. 中国喀喇昆仑山珍稀濒危植物及特有种的生态地理分布 [J]. 自然资源学报，32（11）：1919-1929.

杨照应，多吉，杨成业，2021. 西藏察隅地区泥石流发育特征及形成条件研究 [J]. 冶金管理（13）：66-67.

姚檀栋，邬光剑，徐柏青，等，2019. "亚洲水塔"变化与影响 [J]. 中国科学院院刊，34（11）：1203-1209.

姚莹，1998. 康輶纪行 [M]. 北京：北京出版社.

仪明杰，2012. 青海省旧石器的发现与研究 [C]// 第十三届中国古脊椎动物学学术年会论文集. 北京：海洋出版社：187-194.

仪明杰，高星，张晓凌，等，2011. 青藏高原边缘地区史前遗址 2009 年调查试掘报告 [J]. 人类学学报，30：124-136.

殷宝法、淮虎银、张镱锂，等，2006. 青藏铁路、公路对野生动物活动的影响 [J]. 生态学报，26（12）：3917-3923.

于春平，2021. 基于集对分析的新疆南疆地区水资源承载力评价 [J]. 东北水利水电，7：19-21.

余欣超、姚步青、周华坤，等，2015. 青藏高原两种高寒草甸地下生物量及其碳分配对长期增温的响应差异 [J]. 科学通报，60（4）：379-388.

喻泓、肖曙光、杨晓晖，等，2006. 我国部分自然保护区建设管理现状分析 [J]. 生态学杂志，5（9）：1061-1067.

袁宝印、黄慰文、章典，2007. 藏北高原晚更新世人类活动的新证据 [J]. 科学通报，52（13）：1567-1571.

原思训、陈铁梅、高世军，1986. 华南若干旧石器时代地点的铀系年代 [J]. 人类学学报，5：179-190.

泽勇，2008. 元明两朝治藏政策及其特点 [J]. 西藏研究，112（6）44-51.

曾皓，2020. 阿克赛钦主权归属中国的国际法依据 [J]. 南亚研究（3）：1-38，156.

翟松天、汪泉、李高泉，等，1989. 中国人口 - 青海分册 [M]. 北京：中国财政经济出版社.

张东菊、陈发虎、吉笃学，等，2011. 甘肃苏苗塬头地点石制品特征与古环境分析 [J]. 人类学学报，30（3）：289-298.

张东菊、董广辉、王辉，等，2016. 史前人类向青藏高原扩散的历史过程和可能驱动机制 [J]. 中国科学（D 辑：地球科学），46（8）：1007-1023.

张恩楼、沈吉、王苏民，等，2002. 青海湖近 900 年来气候环境演化的湖泊沉积记录 [J]. 湖泊科学，14（1）：32-38.

张国庆，2019. 青藏高原大于 1 平方公里湖泊数据集（V3.0）（1970s—2021）[DS]. 国家青藏高原科学数据中心，DOI：10.11888/Hydro.tpdc.270303. CSTR：18406.11.Hydro.tpdc. 270303.

张国庆、王萌萌、周陶，等，2022. 青藏高原湖泊面积、水位与水量变化遥感监测研究进展 [J]. 遥感学报，26（1）：115-125.

张建国、文安邦、柴宗新，等，2003. 西藏自治区土壤侵蚀特点及现状 [J]. 山地学报（S1）：148-152.

张路、肖燚、郑华，等，2017. 2010 年中国生态系统服务空间数据集 [DS]. Science Data Bank，CSTR:31253.11.sciencedb.458.

张沛、龙爱华、海洋，等，2021. 1988—2015 年新疆农业用水时空变化与政策驱动研究：基于农作物水足迹的统计分析 [J]. 冰川冻土，43（1）：242-253.

张仁健、邹捍、王明星，等，2001. 珠穆朗玛峰地区大气气溶胶元素成分的监测及分析 [J]. 高原气象，20（3）：234-238.

张山佳，董广辉，2017. 青藏高原东北部青铜时代中晚期人类对不同海拔环境的适应策略探讨 [J]. 第四纪研究，37：696-708.

张宪洲，杨永平，朴世龙，等，2015. 青藏高原生态变化 [J]. 科学通报，60（32）：3048-3056.

张小曳，张光宇，陈拓，等，1996. 青藏高原远源西风粉尘与黄土堆积 [J]. 中国科学（D 辑：地球科学），26（2）：147-153.

张镱锂，王兆锋，王春连，等，2010. 青藏铁路和公路的生态影响与工程区生态保护 [A]// 李秀彬，等 . 中国西部现代人类活动及其环境效应研究 . 北京：气象出版社：235-272.

张镱锂，祁威，周才平，等，2013. 青藏高原高寒草地净初级生产力（NPP）时空分异 [J]. 地理学报，68（9）：1197-1211.

张镱锂，李炳元，郑度，2014.《论青藏高原范围与面积》一文数据的发表：青藏高原范围界线与面积地理信息系统数据 [OL]. 全球变化数据仓储电子杂志 . https://doi.org/10.3974/geodb.2014.01.12.V1.

张镱锂，吴雪，祁威，等，2015. 青藏高原自然保护区特征与保护成效简析 [J]. 资源科学，37（7）：1455-1464.

张镱锂，李兰晖，丁明军，等，2017. 新世纪以来青藏高原绿度变化及动因 [J]. 自然杂志，9（3）：173-178.

张镱锂，刘林山，王兆锋，等，2019. 青藏高原土地利用与覆被变化的时空特征 [J]. 科学通报，64（27）：2865-2875.

张镱锂，刘林山，李炳元，等，2021. 青藏高原范围 2021 版数据集 [DS]. 全球变化数据仓储电子杂志 . https://doi.org/10.3974/geodb.2014.01.12.V2.

张镱锂，刘林山，等，2022. 阿里及邻近地区土地利用变化与生态保护 [M]. 北京：科学出版社 .

张云，林冠群，2016. 西藏通史（吐蕃卷上、下）[M]. 北京：中国藏学出版社 .

赵芳，卢涛，2017. 道路扩展对青藏高原东缘土地利用及景观格局的影响 [J]. 生态科学，36（4）：146-151.

赵鸿怡，熊万友，岳海涛，等，2020. 退化梯度上滇西北高寒草甸植物地上形态及生物量变化特征 [J]. 生态学报，40（16）：5698-5707.

赵新全，等，2021. 三江源国家公园生态系统现状、变化及管理 [M]. 北京：科学出版社 .

赵衍君，2016. 明代河湟谷地聚落格局演变和耕地变化 [D]. 西宁：青海师范大学 .

赵莹，2011. 云南银梭岛遗址出土的动物遗存研究 [D]. 长春：吉林大学 .

赵志刚，史小明，2020. 青藏高原高寒湿地生态系统演变、修复与保护 [J]. 科技导报，38（17）：33-41.

赵志龙，张镱锂，刘林山，等，2014. 青藏高原湿地研究进展 [J]. 地理科学进展，33（9）：1218-1230.

郑度，杨勤业，吴绍洪，2015. 中国自然地理总论 [M]. 北京：科学出版社 .

郑度，赵东升，2017. 青藏高原的自然环境特征 [J]. 科技导报，35（6）：13-22.

中国科学院，2021. 统筹全国力量，尽快形成面向碳中和目标的技术研发体系 [R].

《中国农村统计年鉴》编辑委员会，2021. 中国农村统计年鉴 [M]. 北京：中国统计出版社 .

中华人民共和国国务院新闻办公室，2018. 青藏高原生态文明建设状况 [M]. 北京：人民出版社 .

钟祥浩，刘淑珍，王小丹，等，2006. 西藏高原国家生态安全屏障保护与建设 [J]. 山地学报，24（2）：129-136.

周华坤，姚步青，于龙，等，2016. 三江源区高寒草地退化演替与生态恢复 [M]. 北京：科学出版社 .

周毛措，胡樱，安红婧，等，2022. 青藏高原重金属污染风险研究现状及展望 [J]. 环境生态学，4（10）：47-50.

周天军，高晶，赵寅，等，2019. 影响"亚洲水塔"的水汽输送过程 [J]. 中国科学院院刊，34（11）：1210-1219.

周天军，张文霞，陈晓龙，等，2020. 青藏高原气温和降水近期、中期和长期变化的预估及其不确定性来源 [J]. 气象科学，40（5）：697-710.

朱悦梅，2009. 吐蕃王朝占领区人口考 [J]. 兰州学刊，8：24-30.

朱珠，2006. 旅游相关活动对九寨沟核心景区植物多样性与结构的影响 [D]. 成都：中国科学院成都生物研究所 .

邹林，李健胜，2014. 从考古资料看青藏高原史前石器制作工艺的发展历程 [J]. 青海师范大学民族师范学院学报，25：39-41.

BARTON L，NEWSOME S D，CHEN F H，et al，2009. Agricultural origins and the isotopic identity of domestication in northern China[J]. Proceedings of the National Academy of Sciences，106：5523-5528.

BEAUDON E，GABRIELLI P，SIERRA-HERNÁNDEZ M R，et al，2017. Central Tibetan Plateau atmospheric trace metals contamination：a 500-year record from the Puruogangri ice core[J]. Science of the Total Environment，601：1349-1363.

BRANTINGHAM P J，GAO X，OLSEN J W，et al，2007. A short chronology for the peopling of the Tibetan Plateau[J]. Developments in Quaternary Sciences，9：129-150.

CALLEGARO A，BATTISTEL D，KEHRWALD N M，et al，2018. Fire，vegetation，and Holocene climate in a southeastern Tibetan lake：a multi-biomarker reconstruction from Paru Co[J]. Climate of the Past，14（10）：1543-1563.

CAO J J，XU B Q，HE J Q，et al，2009. Concentrations，seasonal variations，and transport of carbonaceous aerosols at a remote Mountainous region in western China[J]. Atmospheric

Environment, 43（29）: 4444-4452.

CHEN F H, DONG G H, ZHANG D J, et al, 2015a. Agriculture facilitated permanent human occupation of the Tibetan Plateau after 3600 B.P. [J]. Science, 347: 248-250.

CHEN P F, KANG S C, BAI J K, et al, 2015b. Yak dung combustion aerosols in the Tibetan Plateau: chemical characteristics and influence on the local atmospheric environment[J]. Atmospheric Research, 156: 58-66.

CHEN F, ZHANG Y, SHAO X M, et al, 2016a. A 2000-year temperature reconstruction in the Animaqin Mountains of the Tibet Plateau, China[J]. Holocene, 26（12）: 1904-1913.

CHEN X L, ZHOU T J, 2016b. Uncertainty in crossing time of 2℃ warming threshold over China[J]. Science Bulletin, 61:1451-1459.

CHEN X T, KANG S C, CONG Z Y, et al, 2018. Concentration, temporal variation, and sources of black carbon in the Mt. Everest region retrieved by real-time observation and simulation[J]. Atmospheric Chemistry and Physics, 18（17）: 12859-12875.

CHEN F H, WELKER F, SHEN C C, et al, 2019. A late middle Pleistocene Denisovan mandible from the Tibetan Plateau[J]. Nature, 569: 409-412.

CHEN F H, ZHANG J F, LIU J B, et al, 2020. Climate change, vegetation history, and landscape responses on the Tibetan Plateau during the Holocene: a comprehensive review[J]. Quaternary Science Reviews, 243: 106444.

CHENG H, EDWARDS R L, SINHA A, et al, 2016. The Asian monsoon over the past 640,000 years and ice age terminations[J]. Nature, 534（7609）: 640-646.

CHENG T, ZHANG D J, SMITH G M, et al, 2021. Hominin occupation of the Tibetan Plateau during the last Interglacial complex[J]. Quaternary Science Reviews, 256: 107047.

CHOI S D, SHUNTHIRASINGHAM C, DALY G L, et al, 2009. Levels of polycyclic aromatic hydrocarbons in Canadian mountain air and soil are controlled by proximity to roads[J]. Environmental Pollution, 157（12）: 3199-3206.

CONG Z Y, KANG S C, KAWAMURA K, et al, 2015. Carbonaceous aerosols on the south edge of the Tibetan Plateau: concentrations, seasonality and sources[J]. Atmospheric Chemistry and Physics, 15（3）: 1573-1584.

CONG Z Y, KANG S C, LIU X D, et al, 2007. Elemental composition of aerosol in the Nam Co region, Tibetan Plateau, during summer monsoon season[J]. Atmospheric Environment, 41（6）: 1180-1187.

CONG Z Y, KANG S C, GAO S P, et al, 2013. Historical trends of atmospheric black carbon on Tibetan Plateau as reconstructed from a 150-year lake sediment record[J]. Environmental Science

& Technology，47（6）：2579-2586.

D'ALPOIM GUEDES J，LU H L，LI Y X，et al，2014. Moving agriculture onto the Tibetan Plateau：the archaeobotanical evidence[J]. Archaeology and Anthropology Sciences，6：255-269.

DEARING J A，JONES R T，SHEN J，et al，2008. Using multiple archives to understand past and present climate–human–environment interactions：the lake Erhai catchment，Yunnan Province，China[J]. Journal of Paleolimnology，40（1）：3-31.

DENG Y，GOU X H，GAO L L，et al，2017. Spatiotemporal drought variability of the eastern Tibetan Plateau during the last millennium[J]. Climate Dynamics（5-6），49：2077-2091.

DENG T，WANG S Q，XIE G P，et al，2012. A mammalian fossil from the Dingqing Formation in the Lunpola Basin，northern Tibet and its relevance to age and paleo-altimetry[J]. Chinese Science Bulletin，57（2/3）：261-269.

DING X，WANG X M，XIE Z Q，et al，2007. Atmospheric polycyclic aromatic hydrocarbons observed over the North Pacific Ocean and the Arctic area：Spatial distribution and source identification[J]. Atmospheric Environment，41（10）：2061-2072.

DING L，MAKSATBEK S，CAI F L，et al，2017. Processes of initial collision and suturing between India and Asia[J]. Science China-Earth Sciences，60：635-651.

DING J Z，YANG T，ZHAO Y T，et al，2018. Increasingly important role of atmospheric aridity on Tibetan alpine grasslands[J]. Geophysical Research Letters，45（6），2852-2859.

DONG G H，WANG L，CUI Y F，et al，2013. The spatiotemporal pattern of the Majiayao cultural evolution and its relation to climate change and variety of subsistence strategy during late Neolithic period in Gansu and Qinghai Provinces，northwest China[J]. Quaternary International，316：155-161.

DONG G H，REN L L，JIA X，et al，2016. Chronology and subsistence strategy of Nuomuhong Culture in the Tibetan Plateau[J]. Quaternary International，426：42-49.

DONG H K，WANG L X，WANG X P，et al，2021. Microplastics in a remote lake basin of the Tibetan Plateau：impacts of atmospheric transport and glacial melting[J]. Environmental Science & Technology，55（19）：12951-12960.

DUAN K Q，THOMPSON L，YAO T D，et al，2007. A 1000 year history of atmospheric sulfate concentrations in southern Asia as recorded by a Himalayan ice core[J]. Geophysical Research Letters，34（1）：L01810.

ENGLING G，ZHANG Y N，CHAN C Y，et al，2011. Characterization and sources of aerosol particles over the southeastern Tibetan Plateau during the Southeast Asia biomass-burning season[J]. Tellus B：Chemical and Physical Meteorology，63（1）：117-128.

FAN J, WANG H Y, CHEN D, et al, 2010. Discussion on sustainable urbanization in Tibet[J]. Chinese Geographical Science, 20（3）: 258-268.

FAN J, WANG Y F, OUYANG Z Y, et al, 2017. Risk fore warning of regional development sustainability based on a natural resources and environmental carrying index in China[J]. Earth Future, 2: 196-213.

FAN J, YU H, 2019. Nature protection and human development in the Selincuo region: conflict resolution[J]. Science Bulletin, 64（7）: 425-427.

FERRAT M, WEISS D J, DONG S F, et al, 2012. Lead atmospheric deposition rates and isotopic trends in Asian dust during the last 9.5 kyr recorded in an ombrotrophic peat bog on the eastern Qinghai–Tibetan Plateau[J]. Geochimica et Cosmochimica Acta, 82: 4-22.

FU G, SHEN Z X, 2016. Environmental humidity regulates effects of experimental warming on vegetation index and biomass production in an Alpine meadow of the northern Tibet[J]. Plos One, 11（10）: e0165643.

GAO Y H, XIAO L H, CHEN D L, et al, 2018. Comparison between past and future extreme precipitations simulated by global and regional climate models over the Tibetan Plateau[J]. International Journal of Climatology, 38（3）:1285-1297.

GAO X C, LI T, CAO X S, 2019. Spatial fairness and changes in transport infrastructure in the Qinghai-Tibet Plateau Area from 1976 to 2016[J]. Sustainability, 11（3）: 589.

GONG P, WANG X P, XUE Y G, et al, 2014. Mercury distribution in the foliage and soil profiles of the Tibetan forest: processes and implications for regional cycling[J]. Environmental Pollution, 188: 94-101.

GREENLAND ICE-CORE PROJECT MEMBERS, 1993. Climate instability during the last interglacial period recorded in the GRIP ice core[J]. Nature, 364: 203-207.

GROSS E J N, BROOKS A, POLET G, et al, 2021. A future for all: the need for human-wildlife coexistence[R]. WWF, Gland, Switzerland.

GU C J, TU Y L, LIU L S, et al, 2021. Predicting the potential global distribution of Ageratina adenophora under current and future climate change scenarios[J]. Ecology and evolution, 11（17）: 12092-12113.

GUO Q H, WANG Y X, LIU W, 2008. B, As, and F contamination of river water due to wastewater discharge of the Yangbajing geothermal power plant, Tibet, China[J]. Environmental Geology, 56（1）: 197-205.

GUO D L, WANG H J, 2011. The significant climate warming in the northern Tibetan Plateau and its possible causes[J]. International Journal of Climatology, 32（12）: 1775-1781.

HARRIS I, OSBORN T J, JONES P, et al, 2020. Version 4 of the CRU TS monthly high-resolution gridded multivariate climate dataset[J]. Scientific Data, 7: 109.

HILLMAN A L, ABBOTT M B, YU J Q, et al, 2015. Environmental legacy of copper metallurgy and mongol silver smelting recorded in Yunnan lake sediments[J]. Environmental Science & Technology, 49（6）: 3349-3357.

HILLMAN A L, ABBOTT M B, YU J Q, 2018. Climate and anthropogenic controls on the carbon cycle of Xingyun Lake, China[J]. Palaeogeography, Palaeoclimatology, Palaeoecology, 501: 70-81.

HOEGH-GULDBERG O, JACOB D, TAYLOR M, et al, 2018. Impacts of 1.5℃ global warming on natural and human systems.//In: Global Warming of 1.5℃. An IPCC special report on the impacts of global warming of 1.5℃ above preindustrial levels and related global greenhouse gas emission pathways [R]. Special Report, IPCC Intergovernmental Panel on Climate Change:175-311.

HU G J, ZHAO L, LI R, et al, 2019. Variations in soil temperature from 1980 to 2015 in permafrost regions on the Qinghai-Tibetan Plateau based on observed and reanalysis products[J]. Geoderma, 337: 893-905.

HU S, ZHOU T J, WU B, 2021. Impact of developing ENSO on Tibetan Plateau summer rainfall[J]. Journal of Climate, 34（9）: 3385-3400.

HUANG X Z, LIU S S, DONG G H, et al, 2017. Early human impacts on vegetation on the northeastern Qinghai-Tibetan Plateau during the middle to late Holocene[J]. Progress in Physical Geography, 41: 286-301.

HUDSON A M, OLSEN J W, QUADE J, 2014. Radiocarbon dating of interdune Paleo-Wetland deposits to constrain the age of Mid-to-Late Holocene microlithic artifacts from the Zhongba site, Southwestern Qinghai-Tibet Plateau[J]. Geoarchaeology, 29: 33-46.

HUGONNET R, MCNABB R, BERTHIER E, et al, 2021. Accelerated global glacier mass loss in the early twenty-first century[J]. Nature 592: 726-731. https://doi.org/10.1038/s41586-021-03436-z.

HUO W M, YAO T D, LI Y F, 1999. Increasing atmospheric pollution revealed by Pb record of a 7000-m ice core[J]. Chinese Science Bulletin, 44: 1309-1312.

JI Z M, KANG S C, ZHANG Q G, et al, 2016. Investigation of mineral aerosols radiative effects over High Mountain Asia in 1990-2009 using a regional climate model[J]. Atmospheric Research, 178-179: 484-496.

JIA X, DONG G H, LI H, et al, 2013. The development of agriculture and its impact on cultural expansion during the late Neolithic in the Western Loess Plateau, China[J]. The Holocene, 23: 85-92.

KAISER K, OPGENOORTH L, SCHOCH W H, et al, 2009. Charcoal and fossil wood from palaeosols, sediments and artificial structures indicating Late Holocene woodland decline in southern Tibet (China)[J]. Quaternary Science Reviews, 28 (15-16): 1539-1554.

KANG J H, CHOI S D, PARK H, et al, 2009. Atmospheric deposition of persistent organic pollutants to the East Rongbuk Glacier in Himalayas[J]. Science of the Total Environment, 408: 57-63.

KANG S C, HUANG J, WANG F Y, et al, 2016. Atmospheric mercury depositional chronology reconstructed from lake sediments and ice core in the Himalayas and Tibetan Plateau[J]. Environmental Science & Technology, 50 (6): 2859-2869.

KASPARI S, MAYEWSKI P A, HANDLEY M, et al, 2009. Recent increases in atmospheric concentrations of Bi, U, Cs, S and Ca from a 350-year Mount Everest ice core record[J]. Journal of Geophysical Research, 114: 83-84.

KASPARI S D, SCHWIKOWSKI M, GYSEL M, et al, 2011. Recent increase in black carbon concentrations from a Mt. Everest ice core spanning 1860–2000 AD[J]. Geophysical Research Letters, 38 (4): 1-6.

KATO T, TANG Y H, GU S, et al, 2006.Temperature and biomass influences on interannual changes in CO_2 exchange in an alpine meadow on the Qinghai-Tibetan Plateau[J]. Global Change Biology, 12 (7): 1285-1298.

KENNEDY C M, OAKLEAF J R, THEOBALD D M, et al, 2019. Managing the middle: a shift in conservation priorities based on the global human modification gradient[J]. Global Change Biology, 25: 811-826.

KRAMER A, HERZSCHUH U, MISCHKE S, et al, 2010. Holocene treeline shifts and monsoon variability in the Hengduan Mountains (southeastern Tibetan Plateau), implications from palynological investigations[J]. Palaeogeography, Palaeoclimatology, Palaeoecology, 286 (1-2): 23-41.

LAMI A, TURNER S, MUSAZZI S, et al, 2010. Sedimentary evidence for recent increases in production in Tibetan plateau lakes[J]. Hydrobiologia, 648: 175-187.

LENSSEN N, SCHMIDT G, HANSEN J, et al, 2019. Improvements in the GISTEMP uncertainty model[J]. J Geophys Res Atmos, 124: 6307-6326.

LI X Q, SUN N, DODSON J, et al, 2011. The impact of early smelting on the environment of Huoshiliang in Hexi Corridor, NW China, as recorded by fossil charcoal and chemical elements[J]. Palaeogeography，Palaeoclimatology，Palaeoecology，305（1-4）：329-336.

LI C L，KANG S C，CHEN P F，et al，2014a. Geothermal spring causes arsenic contamination in river waters of the southern Tibetan Plateau，China[J]. Environmental Earth Sciences，71（9）：4143-4148.

LI J J，FANG X M，SONG C H，et al，2014b. Late Miocene–Quaternary rapid stepwise uplift of the NE Tibetan Plateau and its effects on climatic and environmental changes[J]. Quaternary Research，81（3）：400-423.

LI C D，ZHANG Q G，KANG S C，et al，2015. Distribution and enrichment of mercury in Tibetan lake waters and their relations with the natural environment[J]. Environmental Science and Pollution Research，22（16）：12490-12500.

LI H M，ZUO X X，KANG L H，et al，2016. Prehistoric agriculture development in the Yunnan-Guizhou Plateau，southwest China：Archaeobotanical evidence[J]. Science China Earth Sciences，59：1562-1573.

LI S C，ZHANG Y L，WANG Z F，et al，2018. Mapping human influence intensity in the Tibetan Plateau for conservation of ecological service functions[J]. Ecosystem Services，30：276-286.

LI C，YANG L L，SHI M W，et al，2019. Persistent organic pollutants in typical lake ecosystems[J]. Ecotoxicology and Environmental Safety，180：668-678.

LI X M，ZHANG Y，WANG M D，et al，2020. Centennial-scale temperature change during the Common Era revealed by quantitative temperature reconstructions on the Tibetan Plateau[J]. Frontiers in Earth Science，8：360.

LI M，ZHANG X Z，WU J S，et al，2021. Declining human activity intensity on alpine grasslands of the Tibetan Plateau[J]. Journal of Environmental Management，296：113198.

LIU B，CONG Z Y，WANG Y S，et al，2017a. Background aerosol over the Himalayas and Tibetan Plateau：observed characteristics of aerosol mass loading[J]. Atmospheric Chemistry and Physics，17（1）：449-463.

LIU X Y，LISTER D L，ZHAO Z J，et al，2017b. Journey to the east：diverse routes and variable flowering times for wheat and barley en route to prehistoric China[J]. PLoS ONE，12：e0187405.

LIU Q H，ZHANG Y L，LIU L S，et al，2021. A novel Landsat-based automated mapping of marsh wetland in the headwaters of the Brahmaputra，Ganges and Indus Rivers，southwestern Tibetan Plateau[J]. International Journal of Applied Earth Observations and Geoinformation，103：102481.

LIU Q H，WANG X H，ZHANG Y L，et al，2022a. Complex ecosystem impact of rapid expansion of industrial and mining land on the Tibetan Plateau[J]. Remote Sensing，14：872.

LIU Y L，LU H W，TIAN P P，et al，2022b. Evaluating the effects of dams and meteorological variables on riparian vegetation NDVI in the Tibetan Plateau[J]. Science of the Total Environment，831：154933.

LU L D，1998. The microblade tradition in China：regional chronologies and significance in the transition to Neolithic[J]. Asian Perspectives，37：84-112.

MADSEN D B，HAIZHOU M，BRANTINGHAM P J，et al，2006. The late Upper Paleolithic occupation of the northern Tibetan Plateau margin[J]. Journal of Archaeological Science，33：1433-1444.

MADSEN D B，PERREAULT C，RHODE D，et al，2017. Early foraging settlement of the Tibetan Plateau highlands[J]. Archaeological Research in Asia，11：15-26.

MARCOTT S A，SHAKUN J D，CLARK P U，et al，2013. A reconstruction of regional and global temperature for the past 11,300 years[J]. Science，339（6124）：1198-1201.

MARINONI A，CRISTOFANELLI P，LAJ P，et al，2010. Aerosol mass and black carbon concentrations，a two year record at NCO-P（5079 m，Southern Himalayas）[J]. Atmospheric Chemistry and Physics，10（17）：8551-8562.

MASSON-DELMOTTE V，ZHAI P M，PIRANI A，et al，2021. Climate change 2021：the physical science basis[R]. Contribution of working group I to the sixth assessment report of the intergovernmental panel on climate change，Cambridge University Press:1-41.

MATTHEW J，SUSAN K，KANG S C，et al，2016. Tibetan Plateau Geladaindong black carbon ice core record（1843–1982）：recent increases due to higher emissions and lower snow accumulation[J]. Advances in Climate Change Research，7（3）：132-138.

MENG J J，WANG G H，LI J J，et al，2013. Atmospheric oxalic acid and related secondary organic aerosols in Qinghai Lake，a continental background site in Tibet Plateau[J]. Atmospheric Environment，79：582-589.

MIAO Y F，ZHANG D J，CAI X M，et al，2017. Holocene fire on the northeast Tibetan Plateau in relation to climate change and human activity[J]. Quaternary International，443：124-131.

MIEHE G，KAISER K，CO S N，et al，2008. Geo-ecological transect studies in northeast Tibet（Qinghai，China）reveal human-made mid-Holocene environmental changes in the upper Yellow River catchment changing forest to grassland[J]. Erdkunde，62（3）：187-199.

MIEHE G，MIEHE S，BÖHNER J，et al，2014. How old is the human footprint in the world's largest alpine ecosystem? A review of multiproxy records from the Tibetan Plateau from the ecologists' viewpoint[J]. Quaternary Science Reviews，86：190-209.

MILLAN R，MOUGINOT J，RABATEL A，et al，2022. Ice velocity and thickness of the world's glaciers[J]. Nature Geoscience，15:124-129.

MING J，ZHANG D Q，KANG S C，et al，2007. Aerosol and fresh snow chemistry in the East Rongbuk Glacier on the northern slope of Mt. Qomolangma（Everest）[J]. Journal of Geophysical Research：Atmospheres，112（D15）:D15306.

MING J，XIAO C D，SUN J Y，et al，2010. Carbonaceous particles in the atmosphere and precipitation of the Nam Co region，central Tibet[J]. Journal of Environmental Sciences，22（11）：1748-1756.

NIU S L，FU Z，LUO Y Q，et al，2017. Interannual variability of ecosystem carbon exchange：From observation to prediction[J]. Global Ecology and Biogeography，26（11）：1225-1237.

PIAO S L，TAN K，NAN H J，et al，2012. Impacts of climate and CO_2 changes on the vegetation growth and carbon balance of Qinghai–Tibetan grasslands over the past five decades[J]. Global and Planetary Change，98：73-80.

QIAN Y P，QIAN B Z，SU B，et al，2000. Multiple origins of Tibetan Y chromosomes[J]. Human Genetics，106：453-454.

QIN Z D，YANG Y J，KANG L L，et al，2010. A mitochondrial revelation of early human migrations to the Tibetan Plateau before and after the Last Glacial Maximum[J]. American of Journal Physical Anthropology，143：555-569.

QU B，ZHANG Y L，KANG S C，et al，2019. Water quality in the Tibetan Plateau：major ions and trace elements in rivers of the "Water Tower of Asia"[J]. Science of the Total Environment，649：571-581.

REN J，WANG X P，WANG C F，et al，2017. Biomagnification of persistent organic pollutants along a high-altitude aquatic food chain in the Tibetan Plateau：processes and mechanisms[J]. Environmental Pollution，220：636-643.

REN L L，DONG G H，LIU F W，et al，2020. Foraging and farming：archaeobotanical and zooarchaeological evidence for Neolithic exchange on the Tibetan Plateau[J]. Antiquity，94（375）：1-16.

RGI C，NOSENKO G，2017. Randolph Glacier Inventory（RGI）- A Dataset of Global Glacier Outlines：Version6.0 [DS]. Global Land Ice Measurements from Space，Boulder，Colorado USA.

RHODE D，ZHANG H Y，MADSEN D B，et al，2007. Epipaleolithic/early Neolithic settlements at Qinghai Lake，western China[J]. Journal of Archaeological Sciences，34：600-612.

RHODE D，BRANTINGHAM P J，PERREAULT C，et al，2014. Mind the gaps：testing for hiatuses in regional radiocarbon date sequences[J]. Journal of Archaeological Sciences，52：

567-577.

SCHLÜTZ F, ZECH W, 2004. Palynological investigations on vegetation and climate change in the Late Quaternary of Lake Rukche area, Gorkha Himal, Central Nepal[J]. Vegetation History and Archaeobotany, 13（2）: 81-90.

SHA Z J, WANG Q G, WANG J L, et al, 2017. Regional environmental change and human activity over the past hundred years recorded in the sedimentary record of Lake Qinghai, China[J]. Environmental Science and Pollution Research, 24: 9662-9674.

SHAO J J, SHI J B, DUO B, et al, 2016. Mercury in alpine fish from four rivers in the Tibetan Plateau[J]. Journal of Environmental Sciences, 39: 22-28.

SHEN R Q, DING X, HE Q F, et al, 2015. Seasonal variation of secondary organic aerosol tracers in Central Tibetan Plateau[J]. Atmospheric Chemistry and Physics, 15（15）: 8781-8793.

SILLMANN J, KHARIN V V, ZHANG X, et al, 2013a. Climate extremes indices in the CMIP5 multimodel ensemble: Part 1. Model evaluation in the present climate[J]. Journal of Geophysical Research-Atomosphere, 118（4）:1716-1733.

SILLMANN J, KHARIN V V, ZWIERS F W, et al, 2013b. Climate extremes indices in the CMIP5 multimodel ensemble: Part 2. Future climate projections[J]. Journal of Geophysical Research-Atomosphere, 118（6）:2473-2493.

SU F G, DUAN X L, CHEN D L, et al, 2013. Evaluation of the Global Climate Models in the CMIP5 over the Tibetan Plateau[J]. Journal of Climate, 26（10）:3187-3208.

SUN W W, ZHANG E L, SHEN J, et al, 2016a. Black carbon record of the wildfire history of western Sichuan Province in China over the last 12.8 ka[J]. Frontiers of Earth Science, 10（4）: 634-643.

SUN X Y, WANG G X, HUANG M, et al, 2016b. Forest biomass carbon stocks and variation in Tibet's carbon-dense forests from 2001 to 2050[J]. Scientific Reports, 6（1）: 1-12.

SUN R X, LUO X J, TANG B, et al, 2017. Bioaccumulation of short chain chlorinated paraffins in a typical freshwater food web contaminated by e-waste in south china: bioaccumulation factors, tissue distribution, and trophic transfer[J]. Environmental Pollution, 222:165-174.

SUN J, YANG K, GUO W D, et al, 2020. Why has the Inner Tibetan Plateau become wetter since the mid-1990s? [J]. Journal of Climate, 33（10）:8507-8522.

TORRONI A, MILLER J A, MOORE L G, et al. 1994. Mitochondrial DNA analysis in Tibet: implications for the origin of the Tibetan population and its adaptation to high altitude[J]. American Journal of Physical Anthropology, 93: 189-199.

WAN X, KANG S C, WANG Y S, et al, 2015. Size distribution of carbonaceous aerosols at a high-altitude site on the central Tibetan Plateau（Nam Co Station, 4730 m a.s.l.）[J]. Atmospheric

Research, 153: 155-164.

WANG X P, XU B Q, KANG S C, et al, 2008. The historical residue trends of DDT, hexachlorocyclohexanes and polycyclic aromatic hydrocarbons in an ice core from Mt. Everest, central Himalayas[J]. China Atmospheric Environment, 42: 6699-6709.

WANG X P, SHENG J J, GONG P, et al, 2012. Persistent organic pollutants in the Tibetan surface soil: spatial distribution, air-soil exchange and implementations for global cycling[J]. Environmental pollution, 170: 145-151.

WANG X J, YANG M X, LIANG X W, et al, 2014a. The dramatic climate warming in the Qaidam Basin, northeastern Tibetan Plateau, during 1961-2010[J]. International Journal of Climatology, 34 (5): 1524-1537.

WANG X P, XUE Y G, GONG P, et al, 2014b. Organochlorine pesticides and polychlorinated biphenyls in Tibetan forest soil: profile distribution and processes[J]. Environmental Science and Pollution Research, 21 (3): 1897-1904.

WANG C F, WANG X P, YUAN X H, et al, 2015a. Organochlorine pesticides and polychlorinated biphenyls in air, grass and yak butter from Namco in the central Tibetan Plateau[J]. Environmental Pollution, 201: 50-57.

WANG M, XU B Q, CAO J, et al, 2015b. Carbonaceous aerosols recorded in a southeastern Tibetan glacier: analysis of temporal variations and model estimates of sources and radiative forcing[J]. Atmospheric Chemistry and Physics, 15 (3): 1191-1204.

WANG C F, WANG X P, GONG P, et al, 2016a. Residues, spatial distribution and risk assessment of DDTs and HCHs in agricultural soil and crops from the Tibetan Plateau[J]. Chemosphere, 149: 358-365.

WANG M, XU B Q, WANG N L, et al, 2016b. Two distinct patterns of seasonal variation of airborne black carbon over Tibetan Plateau[J]. Science of the Total Environment, 573: 1041-1052.

WANG X P, WANG C F, ZHU T T, et al, 2019. Persistent organic pollutants in the polar regions and the Tibetan Plateau: a review of current knowledge and future prospects[J]. Environmental Pollution, 248:191-208.

WANG Y R, GAO Y, YANG J S, et al, 2021. New evidence for early human habitation in the Nyingchi Region, Southeast Tibetan Plateau[J]. The Holocene, 31: 240-246.

WANG Y F, LV W W, XUE K, et al, 2022. Grassland changes and adaptive management on the Qinghai–Tibetan Plateau[J]. Nature Reviews Earth & Environment, 3 (10): 668-683.

WARTENBURGER R, HIRSCHI M, DONAT M G, et al, 2017. Changes in regional climate extremes as a function of global mean temperature: an interactive plotting framework[J]. Geoscientific Model Development, 10（9）: 3609-3634.

WEI H, LU C H, 2021a. A high-resolution dataset of farmland area in the Tibetan Plateau[DS]. PANGAEA, https://doi. pangaea.de/10.1594/PANGAEA.937400.

WEI H, LU C, 2021b. Farmland changes and their ecological impact in the Huangshui River Basin[J]. Land, 10（10）:1082.

WISCHNEWSKI J, HERZSCHUH U, RÜHLAND K M, et al, 2014. Recent ecological responses to climate variability and human impacts in the Nianbaoyeze Mountains（eastern Tibetan Plateau）inferred from pollen, diatom and tree-ring data[J]. Journal of paleolimnology, 51: 287-302.

WU T, LIAN X M, LI H Q, et al, 2021. Adaptation of migratory Tibetan antelope to infrastructure development[J]. Ecosystem Health and Sustainability, 7（1）: 1910077.

XIAO X Y, HABERLE S G, SHEN J, et al, 2017. Postglacial fire history and interactions with vegetation and climate in southwestern Yunnan Province of China[J]. Climate of the Past, 13: 613-627.

XIAO X, HABERLE S G, LI Y L, et al, 2018. Evidence of Holocene climatic change and human impact in northwestern Yunnan Province: high-resolution pollen and charcoal records from Chenghai Lake, southwestern China[J]. The Holocene, 28（1）: 127-139.

XU B Q, CAO J J, HANSEN J, et al, 2009. Black soot and the survival of Tibetan glaciers[J]. Proceedings of the National Academy of Sciences, 106（52）: 22114-22118.

XU J Z, WANG Z B, YU G M, et al, 2014. Characteristics of water soluble ionic species in fine particles from a high altitude site on the northern boundary of Tibetan Plateau: mixture of mineral dust and anthropogenic aerosol[J]. Atmospheric Research, 143: 43-56.

XU Z R, WEI Z Q, JIN M M, 2020. Causes of domestic livestock–wild herbivore conflicts in the alpine ecosystem of the Chang Tang Plateau[J]. Environmental Development, 34: 100495.

XUE Z S, LYU X G, CHEN Z K, et al, 2018. Spatial and Temporal changes of wetlands on the Qinghai-Tibetan Plateau from the 1970s to 2010s[J]. Chinese Geographical Science, 28（6）: 935-945.

XUE S G, JIANG X X, WU C, et al, 2020. Microbial driven iron reduction affects arsenic transformation and transportation in soil-rice system[J]. Environmental Pollution, 260: 114010.

YANG R Q, YAO T D, XU B Q, et al, 2008. Distribution of organochlorine pesticides（OCPs）in conifer needles in the southeast Tibetan Plateau[J]. Environmental Pollution, 153（1）: 92-100.

YANG H D, BATTARBEE R W, TURNE S D, et al, 2010a. Historical reconstruction of mercury pollution across the Tibetan Plateau using lake sediments[J]. Environmental Science & Technology, 44（8）: 2918-2924.

YANG B, KANG X C, BRÄUNING A, et al, 2010b. A 622-year regional temperature history of southeast Tibet derived from tree rings[J]. Holocene, 20（2）: 181-190.

YANG Q, JING C Y, ZHANG Q H, et al, 2011. Polybrominated diphenyl ethers（PBDEs）and mercury in fish from lakes of the Tibetan Plateau[J]. Chemosphere, 83（6）: 862-867.

YANG R Q, ZHANG S J, LI A, et al, 2013a. Altitudinal and spatial signature of persistent organic pollutants in soil, lichen, conifer needles, and bark of the southeast Tibetan Plateau: Implications for sources and environmental cycling[J]. Environmental Science & Technology, 47（22）: 12736-12743.

YANG R Q, JING C Y, ZHANG Q H, et al, 2013b. Identifying semi-volatile contaminants in fish from Niyang River, Tibetan Plateau[J]. Environmental earth sciences, 68（4）: 1065-1072.

YANG R Q, ZHOU R C, XIE T, et al, 2018. Historical record of anthropogenic polycyclic aromatic hydrocarbons in a lake sediment from the southern Tibetan Plateau[J]. Environmental Geochemistry and Health, 40: 1899-1906.

YANG X T, QIU X P, FANG Y P, et al, 2019. Spatial variation of the relationship between transport accessibility and the level of economic development in Qinghai-Tibet Plateau, China[J]. Journal of Mountain Science, 16（8）: 1883-1900.

YAO T D, THOMPSON L, YANG W, et al, 2012. Different glacier status with atmospheric circulations in Tibetan Plateau and surroundings[J]. Nature Climate Change, 2（9）: 663-667.

YAO Y Y, PIAO S L, WANG T. 2018. Future biomass carbon sequestration capacity of Chinese forests[J]. Science Bulletin, 63（17）: 1108-1117.

YOU Q L, KANG S C, AGUILAR E, et al, 2008. Changes in daily climate extremes in the eastern and central Tibetan Plateau during 1961–2005[J]. Journal of Geophysical Research-Atomosphere, 113:D07101.

ZHANG C J, MISCHKE S, 2009. A Late glacial and Holocene lake record from the Nianbaoyeze Mountains and inferences of lake, glacier and climate evolution on the eastern Tibetan Plateau[J]. Quaternary Science Reviews, 28（19-20）: 1970-1983.

ZHANG N N, CAO J J, HO K F, et al, 2012. Chemical characterization of aerosol collected at Mt. Yulong in wintertime on the southeastern Tibetan Plateau[J]. Atmospheric Research, 107: 76-85.

ZHANG Q G, PAN K, KANG S C, et al, 2014. Mercury in wild fish from high-altitude aquatic ecosystems in the Tibetan Plateau[J]. Environmental Science & Technology, 48（9）:5220-5228.

ZHANG Y L, QI W, ZHOU C P, et al, 2014. Spatial and temporal variability in the net primary production of alpine grassland on the Tibetan Plateau since 1982[J]. Journal of Geographical Sciences, 24（2）: 269-287.

ZHANG Q B, EVANS M N, LYU L X, 2015a. Moisture dipole over the Tibetan Plateau during the past five and a half centuries[J]. Nature Communications, 6: 8062.

ZHANG H, WANG Z F, ZHANG Y L, et al, 2015b. Identification of traffic-related metals and the effects of different environments on their enrichment in roadside soils along the Qinghai–Tibet highway[J]. Science of The Total Environment, 521-522:160-172.

ZHANG Z H, RINKE A, MOORE J C, 2016. Permafrost dynamic change on the Tibetan Plateau under climatic warming since 1950s[J]. Maejo International Journal of Science and Technology, 10（3）: 242-255

ZHANG W X, ZHOU T J, ZHANG L X, 2017a. Wetting and greening Tibetan Plateau in early summer in recent decades[J]. Journal of Geophysical Research, 122（11）: 5808-5822.

ZHANG S J, YANG Y S, STOROZUM M J, et al, 2017b. Copper smelting and sediment pollution in Bronze Age China: a case study in the Hexi corridor, Northwest China[J]. Catena, 156: 92-101.

ZHANG X Y, ZHANG M Y, CHEN X C, et al, 2017c. Effect of thermal regime on the seismic response of a dry bridge in a permafrost region along the Qinghai-Tibet Railway[J]. Earthquakes and Structures, 13（5）: 429-442.

ZHANG X L, HA B B, WANG S J, et al, 2018a. The earliest human occupation of the high-altitude Tibetan Plateau 40 thousand to 30 thousand years ago[J]. Science, 362: 1049-1051.

ZHANG H, YAO Z S, WANG K, et al, 2018b. Annual N_2O emissions from conventionally grazed typical alpine grass meadows in eastern Qinghai–Tibetan Plateau[J]. Science of the Total Environment, 625:885-899.

ZHANG F J, XUE B, YAO S C, 2019a. The lake status records and paleoclimatic changes of China since the Last Interstadial[J]. Quaternary International, 527:12-18.

ZHANG G Q, LUO W, CHEN W F, et al, 2019b. A robust but variable lake expansion on the Tibetan Plateau[J]. Science Bulletin, 64:1306-1309.

ZHANG Y, ZHANG G Q, ZHU T T, 2020a. Seasonal cycles of lakes on the Tibetan Plateau detected by Sentinel-1 SAR data[J]. Science of the Total Environment, 703: 135563.

ZHANG D J, XIA H, CHEN F H, et al, 2020b. Denisovan DNA in late Pleistocene sediments from Baishiya Karst cave on the Tibetan Plateau[J]. Science, 370: 584-587.

ZHANG J J, JIANG F, LI G Y, et al, 2021a. The four antelope species on the Qinghai-Tibet plateau face habitat loss and redistribution to higher latitudes under climate change[J]. Ecological

Indicators，123:107337.

ZHANG Z C，LIU Y，SUN J，et al，2021b. Suitable duration of grazing exclusion for restoration of a degraded alpine meadow on the eastern Qinghai-Tibetan Plateau[J]. CATENA，207：105582.

ZHAO M，KONG Q P，WANG H W，et al，2009. Mitochondrial genome evidence reveals successful late Paleolithic settlement on the Tibetan Plateau[J]. Proceedings of the National Academy of Sciences of the United States of America，106：21230-21235.

ZHAO S Y，MING J，SUN J Y，et al，2013a. Observation of carbonaceous aerosols during 2006–2009 in Nyainqêntanglha Mountains and the implications for glaciers[J]. Environmental Science and Pollution Research，20（8）：5827-5838.

ZHAO Z Z，CAO J J，SHEN Z X，et al，2013b. Aerosol particles at a high-altitude site on the Southeast Tibetan Plateau，China：Implications for pollution transport from South Asia[J]. Journal of Geophysical Research：Atmospheres，118（19）：11360-11375.

ZHAO D，ZHANG L X，ZHOU T J，2022. Detectable anthropogenic forcing on the long-term changes of summer precipitation over the Tibetan Plateau[J]. Climate Dynamics，59（7-8）：1939-1952.

ZHOU B T，WEN Q H，XU Y，et al，2014. Projected changes in temperature and precipitation extremes in China by the CMIP5 multimodel ensembles[J]. Journal of Climate，27（17）:6591-6611.

ZHOU C Y，ZHAO P，CHEN J M，2019. The interdecadal change of summer water vapor over the Tibetan Plateau and associated mechanisms[J]. Journal of Climate，32（13）:4103-4119.

ZHOU T J，ZHANG W X，2021. Anthropogenic warming of Tibetan Plateau and constrained future projection[J]. Environmental Research Letters，16（4）：044039.

ZHU N L，FU J J，GAO Y，et al，2013. Hexabromocyclododecane in alpine fish from the Tibetan Plateau，China[J]. Environmental Pollution，181：7-13.

ZHU Z C，PIAO S L，MYNENI R B，et al，2016. Greening of the Earth and its drivers[J]. Nature Climate Change，6（8）:791-795.

ZOU D F，ZHAO L，SHENG Y，et al，2017. A new map of permafrost distribution on the Tibetan Plateau[J]. Cryosphere，11:2527-2542.

附　录

1. 评估范围

青藏高原为亚洲内陆高原，是中国面积最大、世界海拔最高的高原，被称为"世界屋脊""第三极"。青藏高原北起帕米尔高原北部的彼得大帝山脉—外阿赖山脉、西昆仑山和祁连山山脉北麓，南抵喜马拉雅山脉南麓，西自兴都库什山脉和帕米尔高原西部喷赤河西侧高山西缘，东至祁连山东端、横断山等山脉东缘。范围为25°59′26″N—40°01′06″N，67°40′37″E—104°40′43″E，平均海拔约4 320米，总面积为308.34万平方千米。青藏高原涉及中国、印度、巴基斯坦、塔吉克斯坦、阿富汗、尼泊尔、不丹、缅甸和吉尔吉斯斯坦9个国家。其中，中国境内的青藏高原面积约258.13万平方千米，平均海拔约4 400米，分布在西藏、青海、甘肃、四川、云南和新疆6省（区），其中西藏和青海两省（区）主体分布在高原内（张镱锂 等，2021）。

本次评估以2014年发布的青藏高原范围为基准，主要涉及青藏高原中国境内的区域，包括西藏和青海主体及甘肃、四川、云南和新疆等省区的部分地区，考虑到行政区域和统计数据利用的完整性，将青海省和西藏自治区全域都列入评估范围，总面积约258万平方千米（附图1）。

2. 评估时段

过去人类活动评估时段：史前和历史时期。
现代人类活动评估时段：20世纪80年代—2020年。

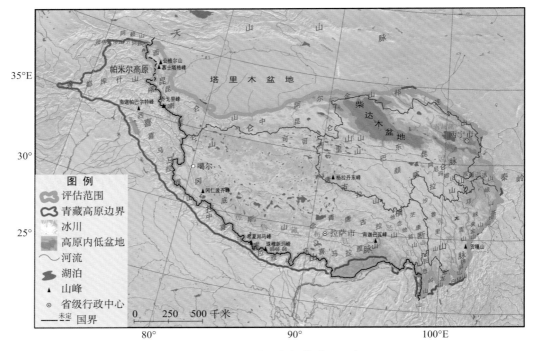

附图 1　青藏高原范围与评估范围示意图

3. 生态环境

　　生态环境是相对于人类这个中心事物而存在的各种生物种群、生物群落和生存环境及其与特定地理环境之间所形成的相互制约、相互联系、相互作用的复杂关系的总和。生态环境与人类生存和发展密切相关，对人类生活和生产活动具有直接或间接的影响。主要包括各类生态系统的分布格局及组合特征、影响这些特征变化的环境因素数量和质量，以及这些特征与环境因素之间相互制约、相互联系、相互作用的各种关系。

　　本评估报告主要从生态系统的结构、质量和服务功能及水体、土壤、大气等环境要素状况等方面评估高原生态环境。

4. 人类活动

　　人类活动是人类为满足自身生存和发展对自然界所采取的各种开发、利用和保护行为的总称，包括农、林、牧、渔、矿、工、商、交通、旅游和各种工程建设等活动。目前人类活动已成为地球上一项巨大的地质营力，在地表生态环境的演化中发挥着越来越重要的作用，对生物圈和生态系统的改造有时会超过自然生物作用的规模，迅速而剧烈地改变着自然界，甚至可能改变地球的演化方向，反过来又影响到人类自身的福祉。

本评估报告涉及的人类活动主要包括人类在青藏高原地区开展的农牧业生产、城镇建设、工矿业发展、旅游、交通和水电工程建设、生态保护和建设工程等活动。

5. 人类活动强度

人类活动强度是单位面积区域内人类生产、生活和其他生存活动的强弱程度，是人类社会经济活动与自然环境条件综合作用的结果。人类活动强度的定量评价是分析人类活动对生态环境和气候变化影响的基础，目前国内外常用的评估方法主要有人类足迹指数、人类活动强度指数、景观发展强度指数和人为干扰度等。

本评估报告采用人类活动强度指数来反映人类在青藏高原活动的强弱程度。

6. 人类活动影响

人类活动影响是指人类活动对自然界的干扰和胁迫程度。人类活动对生态环境的影响主要有两方面：一是有利于或改善人类及其他生物的生存环境，如生态保护和建设工程、合理利用自然资源、科学改良和优化各类生态系统等举措，在很大程度上对生态环境起到正面的作用和影响；二是不利于或破坏人类及其他生物的生存环境，目前大多数人类活动都带有不同程度的破坏性，如导致自然植被退化或消亡、生物多样性减退、水土流失和风沙增加、污染加剧、大气的温室效应突显、自然灾害频发、生存环境恶化等，严重影响到人类的生存和发展。

本评估报告采用人类活动对生态环境的影响程度指数来评价和反映人类活动对青藏高原的影响。

7. 人类活动强度指数

人类活动强度指数（HI）是反映人类活动强弱程度的量化数值。

本研究建立了青藏高原人类活动强度综合评估指标体系，包括农牧业活动、工矿业活动、城镇化发展、旅游业、重大基础设施建设，以及生态保护和建设 6 个一级指标、15 个二级指标和 26 个三级指标。在此基础上，利用该指标体系，采用层次分析

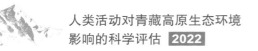

法，结合专家打分法确定指标权重，计算人类活动强度指数，其具体计算公式如下：

$$HI_j = \sum_{i=1}^{n} H_i \delta_i$$

式中，HI_j 为第 j 年人类活动强度指数，i 为第 i 项人类活动指标，n 为人类活动因子指标的个数，H_i 为第 i 项人类活动指标的归一化值；δ_i 为其对应指标的权重值。

根据人类活动强度指数的值域分布情况，采用自然裂点法，将其划分为很弱、较弱、中等、较强和很强 5 级；根据人类活动强度指数多年变化的趋势，将其划分为明显减弱、有所减少、基本不变、有所加强和明显加强 5 级。

8. 生态环境状况指数

生态环境状况指数（EI）是反映某一区域生态环境状况的量化数值。

本评估报告建立了包括生态系统结构、景观格局、生态系统质量和生态系统服务 4 个一级指标，以及 12 个二级指标的青藏高原生态环境状况综合评估指标体系。在此基础上，利用该指标体系，采用层次分析法，结合专家打分法确定指标权重，计算生态环境状况指数，具体计算公式如下：

$$EI_i = \sum_{j=1}^{m} E_j \omega_j$$

式中，EI_i 为第 i 年生态环境状况指数，j 为第 j 项生态环境状况指标，m 为生态环境状况指标的个数，E_j 为生态环境状况指标的归一化值，ω_j 为其对应指标的权重值。

根据生态环境状况指数的值域分布情况，采用自然裂点法，将其划分为极差、较差、较好、良好和优良 5 级；根据生态环境状况指数多年变化的趋势，将其划分为明显转差、有所转差、基本不变、有所转好和明显转好 5 级。

9. 人类活动对生态环境的影响程度指数

人类活动对生态环境的影响程度指数（EHI）是反映人类活动对生态环境影响程度和大小的量化数值。

人类活动对生态环境的影响程度指数通过人类活动强度指数和生态环境状况指数计算，具体计算公式如下：

$$EHI=HI/EI$$

式中，EHI 为人类活动对生态环境的影响程度指数，HI 为人类活动强度指数，EI 为生态环境状况指数。

根据人类活动对生态环境的影响程度指数的值域分布情况，采用自然裂点法，对其进行等级划分，分别划分为很低、较低、中等、较高、很高 5 级；根据影响程度指数多年变化的趋势，将其划分为明显下降、有所下降、基本不变、有所增加、明显增加 5 级。

10. 重大建设工程

重大建设工程是指对社会有重大价值或者有重大影响的工程，如三峡工程、川藏铁路建设工程等。本报告主要评估分析青藏高原地区实施的铁路和公路及大型水电站等工程的建设和运营对生态环境的影响。

11. 重大生态工程

重大生态工程是指对社会有重大价值或重大影响的生态保护和建设工程，是人类通过科学原理和方法，利用设计、调控和技术组装等手段，对生态系统进行保护和修复，或对会造成环境污染和破坏的传统生产方式进行改造，以促进生态系统健康与环境改善，保障人类社会和自然环境和谐发展。如野生动植物保护及自然保护区建设工程（1963 年）、天然林资源保护工程（1998 年）、退耕还林（草）工程（1999 年）、退牧还草工程（2002 年）等。

本报告主要评估草地生态保护与建设工程、林地生态保护与建设工程、沙化土地治理工程等专项重大生态工程和《青海三江源自然保护区生态保护和建设总体规划（2004—）》《西藏生态安全屏障保护与建设规划 (2008—2030 年)》《祁连山生态保护与综合治理规划 (2013—2020 年)》等所涉及的区域重大生态工程的实施过程，以及其环境保护和生态建设效果。

12. 跨境污染物

跨境污染物是指通过河流、海洋或大气等自然环境介质进行传输和迁移，跨越国家或者地区边界的污染物，如黑碳、持久性有机污染物等。跨境污染物的传输扩散可

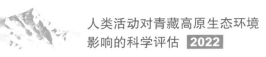

对邻国乃至全球产生危害。解决跨境环境污染的问题需要各国在达成共识的基础上，加强和完善监督体系，认真履行国际环境保护的义务才能够实现。

13. 国家公园群

国家公园是以保护具有国家代表性的自然生态系统为主要目的，实现自然资源科学保护和合理利用的特定陆域或海域。国家公园群是在一个相对完整的生态系统中密集分布的具有国家公园基本属性的公园群体，由高山、峡谷、湖泊、森林、草原等多种类型国家公园组合而成，或是由冰川等单一类型多个国家公园组合而成。国家公园群的建设有助于通过整体保护来维持生态系统的原真性和系统性，有利于按照每个国家公园的承载力和功能定位实现差异化的保护和利用策略。

拟建的青藏高原国家公园群是基于青藏高原生态系统完整性、内部分异稳健性和景观代表性所组成的全球集中度最高和覆盖地域最广的国家公园群，包括三江源、祁连山、羌塘等国家公园。

14. 人类活动区域调控各区包含县级行政单元统计

详见附表。

附表　人类活动区域调控各区包含各县级行政单元情况统计

区域名称	隶属省（区）	县级行政区	
		全域在该区内	部分在该区内
果洛那曲高原区	甘肃省	玛曲县	
	青海省	班玛县、称多县、达日县、甘德县、久治县、玛沁县、囊谦县、玉树市	
	四川省	阿坝县、甘孜县、红原县、若尔盖县、色达县、石渠县	
	西藏自治区	巴青县、比如县、丁青县、嘉黎县、聂荣县、色尼区	
	小计	21	
青南高原宽谷区	青海省	格尔木市（唐古拉山乡等）、玛多县、杂多县、曲麻莱县、治多县	
	小计	5	
羌塘高原湖盆区	西藏自治区	安多县、昂仁县、班戈县、措勤县、当雄县、改则县、革吉县、南木林县、尼玛县、申扎县、双湖县、谢通门县	
	小计	12	
阿里高原区	西藏自治区	噶尔县、普兰县、日土县、札达县	
	小计	4	
藏南高山谷地区	西藏自治区	白朗县、城关区、措美县、达孜区、定结县、定日县、堆龙德庆区、岗巴县、贡嘎县、江孜县、康马县、拉孜县、浪卡子县、林周县、墨竹工卡县、乃东区、尼木县、聂拉木县、仁布县、萨嘎县、萨迦县、桑日县、桑珠孜区、亚东县、曲松县、曲水县、琼结县、扎囊县、仲巴县	
	小计	31	

续表

区域名称	隶属省（区）	县级行政区	
		全域在该区内	部分在该区内
东喜马拉雅南翼区	西藏自治区	察隅县、错那县、墨脱县	
	云南省	福贡县、贡山独龙族怒族自治县	兰坪白族普米族自治县、泸水市、维西傈僳族自治县
	小计	5	3
川西藏东高山深谷区	西藏自治区	八宿县、巴宜区、边坝县、波密县、察雅县、工布江达县、贡觉县、加查县、江达县、卡若区、朗县、类乌齐县、隆子县、洛隆县、芒康县、米林县、索县、左贡县	
	云南省		德钦县、古城区（丽江）、宁蒗彝族自治县、香格里拉市、玉龙纳西族自治县
	四川省	巴塘县、白玉县、丹巴县、道孚县、稻城县、得荣县、德格县、黑水县、金川县、九龙县、康定市、理塘县、理县、炉霍县、马尔康市、壤塘县、乡城县、小金县、新龙县、雅江县	北川羌族自治县、九寨沟县、大邑县、泸定县、茂县、绵竹市、芦山县、木里藏族自治县、彭州市、冕宁县、平武县、青川县、什邡市、石棉县、松潘县、天全县、汶川县、西昌市、宝兴县、盐源县
	甘肃省	迭部县	若尔盖县、岷县、文县、舟曲县
	小计	39	30
祁连青东高山盆地地区	青海省	城北区、城东区、城西区、城中区、大通回族土族自治县、刚察县、共和县、贵德县、贵南县、海晏县、河南蒙古族自治县、互助土族自治县、化隆回族自治县、湟源县、湟中区、尖扎县、乐都区、门源回族自治县、民和回族土族自治县、平安区、祁连县、西宁市、天峻县、同德县、同仁县、兴海县、循化撒拉族自治县、祁连县、泽库县	

续表

区域名称	隶属省（区）	县级行政区	
		全域在该区内	部分在该区内
祁连青东高山盆地区	甘肃省	合作市、碌曲县	古浪县、和政县、积石山保安族东乡族撒拉族自治县、康乐县、临潭县、临夏县、民乐县、山丹县、肃南裕固族自治县、天祝藏族自治县、夏河县、卓尼县
	小计	29	12
柴达木盆地区	青海省	德令哈市、都兰县、格尔木市（盆地部分）、芒崖市、乌兰县、自治州直辖	
	甘肃省		阿克塞哈萨克族自治县、肃北蒙古族自治县、玉门市
	小计	6	3
昆仑山高山顶及北翼山地区	新疆维吾尔自治区	塔什库尔干塔吉克自治县	阿克陶县、策勒县、和田县、洛浦县、民丰县、墨玉县、皮山县、且末县、若羌县、莎车县、乌恰县、叶城县、于田县
	小计	1	13